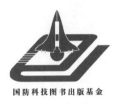

国防科技图书出版基金

超宽频带被动雷达寻的器信号分选技术

Signal Sorting Technology of
Ultra-Wide Band Passive Radar Seeker

司伟建　曲志昱　张　悦　著

国防工业出版社

·北京·

图书在版编目(CIP)数据

超宽频带被动雷达寻的器信号分选技术/司伟建．曲志昱,张悦著．—北京:国防工业出版社,2023.9
ISBN 978-7-118-12827-7

Ⅰ.①超… Ⅱ.①司… ②曲… ③张… Ⅲ.①超宽带雷达—测向系统—研究 Ⅳ.①TN953

中国国家版本馆 CIP 数据核字(2023)第 140573 号

※

国防工业出版社出版发行
(北京市海淀区紫竹院南路23号 邮政编码100048)
北京龙世杰印刷有限公司印刷
新华书店经售

*

开本 710×1000 1/16 印张 19¼ 字数 336 千字
2023 年 9 月第 1 版第 1 次印刷 印数 1—1500 册 定价 138.00 元

(本书如有印装错误,我社负责调换)

| 国防书店:(010)88540777 | 书店传真:(010)88540776 |
| 发行业务:(010)88540717 | 发行传真:(010)88540762 |

国防科技图书出版基金
2019 年度评审委员会组成人员

主 任 委 员　吴有生
副主任委员　郝　刚
秘 书 长　　郝　刚
副秘书长　　刘　华　袁荣亮
委　　员　（按姓氏笔画排序）

于登云　王清贤　王群书　甘晓华　邢海鹰
刘　宏　孙秀冬　芮筱亭　杨　伟　杨德森
肖志力　何　友　初军田　张良培　陆　军
陈小前　房建成　赵万生　赵凤起　郭志强
唐志共　梅文华　康　锐　韩祖南　魏炳波

前 言

雷达信号分选是电子对抗中的核心技术,随着电子技术与雷达技术的不断发展,现代电子对抗环境呈现出如下的特点:辐射源日益增多,信号密度不断增大;新辐射源体制不断涌现,波形复杂多变;辐射源带宽不断增大;时域上交叠严重。在如此复杂的电子对抗信号环境下,多部辐射源的信号在各维参数上交叠严重,导致传统的基于到达时间的雷达信号分选算法很难满足需求甚至失效。本书论述了传统的基于到达时间的信号分选方法。针对复杂信号环境中的信号分选,对当前适合于复杂信号环境分选的三类分选方法,进行了重点论述。最后论述了分选与跟踪器的模型、设计。

本书共分为9章。第1章绪论,首先介绍了雷达技术的发展趋势及雷达技术的发展给信号分选带来的挑战;然后对国内外信号分选技术的发展现状进行了综述;最后介绍了信号分选的主要功能与复杂信号环境中信号分选需达到的技术指标。第2章首先对被动雷达寻的器的基本组成及各分系统的主要功能进行了简要介绍;然后介绍了脉冲描述字的概念,并对信号的各参数的测量原理进行了讲解;重点分析了信号环境,就其特点、环境模型、信号的变化样式以及分选实时性等方面进行了详细论述,简要介绍了信号跟踪的原理;最后对信号预处理器中的脉冲描述字队列(FIFO)的设计进行了分析,得出了合理的 FIFO 深度。第3章对传统的信号分选方法进行了论述,对信号分选技术发展历史上经典的信号分选方法进行了介绍与分析,主要包括序列搜索法、相关函数法、PRI 直方图法、平面变换法以及 PRI 变换法,对这5种(类)方法的特点进行了分析与总结。第4章论述了基于脉内调制特征的信号分选方法,首先对常用的脉内调制特征分析方法进行较为详细地论述;然后介绍了3类典型脉压雷达信号的脉内调制分析方法、介绍了一种可工程实现的由粗到细的调制方式识别方法、介绍了基于相像系数的调制类型识别;最后对3类典型脉压雷达信号的参数估计进行了介绍;除介绍理论外,本章还进行了大量的仿真实验,验证理论的可行性。第5章论述基于盲源分离的信号分选方法,可分为正定(含超定)盲源分离与欠定盲源分离两类,对两类分选方法分别介绍了相应的原理,并进行了大量的仿真实验,验证理论的可行性。第6、7章为聚类分选方法。第6章介绍基于模糊聚类的信号分选方法,首先介绍了模糊聚类分选算法的基本原理,在此基础上,对该算法的多方面改进也进行了详细论述,其中基于并查集改进后的算法已基本满足实时性需求,本章同样进行了大量的实验仿真。第7章介绍基于支持向量聚类的信号分选方法,首先介绍了支持向量聚类算法的基本原理；然后根据雷达信号分选的特点，对该算法的多种改进也一一介绍，并进行了仿真实验。第 8、9 章介绍信号分选与跟踪，第 8 章介绍了基于宽带信道化接收机的信号分选与跟踪，第 9 章对分选与跟踪器的设计进行了详细论述。本书系统全面地论述了信号分选技术。

  在本书编撰过程中得到了徐启凤、盛阳、王嘉慰以及刘俞辰等人的帮助，他们对本书的结构及内容提出了宝贵的意见与建议，在此对他们表示感谢。同时感谢国家自然基金 61671168 和国防科技图书出版基金的资助。

  由于作者水平有限，难免有疏漏与不当之处，敬请读者批评指正。

作 者

2023 年 1 月

目 录

第1章 绪论 ··· 1
  1.1 引言 ··· 1
  1.2 信号分选技术面临的挑战 ·· 2
      1.2.1 雷达技术发展趋势 ·· 2
      1.2.2 雷达技术发展给信号分选带来的挑战 ···················· 3
  1.3 信号分选技术发展现状 ··· 4
      1.3.1 传统信号分选方法 ·· 4
      1.3.2 多参数匹配法 ··· 7
      1.3.3 多参数联合分选方法 ·· 8
      1.3.4 复杂电磁环境信号分选方法 ································· 9
  1.4 信号分选主要功能和技术指标 ··· 14

第2章 信号分选技术基础 ·· 15
  2.1 被动雷达寻的器基本组成 ·· 15
  2.2 脉冲描述字 ·· 16
  2.3 脉冲参数测量 ··· 17
      2.3.1 到达时间的测量 ·· 17
      2.3.2 脉宽的测量 ··· 18
      2.3.3 幅度与相位的测量 ·· 19
      2.3.4 载频的测量 ··· 19
      2.3.5 到达方向的测量 ·· 19
  2.4 雷达脉冲信号环境 ·· 20
      2.4.1 复杂信号环境特点 ·· 20
      2.4.2 脉冲信号环境模型 ·· 21
      2.4.3 信号变化样式 ··· 21
      2.4.4 信号跟踪 ·· 26
      2.4.5 分选实时性要求 ·· 29
  2.5 信号预处理器 PDW 队列数学模型 ···································· 29

第3章 传统信号分选方法 33

3.1 序列搜索法 33
3.2 相关函数法 34
3.3 PRI 直方图法 35
3.3.1 TOA 差值直方图法 35
3.3.2 累积差值直方图法 36
3.3.3 序列差值直方图法 38
3.4 平面变换法 40
3.4.1 平面变换法 40
3.4.2 平面变换法的工程实现 45
3.4.3 周期性雷达信号的显示重复性 46
3.4.4 基于平面变换的雷达信号分选算法 49
3.4.5 矩阵匹配法 50
3.4.6 采用矩阵匹配法的雷达信号分选系统 55
3.5 PRI 变换法 57
3.5.1 PRI 变换法原理 57
3.5.2 阈值设置 61
3.5.3 改进 PRI 变换法及分析 62
3.6 算法对比分析 63

第4章 基于脉内调制特征的信号分选方法 65

4.1 概述 65
4.2 常用脉内调制特征分析方法 66
4.2.1 脉内调制方式 66
4.2.2 基于瞬时自相关的信号脉内调制特征分析 67
4.2.3 基于傅里叶变换的信号脉内调制特征分析 70
4.2.4 基于 WVD 的信号脉内调制特征分析 73
4.2.5 基于 Haar 小波变换的信号脉内调制特征分析 77
4.3 脉压雷达信号脉内调制特征分析 80
4.3.1 相位编码信号调制特征分析 80
4.3.2 线性调频信号调制特征分析 81
4.3.3 非线性调频信号调制特征分析 82
4.4 一种由粗到细的调制方式识别方法 83
4.4.1 由粗到细调制分类原理 83
4.4.2 仿真实验与结果分析 85

4.5 基于自适应相像系数的脉压雷达信号调制类型识别 ·········· 88
   4.5.1 自适应相像系数特征提取算法 ·········· 89
   4.5.2 仿真实验与结果分析 ·········· 90
4.6 相位编码信号的参数估计 ·········· 94
   4.6.1 基于双尺度连续小波变换的 BPSK 信号奇异点提取 ·········· 94
   4.6.2 基于乘积性多尺度小波变换的 MPSK 信号码速率估计 ····· 100
4.7 基于三次相位函数的多项式相位信号的参数估计 ·········· 109
   4.7.1 CPF 估计 LFM 信号参数原理 ·········· 109
   4.7.2 CPF 估计 NLFM 信号参数原理 ·········· 114
4.8 其他脉内调制特征分析方法 ·········· 116

第 5 章 基于盲源分离的信号分选方法 ·········· 117

5.1 引言 ·········· 117
5.2 盲信号处理基础 ·········· 118
   5.2.1 盲源分离数学模型 ·········· 118
   5.2.2 独立分量分析 ·········· 121
   5.2.3 稀疏分量分析 ·········· 123
5.3 基于 Fast ICA 的雷达信号分选算法研究 ·········· 125
   5.3.1 盲信号抽取分选算法 ·········· 125
   5.3.2 仿真实验与结果分析 ·········· 126
5.4 基于伪信噪比最大化的盲源分离算法 ·········· 133
   5.4.1 建立目标函数及分离算法推导 ·········· 134
   5.4.2 仿真实验及其结果分析 ·········· 136
5.5 基于峭度的盲源分离拟开关算法 ·········· 139
   5.5.1 源信号概率密度函数、激活函数与峭度 ·········· 140
   5.5.2 盲源分离拟开关算法 ·········· 141
   5.5.3 仿真实验与结果分析 ·········· 142
5.6 基于改进谱聚类的雷达信号欠定盲源分离混合矩阵估计 ·········· 147
   5.6.1 传统混合矩阵估计方法 ·········· 148
   5.6.2 基于改进谱聚类的混合矩阵估计方法 ·········· 153
   5.6.3 仿真实验与结果分析 ·········· 156
5.7 基于压缩感知的雷达信号欠定盲源分离源信号恢复 ·········· 158
   5.7.1 欠定线性瞬时混合系统的最优解 ·········· 159
   5.7.2 基于平滑 L0 范数的算法 ·········· 159
   5.7.3 基于压缩感知的源信号恢复 ·········· 160
   5.7.4 仿真实验与结果分析 ·········· 164

5.8 小结 ··· 168

第6章 基于模糊聚类的信号分选方法 ································· 169

6.1 模糊聚类分选算法 ·· 169
- 6.1.1 算法原理 ··· 169
- 6.1.2 熵值分析法确定加权系数 ······································· 171
- 6.1.3 基于"追踪法"的聚类信息提取 ··································· 172
- 6.1.4 基于有效性函数的确定最佳聚类算法 ····························· 174
- 6.1.5 模糊聚类分选算法存在的问题 ··································· 175

6.2 多阈值模糊聚类分选算法 ·· 175
- 6.2.1 问题引出 ··· 175
- 6.2.2 多阈值模糊聚类算法 ··· 177
- 6.2.3 仿真实验与结果分析 ··· 183

6.3 特征样本抽取法 ·· 187

6.4 基于并查集的低复杂度模糊聚类信号分选算法 ······················· 190
- 6.4.1 模糊聚类分选算法存在的问题 ··································· 190
- 6.4.2 基于并查集改进的模糊聚类分选算法 ····························· 191
- 6.4.3 算法并行化与 DSP 实现 ·· 196

6.5 PRI 参数提取 ·· 199
- 6.5.1 各类型雷达信号 PRI 的提取 ····································· 199
- 6.5.2 脉冲重复周期二次处理法 ······································· 206

6.6 模糊聚类综合分选算法 ·· 208

第7章 基于支持向量聚类的信号分选方法 ······························ 210

7.1 支持向量聚类算法原理 ·· 211
- 7.1.1 聚类边界 ··· 211
- 7.1.2 常用簇标定算法 ·· 213
- 7.1.3 流程详解 ··· 220

7.2 线性簇标定方法 ·· 221
- 7.2.1 CG 簇标定法冗余分析 ·· 221
- 7.2.2 线性簇标定方法 ·· 222
- 7.2.3 仿真实验与结果分析 ··· 226

7.3 改进稳定平衡点簇标定方法 ·· 229
- 7.3.1 算法原理 ··· 229
- 7.3.2 实现步骤 ··· 231
- 7.3.3 复杂度分析 ··· 231

  7.3.4 仿真实验与结果分析 ………………………………………… 232
 7.4 基于双质心簇标定法的改进算法 ………………………………… 234
  7.4.1 算法原理 ……………………………………………………… 234
  7.4.2 仿真实验与结果分析 ………………………………………… 235

第8章 基于宽带数字信道化的分选与跟踪 ……………………………… 241
 8.1 基于宽带数字信道化的分选模型 ………………………………… 241
 8.2 基于脉间脉内参数完备特征向量的综合分选 …………………… 244
 8.3 基于相似聚类的跟踪处理 ………………………………………… 246

第9章 雷达信号分选与跟踪器 …………………………………………… 248
 9.1 分选参数与算法的选择 …………………………………………… 248
 9.2 信号分选系统 ……………………………………………………… 248
 9.3 分选硬件设计 ……………………………………………………… 250
 9.4 分选器的电路设计 ………………………………………………… 252
  9.4.1 主处理器选型 ………………………………………………… 252
  9.4.2 FPGA 内部逻辑电路设计 …………………………………… 255
  9.4.3 FPGA 及其外围电路设计 …………………………………… 259
  9.4.4 FIFO 电路的设计 …………………………………………… 260
  9.4.5 DSP 的复位电路的设计 ……………………………………… 261
 9.5 跟踪器的组成及各部分电路 ……………………………………… 267
  9.5.1 首脉冲捕获电路 ……………………………………………… 267
  9.5.2 内波门和半波门产生电路 …………………………………… 269
  9.5.3 内波门和半波门协调电路 …………………………………… 269
  9.5.4 PRI 计数器 …………………………………………………… 270
  9.5.5 基于内容比较的关联比较器 ………………………………… 270
  9.5.6 丢失控制 ……………………………………………………… 272

附录 缩略语对照表 ……………………………………………………… 274

参考文献 ………………………………………………………………… 278

Contents

Chapter 1 Introduction ··· 1

    1.1 Introduction ·· 1
    1.2 Challenges Faced by Signal Sorting Technology ························· 2
        1.2.1 Development Trends of Radar Technology ·························· 2
        1.2.2 Challenges Brought by the Development of Radar Technology to Signal Sorting ··· 3
    1.3 Current Status of Signal Sorting Technology Development ············· 4
        1.3.1 Traditional Signal Sorting Method ·· 4
        1.3.2 Multi-Parameter Matching Method ······································· 7
        1.3.3 Multi-Parameter Joint Sorting Method ································· 8
        1.3.4 Methods for Sorting Signals in Complex Electromagnetic Environment ·· 9
    1.4 Main Functions and Technical Indicators of Signal Sorting ············· 14

Chapter 2 Fundamentals of Signal Sorting Technology ······················· 15

    2.1 Basic Components of Passive Radar Seeker ·································· 15
    2.2 Pulse Description Word ··· 16
    2.3 Pulse Parameter Measurements ·· 17
        2.3.1 Measurement of Time of Arrival ··· 17
        2.3.2 Measurement of Pulse Width ··· 18
        2.3.3 Measurement of Amplitude and Phase ····························· 19
        2.3.4 Measurement of Carrier Frequency ··································· 19
        2.3.5 Measurement of Direction of Arrival ································· 19
    2.4 Radar Pulse Signal Environment ·· 20
        2.4.1 Characteristics of Complex Signal Environment ················ 20
        2.4.2 Pulse Signal Environment Model ······································· 21
        2.4.3 Signal Change Patterns ·· 21
        2.4.4 Signal Tracking ·· 26
        2.4.5 Sorting Real-time Requirements ·· 29

2.5 Mathematical Model of PDW Queue for Signal Preprocessor ············ 29

Chapter 3 Traditional Signal Sorting Methods ···························· 33

3.1 Sequence Search Method ··· 33
3.2 Correlation Function Method ··· 34
3.3 PRI Histogram Method ··· 35
    3.3.1 The Difference of TOA Histogram Method ····················· 35
    3.3.2 Cumulative Difference Histogram ······························ 36
    3.3.3 Sequential Difference Histogram ······························ 38
3.4 Plane Transform Method ··· 40
    3.4.1 Plane Transform Method ······································ 40
    3.4.2 Engineering Implementation of the Plane Transform Method ··· 45
    3.4.3 Display Repeatability of Periodic Radar Signals ················ 46
    3.4.4 Radar Signal Sorting Algorithm Based on Plane Transform ··· 49
    3.4.5 Matrix Matching Method ······································ 50
    3.4.6 Radar Signal Sorting System Using Matrix Matching Method ··· 55
3.5 PRI Transform Method ··· 57
    3.5.1 Principle of PRI Transform Method ···························· 57
    3.5.2 Threshold Setting ·· 61
    3.5.3 Improved PRI Transform Method and Analysis ················ 62
3.6 Comparative Analysis ··· 63

Chapter 4 Signal Sorting Methods Based on Intrapulse Modulation Characteristics ·· 65

4.1 Overview ··· 65
4.2 Commonly Used Intrapulse Modulation Characteristics Analysis Methods ·· 66
    4.2.1 Intrapulse Modulation ··· 66
    4.2.2 Analysis of the Signal Pulse Modulation Characteristics Based on Instantaneous Autocorrelation ···················· 67
    4.2.3 Analysis of Signal Pulse Modulation Characteristics Based on Fourier Transform ·· 70
    4.2.4 Analysis of Signal Pulse Modulation Characteristics Based on WVD ·· 73
    4.2.5 Analysis of Signal Pulse Modulation Characteristics Based on Haar Wavelet Transform ···································· 77
4.3 Analysis of Pulse Modulation Characteristics of Pulse Compression

    Radar Signal ·· 80
    4.3.1 Analysis of Modulation Characteristics of PSK Signal ········· 80
    4.3.2 Analysis of Modulation Characteristics of LFM Signal ········· 81
    4.3.3 Analysis of Modulation Characteristics of NLFM Signal ······ 82
  4.4 A Recognition Method of Modulation from Coarse to Fine ··············· 83
    4.4.1 Principle of Classification from Coarse to Fine Modulation ··· 83
    4.4.2 Simulation Experiment and Result Analysis ····················· 85
  4.5 Pulse Modulation Radar Signal Modulation Type Recognition Based on Adaptive Likeness Coefficient ··· 88
    4.5.1 Adaptive Likeness Coefficient Feature Extraction Algorithm ··· 89
    4.5.2 Simulation Experiment and Result Analysis ····················· 90
  4.6 Parameter Estimation of PSK Signal ·· 94
    4.6.1 BPSK Signal Singularity Etraction Based on Biscale Continuous Wavelet Transform ·· 94
    4.6.2 MPSK Signal Code Rate Estimation Based on Productive Multiscale Wavelet Transform ···································· 100
  4.7 Parameter Estimation of Polynomial Phase Signal Based on Cubic Phase Function ··· 109
    4.7.1 Estimation Principle of LFM Signal Parameters Based on CPF ··· 109
    4.7.2 Estimation Principle of NLFM Signal Parameters Based on CPF ··· 114
  4.8 Other Intrapulse Modulation Characteristic Analysis Methods ·········· 116

Chapter 5 Signal Sorting Methods Based on Blind Source Separation ······ 117

  5.1 Introduction ·· 117
  5.2 Fundamentals for Blind Signal Processing ··································· 118
    5.2.1 Mathematical Model of Blind Source Separation ············· 118
    5.2.2 Independent Component Analysis ································· 121
    5.2.3 Sparse Component Analysis ·· 123
  5.3 Research on Radar Signal Sorting Algorithm Based on Fast ICA ······ 125
    5.3.1 Sorting Algorithm Based on BSE ·································· 125
    5.3.2 Simulation Experiment and Result Analysis ··················· 126
  5.4 Blind Source Separation Algorithm Based on Maximizing Pseudo Signal-

　　　　to-Noise Ratio ………………………………………………… 133
　　　　5.4.1　Establishment of Objective Function and Derivation of Separation
　　　　　　　Algorithm ………………………………………… 134
　　　　5.4.2　Simulation Experiment and Result Analysis …………… 136
　5.5　Blind Source Separation Pseudo-Switching Algorithm Based
　　　on Kurtosis ……………………………………………………… 139
　　　　5.5.1　Source Signal Probability Density Function, Activation Function
　　　　　　　and Kurtosis ……………………………………… 140
　　　　5.5.2　Blind Source Separation Pseudo-Switching Algorithm …… 141
　　　　5.5.3　Simulation Experiment and Result Analysis …………… 142
　5.6　Mixed Matrix Estimation of Radar Signal Underdetermined Blind Source
　　　Separation Based on Improved Spectral Clustering ……………… 147
　　　　5.6.1　Traditional Mixed Matrix Estimation Method ……………… 148
　　　　5.6.2　Mixed Matrix Estimation Method Based on Improved
　　　　　　　Spectral Clustering ………………………………… 153
　　　　5.6.3　Simulation Experiment and Result Analysis …………… 156
　5.7　Compressed Sensing-Based Radar Signal Underdetermined Blind Source
　　　Separation ……………………………………………………… 158
　　　　5.7.1　Optimal Solution for Underdetermined Linear Instantaneous
　　　　　　　Mixed Systems ……………………………………… 159
　　　　5.7.2　Algorithm Based on Smoothed L0 Norm ………………… 159
　　　　5.7.3　Source Signal Recovery Based on Compressed Sensing …… 160
　　　　5.7.4　Simulation Experiment and Result Analysis …………… 164
　5.8　Summary ………………………………………………………… 168

Chapter 6　Signal Sorting Methods Based on Fuzzy Clustering …………… 169
　6.1　Fuzzy Clustering Sorting Algorithm ……………………………… 169
　　　　6.1.1　Principles of the Algorithm ……………………………… 169
　　　　6.1.2　Determination of Weighting Coefficient Based on Entropy
　　　　　　　Method …………………………………………… 171
　　　　6.1.3　Extraction of Clustering Information Based on
　　　　　　　"Tracking Method" ………………………………… 172
　　　　6.1.4　Determination of the Best Clustering Algorithm Based on
　　　　　　　the Validity Function ……………………………… 174
　　　　6.1.5　Problems of Fuzzy Cluster Sorting Algorithms …………… 175
　6.2　Multi-Threshold Fuzzy Clustering Sorting Algorithm ……………… 175

		6.2.1 Problems of the Original Algorithm 175

        6.2.1 Problems of the Original Algorithm 175

        6.2.2 Multi-Threshold Fuzzy Clustering Algorithm 177

        6.2.3 Simulation Experiment and Result Analysis 183

  6.3 Characteristic Sample Extraction Method 187

  6.4 Low Complexity Fuzzy Clustering Signal Sorting Algorithm Based on Disjoint Sets 190

        6.4.1 Problems of Fuzzy Clustering Sorting Algorithms 190

        6.4.2 Improved Fuzzy Clustering Sorting Algorithm Based on Disjoint Sets 191

        6.4.3 Algorithm Parallelization and DSP Implementation 196

  6.5 Extraction of PRI Parameter 199

        6.5.1 Extraction of PRI for Various Types of Radar Signals 199

        6.5.2 Secondary Treatment Method of PRI 206

  6.6 Fuzzy Clustering Comprehensive Sorting Algorithm 208

Chapter 7 Signal Sorting Methods Based on Support Vector Clustering ... 210

  7.1 Principles of SVC Algorithm 211

        7.1.1 Cluster Boundary 211

        7.1.2 Common Cluster Labeling Algorithms 213

        7.1.3 Detailed Process Description 220

  7.2 Linear Cluster Labeling (LCL) Method 221

        7.2.1 Redundancy Analysis of CG Method 221

        7.2.2 Linear Cluster Labeling Method 222

        7.2.3 Simulation Experiment and Result Analysis 226

  7.3 Improved Clustering Method of Stable Equilibrium Point (ISEP) ... 229

        7.3.1 Principle of Algorithm 229

        7.3.2 Implementation Steps 231

        7.3.3 Complexity Analysis 231

        7.3.4 Simulation Experiment and Result Rnalysis 232

  7.4 Improved Algorithm Based on Dual Centroid Cluster Calibration Method 234

        7.4.1 Principle of Algorithm 234

        7.4.2 Simulation Experiment and Result Analysis 235

Chapter 8 Sorting Tracking Based on Broadband Digital Channelization ... 241

  8.1 Sorting Model Based on Broadband Digital Channelization 241

    8.2   Comprehensive Sorting Based on Complete Feature Vectors of Intrapulse Parameters ⋯⋯ 244

    8.3   Signal Tracking Based on Similar Clustering ⋯⋯ 246

Chapter 9   Radar Signal Sorting and Tracker ⋯⋯ 248

    9.1   Selection of Sorting Parameters and Algorithms ⋯⋯ 248
    9.2   Signal Sorting System ⋯⋯ 248
    9.3   Sorting Hardware Design ⋯⋯ 250
    9.4   Circuit Design of The Signal Sorting ⋯⋯ 252
            9.4.1   Selection of Main Processor ⋯⋯ 252
            9.4.2   FPGA Internal Logic Circuit Design ⋯⋯ 255
            9.4.3   FPGA Peripheral Circuit Design ⋯⋯ 259
            9.4.4   Design of FIFO Circuit ⋯⋯ 260
            9.4.5   Design of DSP Reset Circuit ⋯⋯ 261
    9.5   The Components of the Tracker ⋯⋯ 267
            9.5.1   First Pulse Capture Circuit ⋯⋯ 267
            9.5.2   Internal Wave Gate and Half Wave Gate Generating Circuit ⋯⋯ 269
            9.5.3   Internal Wave Gate and Half Wave Gate Coordination Circuit ⋯⋯ 269
            9.5.4   PRI Counter ⋯⋯ 270
            9.5.5   Associative Comparator Based on Content Comparison ⋯⋯ 270
            9.5.6   Control of Pulse Loss ⋯⋯ 272

Comparison Table of Abbreviations ⋯⋯ 274

References ⋯⋯ 278

第1章 绪 论

1.1 引 言

现代战争中,制信息权已成为夺取战场上综合控制权的核心。当今世界战争形态正在加速向信息化战争演变,电子战是信息化战争的重要组成部分。电子战是指使用电磁能和定向能控制电磁频谱或攻击敌人的任何军事行动,包括电子进攻、电子防御和电子支援3个部分。反辐射武器是电子进攻的重要组成部分之一。

超宽频带被动雷达寻的器作为反辐射武器的"眼睛",主要完成对雷达辐射源信号的截获和跟踪,上报雷达信号的角度信息,保证反辐射武器实时跟踪目标直至命中。现代电子对抗环境中,雷达部署越来越密集、新体制雷达不断涌现、信号环境越来越复杂,反辐射武器能否保证对选定目标的跟踪与攻击能力,取决于被动雷达寻的器能否正确选择与跟踪敌方目标雷达信号。因此,信号分选识别与跟踪技术已成为被动雷达寻的器的关键技术之一,或者说是其中一项重要的研究内容。

雷达信号分选作为被动雷达寻的器的关键环节,直接影响其性能的发挥,并关系到战争的后续作战决策。长期以来,人们主要依靠信号的到达时间(time of arrival,TOA)、载波频率(carrier frequency,CF)、脉冲宽度(pulse width,PW)、脉冲幅度(pulse amplitude,PA)、到达方向(direction of arrival,DOA)或到达角(angle of arrival,AOA)5个经典参数(脉冲描述字(pulse descriptor word,PDW))实现脉冲列的去交错处理[1]。随着电子对抗技术的不断发展,各种电子对抗设备数目急剧增加,电子对抗环境中信号密度已高达百万数量级,信号环境高度密集;国内外军用雷达采用的信号样式日益复杂,如采用类噪声的扩谱信号、线性调频与二相编码(binary phase shift keying,BPSK)的混合调制波形等,尽量破坏信号分选所利用的属于同一部雷达的信号参数间的相似性;此外,低截获概率(low probability of intercept,LPI)技术的采用更增加了信号分类和去交错处理的难度,使得被动雷达寻的器成功跟踪概率受到极大影响。这些都导致构建在上述5种参数基础上的传统分选方法性能急剧下降甚至完全失效。因此,对深入研究能够适应现代高密度复杂信号环境下的脉冲去交错技术,探索研制新一代被动雷达寻的器的信号分选处理器结构有着迫切的需求。

1.2　信号分选技术面临的挑战

1.2.1　雷达技术发展趋势

当前雷达面临着所谓的"四大威胁",即快速应变的电子侦察及强烈的电子干扰;具有掠地、掠海能力的低空、超低空飞机和巡航导弹;使雷达散射截面积(radar cross section,RCS)大幅减小的隐身飞行器;快速反应自主式反辐射导弹。这对雷达提出了很高的要求:首先,应减少雷达信号被电子支援(electronic support measures,ESM)设备、反辐射导弹(anti-radiation missile,ARM)截获的概率,使其难以被这些设备发现和跟踪;同时应保证能实时、可靠地从极强的环境噪声和人为干扰中检测大量目标,这要求雷达具有大动态范围和强虚警鉴别力,且具有多目标处理能力;最后,还应当能够对目标进行分类和威胁估计,并将数据有效传送给计算机、终端、显示器等设备。

为有效对抗上述"四大威胁",雷达研究人员开发出一些行之有效的新技术:功率合成、匹配滤波、相参积累、恒虚警处理(constant false-alarm rate,CFAR)、大动态线性检测器、多普勒滤波技术、LPI技术、极化信息处理技术、扩谱技术、超低旁瓣天线技术、多种发射波形设计技术、数字波束形成技术等。对抗"四大威胁"并非上述单一技术能够奏效,需要综合运用上述一系列技术。基于上述技术,发展出了诸多新体制雷达,如无源雷达、双(多)基地雷达、相控阵雷达、数字阵列雷达、机载(或星载)预警雷达、微波成像雷达、毫米波雷达、激光雷达等。由于相控阵雷达天线易于做到宽频带,在完成雷达功能的同时还可实施电子对抗侦察、电子干扰和数据链等功能,基于此可实现雷达、通信与电子对抗的综合一体化,且有利于提高雷达反对抗能力。例如,F-22战斗机上的APG77雷达,可以综合用于电子战、通信等方面。将雷达与红外技术、电视技术、无源探测系统等构成以雷达、光电和无源探测系统为中心的综合空地一体化探测网,充分利用各传感器的信息,可大大提高系统的目标探测与识别、反隐身、抗干扰和反摧毁的能力。

雷达技术的发展具有如下趋势。

1) 雷达体系向分布式、网络化、一体化发展

雷达系统已经由简单的单、多基地雷达发展成组网雷达、网络雷达系统,在战场上构成了多层次、立体化的作战系统,具有更宽的频域覆盖范围、更全面的功能、更复杂的参数交叠,可有效对抗"四大威胁",可大幅度提高雷达系统的作战性能,能够较好抵御各类武器平台的攻击威胁,保证雷达系统的生存和作战能力。分布式雷达系统性能、可靠性、抗毁性、生存能力较传统雷达系统都有很大的提升。

2) 雷达系统向数字化、模块化、一体化发展

现代雷达装备普遍采用了数字技术,特别是数字接收机的应用,使得雷达系统可以对微弱电磁波进行综合特征提取和信号处理,进而可通过LPI技术降低雷达

信号被电子侦察系统和反辐射导弹截获的概率;同时采用模块化设计,方便设备检修与更新;通过计算机控制,可实现雷达与通信、指挥控制、电子战等功能模块的一体化,达到更好的作战效果。

3) 雷达波形设计向多功能化、复杂化、低截获发展

随着雷达技术的发展,信号频谱越来越拥挤,对雷达波形具备的功能要求越来越高。例如,雷达通信波形一体化、雷达波形的侦干探一体化等概念已被提出,其主要运用雷达波形的复合设计,该方法不仅节省了资源,充分利用信号带宽中的能量,还实现了多功能、低截获的优势。传统的雷达波形极易被电子侦察设备或反辐射导弹所分选识别,因此许多学者对复杂调制波形进行了深入研究。LPI 雷达就是一类通过发射难以被侦察的信号波形来降低被非合作方截获或检测概率的雷达。

1.2.2 雷达技术发展给信号分选带来的挑战

现代雷达综合采用上述技术,使得其信号具有如下特征。

(1) 频域:工作带宽大,现代雷达工作带宽普遍达到其中心频率的 10%~30%,即采用宽带/超宽带技术;同时为了提高雷达的性能(探测距离远、测距、测速精度高等)、实现抗干扰,在其工作频段内普遍采用不同的频率变化样式,即通常采用捷变频技术。

(2) 时域:为了提高雷达的性能,同时降低雷达信号被电子侦察设备或反辐射武器截获的概率,现代雷达的脉冲重复间隔(pulse repetition interval,PRI)均采用复杂的调制方式,常见的有 PRI 参差、PRI 滑变、PRI 抖动、PRI 正弦调制等。

(3) 能量域:现代雷达普遍采用能量管理措施,以降低雷达信号被电子侦察设备或反辐射武器截获的概率。常用的能量管理措施有调节波束驻留数目、调节PRI、调节脉宽等。

(4) 脉内调制特征:脉内调制特征包括人为的有意调制特征和系统附带的无意调制特征。有意调制特征是指雷达波形设计者为实现某方面的功能,人为加入脉冲压缩体制信号上的调制特征,以获得较大的时宽带宽积(time-bandwidth product,TBP),进而解决雷达的测距、测速精度与作用距离之间的矛盾。主要的调制方式有:脉内相位调制、频率调制、幅度调制以及 3 种调制方式组合的混合调制。典型的脉内调制样式有:线性调频(linear frequency modulation,LFM)、非线性调频(nonlinear frequency modulation,NLFM)、频率编码(frequency shift keying,FSK)、相位编码(phase shift keying,PSK)以及混合调制等。

随着雷达技术与电子技术的发展,现代电子对抗环境呈现出如下特点:辐射源日益增多,信号密度不断增大;新辐射源体制不断涌现,波形复杂多变;辐射源带宽不断增大;时域上交叠严重。目前,雷达信号分选技术面临的主要挑战有两个:一是复杂电子对抗环境中传统五维脉冲参数交叠严重,需要结合脉间、脉内调制特征

等特征进行分选；二是目前信号密度已达到百万量级，在高信号密度环境中难以进行实时有效的信号分选。

1.3 信号分选技术发展现状

信号分选技术可大致分为如下几类[3-4]：传统信号分选方法、多参数匹配法、多参数联合分选方法、复杂电磁环境信号分选方法。

1.3.1 传统信号分选方法

早期电子对抗中，电磁信号环境相对比较纯净，雷达信号形式比较单一，信号密度低。因此，早期使用的信号分选算法相对比较简单，主要是基于TOA差值（PRI）的分选方法。基于PRI的分选方法一直是信号分选领域中研究最多且成果最为丰富的一类方法。动态扩展关联法、PRI直方图法、PRI变换法、平面变换法等都是传统的基于PRI的方法的典型代表。

1. 动态扩展关联法

20世纪70年代，国外学者Davies、Campbell等针对复杂电子对抗信号环境下的雷达信号分选算法进行研究，提出了最早的信号分选算法——动态扩展关联法[5,6]，就是俗称的"套"脉冲法，又称为序列搜索法、PRI搜索法、PRI试探法，它是一种经典的信号分选提取方法。其工作原理是在一个脉冲群内，首先选择一个脉冲作为基准脉冲，并假设它与下一个脉冲成对，用这两个脉冲形成的间隔在时间上向前或向后进行扩展试探，若此间隔能连续"套"到若干个脉冲（达到确定一列信号的阈值），则认为已确定出一列信号；然后把与此信号相关联的脉冲从脉冲群中删去，对剩余脉冲流再重复此过程。动态扩展关联法应用中比较关键的问题包括PRI容差的选择、参差鉴别及脉冲丢失等[7]。此方法特别适用于已知可能出现的PRI或工作在数据库方式的雷达信号分选，故将此方法与后面提到的序列差值直方图法综合使用，分选速度快，成功率高，可获得较好的分选效果。

2. PRI直方图法

PRI直方图法包括TOA差值直方图法、累计差值直方图法（cumulative DIFference histogram，CDIF）以及序列差值直方图法（sequential DIFference histogram，SDIF）。1985年，Rogers等在高密度复杂电子对抗环境下，利用TOA参数做差绘制直方图进行信号分选[8]。1989年，Mardia等基于TOA做差得到PRI，同时结合扩展关联法，提出了经典的CDIF算法[9]。1992年，Milojevic等针对CDIF运算量大、无法消除子谐波等问题进行改进，提出了SDIF算法[10]。

TOA差值直方图法的基本原理是对两两脉冲的间隔进行计数，从中提取出可能的PRI。它不是用某一对脉冲形成的间隔去"套"下一个脉冲，而是计算脉冲群内任意两个脉冲的到达时间差（difference of TOA，DTOA）。对介于辐射源可能的最大 PRI 与最小 PRI 之间的 DTOA,分别统计每个 DTOA 对应的脉冲数,并做出脉冲数与 DTOA 的直方图,即 TOA 差值直方图。然后再根据一定的分选准则对 TOA 差值直方图进行分析,找出可能的 PRI,达到分选的目的。

TOA 差值直方图法主要缺点:鉴于 PRI 的倍数、和数、差数的统计值较大,故确定阈值比较困难;当脉冲数较多时,分选容易出错,有时甚至不可能分选;只适合固定 PRI、所需计算的差值数较多且谐波问题严重等。

CDIF 算法是基于周期信号脉冲时间相关原理的一种去交错算法,它是将 TOA 差值直方图法和序列搜索法结合起来的一种方法。CDIF 算法步骤是:首先计算一级差值直方图;即计算所有相邻两个脉冲的 DTOA,并作 DTOA 直方图;然后对最小的 PRI 和 2PRI 进行检测,如果均超过预设阈值,则以该 PRI 进行序列搜索和提取,对剩余脉冲序列重复上面的步骤,直到缓冲器中没有足够的脉冲形成脉冲序列。如果此时序列搜索失败,则以本级直方图中下一个符合条件的 PRI 进行序列搜索。假如本级直方图中均没有符合条件的 PRI,则计算下一级的差值直方图,并与前一级差值直方图进行累加,然后重复以上步骤找出可能的 PRI,以此类推,直到所有的脉冲序列被分选出来或直方图阶数达到预先给定的值为止。CDIF 算法较传统的 TOA 差值直方图法在计算量和抑制谐波方面做了很大的改进,并且由于积累的效果,使得 CDIF 还具有对干扰脉冲和脉冲丢失不敏感的特点。

SDIF 是一种基于 CDIF 的改进算法。SDIF 与 CDIF 的主要区别是:SDIF 对不同阶的 TOA 差值直方图的统计结果不进行累积,其相应的检测阈值也与 CDIF 不同。SDIF 的优点在于相对 CDIF 减少了计算量,但由于不进行级间积累,使其性能有所下降[11],文献[12]对 CDIF 与 SDIF 在硬件平台上的性能进行了对比,CDIF 分选性能优于 SDIF。CDIF 和 SDIF 算法一经提出后,便受到工程界的普遍关注。国内外许多学者也对其进行了广泛而深入的研究,并结合实际情况提出了一些具体的改进措施[13-19]。

PRI 直方图法最大的优点在于简单、直观、算法易于工程实现,但 PRI 直方图在脉冲较多时运算量将急剧增加,且脉冲列较多、漏失脉冲较多时分选效果不是很理想。另外,PRI 直方图法主要适合于 PRI 固定或抖动量较小的雷达信号。

3. PRI 变换法

PRI 直方图法提取 PRI 实际上都是在计算脉冲序列的自相关函数,由于周期信号的相关函数仍然是周期函数,所以在进行检测时,很容易出现信号的脉冲重复间隔及其子谐波同时出现的情况。针对这个问题,国外学者 Nishiguchi 提出一种 PRI 变换法[20],这种方法能够很好地抑制子谐波问题,他接着又对这种算法做了两点改进[21],采用可移动的起始时间点和交叠 PRI 箱方法,使修正的 PRI 变换法对于脉冲重复间隔固定、抖动和滑变的雷达脉冲信号都有很好的检测效果,但是对重频参差的脉冲序列却仍然不适用。

在这之后,国内有很多学者在修正的 PRI 变换法基础上提出很多改进的方法,主要有:王兴颖研究了该算法对固定重频、参差重频、抖动重频、滑变重频的适用性[22];陈国海对该算法进行了计算机仿真和分析[23];杨文华将 PRI 变换法和 SDIF 进行组合用于分选参差脉冲列或具有相同 PRI 的多部雷达脉冲列[24];姜勤波提出一种新的方正弦波插值算法,其核心是把不等间隔的到达时间序列变换成连续信号,然后利用 FFT 算法提取重复周期并用滤波技术和过零检测形成波门提取周期序列[25];李杨寰提出一种新的基于频谱分析的脉冲重复频率估计方法,该算法首先对信号的 TOA 序列插值,然后采样进行 FFT 计算得到频谱,最后对其频谱进行加权等处理得到 PRI 估计值[26];安振进行了 PRI 变换法对脉冲雷达信号 PRI 检测的性能分析[27]。

这些研究基本上都是进行计算机的仿真,没有在工程上提出具体的硬件实现的方法。直到 2008 年,司锡才、马晓东等[28]在修正的 PRI 变换法基础上提出了一种基于 PRI 谱的雷达信号分选算法,同时构建了一种预分选、主分选结合的新型分选平台。这是国内初步用硬件实现该算法,验证了该方法从根本上解决了二次谐波抑制的问题,用来检测由多个具有恒定 PRI 脉冲组成的脉冲串的 PRI 很有效。但是,它的运算量极大,不仅要基于每一对 TOA 之差进行运算,还要对相应的每个 DTOA 进行复指数计算,所以实时性还是不够理想。

之后,大量学者也针对 PRI 变换法进行了研究改进。2011 年,国外学者 Ala Mahdavi 与 Amir Mansour Pezeshk 在原有 PRI 变换法的基础上对时间起点移动、阈值设置及 PRI 箱的生成等方面进行了改进,提高了算法的运行速度[29]。2014 年,李睿等学者将修正的 PRI 变换法应用到反舰被动导引头中[30],详细分析舰载雷达信号特点,在此基础上,改进修正的 PRI 变换法以提高导弹对反舰雷达的分选能力,使其具备较强的实时分选能力,不仅有效抑制子谐波,还能对抖动信号、正弦调制信号、滑变信号有效检测。2016 年,朱文贵等学者对分选混叠 LFM 雷达信号展开研究[31],通过小波变换与等高线截取法结合完成时频矩阵的二值化,对因时域混叠而无法获取的脉冲到达时间进行估计与检测,最后利用 PRI 变换法实现 LFM 雷达信号的分选,估计误差基本维持在 1% 左右,解决了 PRI 变换法面对参差 PRI 形式信号分选效果不佳的问题。2017 年,陈涛等学者提出新序列搜索方法[32],提出双阈值搜索思想,对密度过大时的雷达信号具有较好的搜索效果,可更好应对脉冲丢失,在脉冲丢失率小于 20% 的情况下,可较准确分选出电磁空间内的雷达信号。2018 年,关欣等学者在 PRI 变换法的原理上引入脉冲序列时延自相关函数[33],得到自相关函数峰值谱线,对其分析确定参差 PRI 序列的骨架周期,并将分析结果引入 PRI 谱线图中配合分选,既保留了 PRI 变换法自身抑制谐波的优点,又能检测参差信号子周期,解决了 PRI 变换法面对参差 PRI 形式信号分选效果不佳的问题。同年,Xi Yin 等学者将查表法与改进 PRI 变换法相结合[34],能够对 30% 抖动信号分选的同时,变复指数运算为查表,大大提高算法实时性。

4. 平面变换法

1997 年,国内学者胡来招、赵仁建等人提出了基于 PRI 的平面变换法,随后针对高信号密度情况下进行了改进[35-37]。这种技术将密集射频脉冲信号分段截取并逐行在平面上显示,通过平面显示宽度的变换,得到表征信号特征的调制曲线,从而实现信号分选的目的。2005年,樊甫华提出自动搜索周期性对称调制模式的快速算法[38];孟建则在平面变换法基础上提出一种从信号TOA得到信号瞬时PRI的重复周期变换[37],该方法由于不需要调节平面显示宽度,所以更加实用。此后,司锡才、刘鑫等又结合平面变换法及具体工程需要提出矩阵匹配法[39],并初步在硬件平台上实现,验证并得出该算法分选结果准确、具有一定的抗干扰能力、分选能力强等优点,但是由于计算复杂,系统的实时性还是不够理想。2012年,张西托等人设计了特征曲线的自动搜索方法,给出了特征曲线的识别方法,实现了基于平面变换技术的自动分选[40]。

基于PRI的信号分选算法一直都是研究的重点,上述各种基于PRI的分选方法的共同特点是,只利用信号的TOA信息。这些算法各有自己的优缺点,如动态扩展关联法简单,但主要适用于PRI固定的雷达信号;PRI直方图法在一定程度上对漏失脉冲的敏感性降低,但是在脉冲数增加时运算量相对较大;PRI变换法在抑制谐波方面性能显著,但计算复杂、实时性差;而平面变换法可适合复杂PRI调制信号分选,但需要大量脉冲采样数据、计算量大,很难满足实时性需求。

1.3.2 多参数匹配法

早期的电磁环境相对简单,辐射源数量少,信号形式单一且参数相对固定,装订辐射源的分选方法便可取得好的效果,这种方法便是人们常说的模板匹配法。该方法首先装订好一些已知雷达的主要参数和特性;然后通过逐一匹配比较实现辐射源信号的分选识别。

多参数匹配法起源于模板匹配法,发展到现在大都称为多参数匹配法或多参数关联比较器,可近似将其看作模板匹配法的硬件实现。它是预分选的具体实现方法之一,基本实现原理为:首先将多个待分选辐射源有关参数(通常为DOA,CF,PW)的上、下限值预设在关联比较器中;然后对每个接收脉冲的PDW进行并行关联比较、分组、存储,从而达到去交错的目的。

多参数关联比较器的实现离不开内容可寻址存储器(content-addressable memory,CAM)和关联比较器(associative comparator,AC),这种思想首先是由Kohonen和Hanna等提出的[41,42]。CAM和AC可同时将输入与所有存储单元中的内容进行比较,并给出匹配单元的地址。1987年,IBM公司研制出第一套使用AC芯片的ESM系统,使雷达信号的分选能力显著提高。1991年,CR公司研制出基于CAM的关联处理器,极大地提高了处理的并行性。

基于硬件的关联比较实际上只是多参数匹配算法的一种具体实现形式,在人们大力研究基于PRI分选算法的同时,许多学者就提出了多参数分选的思想。Wikinson和Watson使用DOA、CF、PW等参数[43]来研究密集环境中的雷达信号分

7

选问题。Mardia 提出一种基于 CAM 的自适应的多维聚类方案[44]。Hassan 提出了一种基于自适应开窗的联合分选识别方法。在国内,才军、高纪明、赵建民讨论了基于 FPGA 和 CPLD 的三参数关联比较器的硬件实现[45]。徐欣研究了雷达截获系统实时信号分选处理技术[46-47],还研究了基于 CAM 的多参数关联比较方法[48],并指出硬件实现在实时去交错中的重要性。王石记、司锡才则提出一种软/硬件结合的基于概率统计和流分析相关提取的分选方法,具有较快的预分选速度[18]。徐海源等也对该领域做了一些研究工作[49]。

在一些专门针对个体或少数辐射源的分选情况下,多参数匹配法能够做到简单快速。因此,在某些特定场合该方法是一种不错的选择,特别是在已知一些先验知识的条件下,如分选有先验知识的脉间波形变换雷达信号就非常有效。

1.3.3 多参数联合分选方法

现代电子对抗环境中,信号密度已达百万数量级。由于脉冲流密度过大,导致在时域上产生严重的时域混叠。与此同时,也有学者对如何提高电子侦察设备和反辐射武器接收到脉冲的丢失率,降低被正确分选的概率进行了研究[50, 51]。在这种复杂的电子对抗信号环境中,由于参数测量系统不能对时域混叠的信号进行很好的处理,导致形成 PDW 时会产生大量的脉冲丢失,仅通过传统的单参数分选算法,已无法很好地完成信号分选工作,因此发展出了综合利用 PDW 中包含的脉冲参数进行分选。同时,由于工程应用要求算法简单易实现、实时性好,因此目前工程上应用主要为多参数联合分选算法,即先使用 CF 或 PW 等参数按一定策略对信号序列进行分组(预分选),然后使用前面介绍的基于 PRI 的分选算法进行分选(主分选,多采用 SDIF 算法),这种先预分选后主分选的方法称为多参数联合分选方法。其主要有以下几种形式。

1)脉宽和脉冲重复周期联合分选

脉宽和脉冲重复周期联合分选属于时域多参数联合分选,它比单一靠 PRI 一个参数的分选功能强。在密集信号条件下,只用重频一个参数分选,其分选时间很长,特别是在多个 PRI 抖动、跳变或周期调制的情况下,甚至无法实现信号分选。加上脉宽参数的分选,就可以大大缩短按重频分选的时间,且有利于对宽脉冲、窄脉冲等特殊雷达信号的分选和对重复周期变化的信号的分选。

2)时域、频域多参数联合分选

为了对捷变频和频率分集雷达信号进行分选和识别,要求接收系统必须对每个脉冲信号进行准确测频,并且在分选过程中首先对每个脉冲的射频、到达时间、脉宽、脉幅等相关处理,然后进行载频、脉宽、重复周期的多参数联合分选。

3)空域、频域、时域多参数联合分选

当密集信号流中包含多个频域上变化和时域上变化的脉冲列时,若只用频域、时域信号参数进行分选就很难完成分选任务,这就需要空域到达方向这一信号参数进行综合分选。这时要求接收系统能对每个到来的脉冲进行准确地测向、测频,并且对每个脉冲进行到达方向、载频、到达时间、脉宽、脉幅等相关处理,然后进行综合参数分选。准确的到达方向是最有力的分选参数,因为目标的空间位置在短时间内是不会突变的(如1s内),因此信号的到达方向也是不会突变的[52]。用精确的到达方向作为密集、复杂信号流的预分选,是解决各类频域捷变、时域捷变信号分选而不产生虚警和错误的可靠途径。

综上所述,多参数联合信号分选可具有以下几种模式:① PRI 加 PW 时域多参数分选;② PRI、PW 加 CF 多参数综合分选;③ PRI、PW 加 DOA 多参数综合分选;④ PRI、PW 加 CF、DOA 多参数综合分选。从以上各分选方法也可以看出,利用的参数越多,分选就越有利,而 PRI 分选是各种分选最终都需要的分选手段。

1.3.4 复杂电磁环境信号分选方法

随着雷达技术的发展,雷达为了满足自身探测性能的需要,同时降低其信号被截获的概率,采用了复杂的参数调制方式与波形设计。因此,雷达信号在传统五维参数上交叠越来越严重,传统的基于 PRI 的分选方法与先预分选后主分选的多参数联合分选方法难以在这种复杂电磁信号环境中进行分选。为了能够在复杂电磁信号环境中完成分选,结合数据挖掘等领域,发展出了很多算法。其主要有以下几类:盲信号分选、基于脉内调制特征的分选、聚类分选、基于神经网络和人工智能的信号分选。

1. 盲信号分选

随着现代电子战的激烈对抗,各种电子对抗设备数目急剧增加,电磁威胁环境的信号密度已高达百万量级,信号环境高度密集,空间信号的混叠程度越来越严重,同时到达信号越来越多。此外,低截获概率雷达信号的广泛应用使得空间出现大脉宽覆盖小脉宽的现象越来越多。而传统的分选模型[53]是一种串行规则的单脉冲检测系统,无法处理同时到达信号及大脉宽覆盖小脉宽的信号,也就无法胜任当前环境下的雷达辐射源信号分选。因此,空间未知混叠雷达信号的分离是摆在信号分选面前最为严峻的问题。近年兴起的盲源分离(blind source separation,BSS)技术可以较好地解决复杂环境背景下信号分离的问题,它无须学习样本的选取,只需根据接收设备所获取的各辐射源信号进行处理,就可以恢复源信号。特别地,对于同时到达信号和连续波信号的处理优势显得更加突出[54]。

在盲源分离中,Herault 和 Jutten 等引入了独立分量分析(independent component analysis,ICA)的一般框架[55],Comon 对这种框架进行了详细的叙述[56]。ICA 可以看做主分量分析(principal component analysis,PCA)和因子分析方法的进一步发展。Bell 致力于 ICA 信息最大化方法的研究[57],并首次得到了基于矩阵求逆运算,大大加快了算法的收敛。与此同时,Cardoso 也进行了类似的研究[58],并得到了适用于实际问题的 ICA 信息最大化算法,但最初的这种算法只适用于超高斯分布的信息混合时的盲分离。Te-Won Lee 意识到将信息最大化算法推广到任意非高斯信号源的关键是估计信号源的高矩阵,然后对算法进行适当的变换,提出一种适用于普通非高斯信号的 ICA 信息最大化算法[59]。Amari 等提出了自然梯度算法,并从黎曼几何的角度阐明了这类算法的有效工作原理,自然梯度算法由于消除了矩阵求逆所带来的问题,因而使得许多算法对实际信号处理成为可能[60]。在盲源分离中,还有几种其他方法,如最大似然法、基于累积量的 Bussgang 法、投影追踪法和负熵方法[61]等,所有这些方法都与信息最大化的框架有关。许多不同领域的专家在信息最大化原则下,从不同的观点研究 ICA,最终得到易于理解的 ICA 算法。

在国内也有一些学者从事盲源分离特别是独立分量分析理论和应用技术的研究。冯大政等,通过对系统阶段化提出在色噪声背景下的多阶段盲分离算法[62];刘琚和何振亚、张贤达教授和保铮院士从不同的方面对盲分离技术以及发展方向进行了综述[63,64],张贤达教授和保铮院士在《通信信号处理》书中对盲分离进行了更为详尽的介绍[65],Xu Xianfeng 等提出了 BSS 多阶段算法[66]。随着分离算法的深入研究,近年来 BSS 算法也陆续出现在雷达信号分选应用领域[67-75]。

2. 基于脉内调制特征的分选

对信号分选来说,重要的不是一个模式的完整描述,而是导致区别不同类别模式的那些"选择性"信息的提取。也就是说,特征提取主要目的是尽可能集中表征显著类别差异的模式信息,另一个目的则是尽可能缩小数据集,以提高识别效率,减少计算量。脉内调制特征作为分选参数是近年来人们的一种普遍共识,也是极有可能提高当前辐射源信号分选能力的一种途径和思路。

雷达信号脉内调制可以分为脉内有意调制和脉内无意调制[76-78]。脉内有意调制又称功能性调制,是指雷达为提高其检测性能、对抗侦察和干扰措施而采取的特定调制样式,如线性调频、非线性调频、频率编码、相位编码等。现代雷达广泛采用的脉内有意调制技术可以分为相位调制、频率调制、幅度调制或 3 种调制组合的混合调制。对脉内有意调制方式的识别提取,从调制方式的变化上为雷达信号的进一步识别提供了一种与常规方法不同的全新手段。通过对信号脉内信息的详细记录和分析,保留了有关信号更加完备的信息特征,为脉间参数变化(如频率捷变、频率分集、脉冲多普勒、重频参差抖动等)的新体制雷达信号的分选与识别提供了一个更强有力的手段。

在国外,Delpart 提出脉内瞬时频率特征提取的小波渐近方法[79];Moraitakis 通过时频分析的方法提取线性和双曲线调制 Chirp 信号的特征参数[80];Gustavo 提出了一种基于时频分析的具有脉内特征分析能力的数字信道化接收机方案[81]。在国内,穆世强、巫胜洪先后对常见的脉内特征提取方法进行了综述[76,82],这些方法包括时域自相关法、调制域分析法、时域倒频谱法、数字中频法等。另外,黄知涛、魏跃敏等提出了自动脉内调制特性分析的相对无模糊相位重构方法[83,84];毕大平提出易于工程实现的脉内瞬时频率提取技术[85];张葛祥等先后提取了雷达辐射源信号的小波包特征、相像系数特征、复杂度特征、分形盒维数和信息维数以及熵特征并结合神经网络和支持向量机等方法对辐射源信号进行识别[86]。陈韬伟、余志斌等对基于脉内特征的信号分选技术进行了研究[87,88]。刘琼琪针对脉内特征的提取进行了 DSP 实现[89]。朱斌对信号特征提取及其评价方法进行了研究[90]。刘凯等提出了基于改进相像系数与奇异谱熵的信号分选方法[91]。

  脉内无意调制(unmeant modulation of pulse,UMOP)又称脉内附带调制,也称为雷达信号的个体特征、雷达信号的"指纹"。它是因雷达采用某种形式的调制器而附加在雷达信号上的固有特性,难以完全消除,如幅度起伏、频率漂移等。其调制量的大小和形式取决于雷达体制、发射机类型、发射管、调制器、高压电源等多种综合因素,在发射端主要表现为频推效应、频牵效应、上升延迟、下降延迟和其他效应(如老化和温漂),即使是设计相同的一批雷达中的每部雷达,总有不同的无意调制分布,因为类同的部件在性能上仍有细微的差异。在侦收信号的调制特性上表现为无意调频、无意调相和无意调幅。简单来说,它一般是由于大功率雷达发射机的发射管、调制器和高压电源等器件或电路产生的所不希望的各种寄生调制。

  对于脉内无意调制特征的提取,国外学者 Kawalec 指出,个体辐射源识别(specific emitter identification,SEI)的关键是提取信号的无意调制,文献[92-93]进一步给出了提取时频域特征及信号选择和分类方面的一些观点,并用上升/下降时间、上升/下降角度、倾斜时间等新参数对 9 个同类辐射源进行分选识别;张国柱采用小波变换对脉冲信号包络进行了特征提取[94-95],柳征采用小波包对原始信号进行了特征提取[96]。

  脉内无意调制本身在雷达信号中是存在的,又能体现每部雷达的个体差异。正是由于每一部雷达无意调制特征的唯一性和特殊性,所以个体特征又称"雷达指纹"。因此,对雷达信号无意调制的分析可以为每一部雷达建立相应的"指纹"档案,与其他参数一起可以唯一识别出某一部特定的雷达,从而准确提供有关敌方雷达配置、调动等重要的军事情报。特别是现代雷达具有多种工作方式和复杂的调制波形,能在脉间改变其脉内有意调制特征,使雷达信号的分选和识别变得非常困难。因此,脉内无意调制特征拥有在密集复杂的信号环境中对雷达进行识别、分析和告警的巨大潜力。换句话说,传统的辐射源信息,如载频、重频、脉宽和有意调制特征等参数仅能实现辐射源类型识别,而个体特征识别研究立足于从侦测的辐射源信号中提取更加细微且稳健的特征信息,这些特征信息仅由特定辐射源个体唯一决定,即辐射源"指纹",从而实现对特定辐射源的个体识别。但是,受当前技术水平与器件水平的限制,难以有效提取雷达"指纹"特征,同时受环境等因素干扰较大[97]。因此,使用"指纹"特征进行分选短期内仍停留在理论研究的阶段,很难应用于工程。相信在不久的将来,随着技术与器件水平的飞速发展,个体特征识别将作为对抗脉间波形变换雷达信号(脉宽、载频、脉冲重复周期、脉内有意调制方式均有变化的雷达脉冲信号)的最好方式之一。

3. 聚类分选

聚类分析仅根据在数据中发现的描述对象及其关系的信息,将数据对象分组。其目标是,组内的对象互相之间是相似的(相关的),而不同的组中的对象是不同的(不相关的)。组内的相似性(同质性)越大,组间差别越大,聚类就越好[98]。

聚类分析是首先将无标记的样本按照某种相似性度量进行分组[99]。这种相似性度量一般利用距离公式来进行,如余弦距离[100]、相关系数[101]、海明距离、马氏距离[102, 103]等;然后利用一定的评价准则(阈值)将样本分类。对雷达辐射源信号分选来说,是通过对信号脉冲参数进行分析,将属于同一部雷达辐射源的脉冲集中在一起。经过多年的发展,聚类方法在信号分选领域中有丰富的研究结果,下面逐一介绍。

K-均值算法[104]属于一种基于划分的方法,对于给定的一个含有 N 个对象的数据集寻找对数据集的 K 个划分。K-均值算法用于信号分选最大的问题在于由于需要事先确定聚类中心数目,不适用于未知环境信号分选[105]。文献[106]给出在雷达信号进行常规提取和粗略的角度稀释后,利用 K-Means 聚类分选剩余信号方法;文献[107]给出对调频信号的分选改进;文献[108]通过计算雷达脉冲信号间的欧几里得距离以及距离阈值,来确定聚类数目和聚类中心,完成聚类数据自动选取;文献[109]提出了利用距离法做分选预分选方法,从而有效地降低了噪声和孤立点对分选性能的影响。

模糊 C—均值算法是 Bezkek 在 1981 年提出[110],是用隶属度确定每个数据点属于某个聚类中心的一种聚类算法[111],但同样需要预先确定聚类中心和聚类数目,制约了该算法在未知环境中信号分选能力。文献[112]在多通道的背景下对模糊 C—均值进行了理论分析。

模糊聚类算法直接利用海明距离公式计算两个脉冲的相似度完成信号脉冲分类集中[113],文献[114]提出了距离加权系数的概念,提出计算一种脉冲的信息熵来确定距离加权系数的大小,避免了人为选取造成的误差;文献[115]建立了有效性评价模型来确定最佳聚类;文献[116]将模糊聚类从信号分选引入信号跟踪。针对模糊聚类算法的运算量大及不适应于信号参数交叠环境下的信号分选等问题,众多学者对其进行了改进[117-120]。徐启凤在文献[119]中提出了多门限模糊聚类分选算法,改进了阈值设置,使用流水式阈值,一定程度上降低信号参数相近对分选效果的影响,提高了算法的适应性;盛阳在文献[118]中提出对数据进行抽取预处理,使用特征样本代表原始数据,降低了算法时间复杂度;张悦在文献[120]中将并查集与模糊聚类分选算法相结合,大大降低了算法复杂度,基本达到工程应用的需求。

支持向量聚类通过在特征空间中寻找一个能包围住所有训练集的最小超球体,再将改超球体逆向映射回输入空间,就可得到能够描述数据分布的边界。支持向量聚类分为支持向量机(SVC)训练和簇标定两个过程,可以对线性不可分数据有很好的分类效果,但直接应用计算量巨大。学者国强首先提出了基于支持向量聚类和分层互耦的分选算法[121];然后又提出对雷达信号的全脉冲序列进行分层处理;最后分别对每个子序列进行 SVC 聚类[122,123]。文献[124,125]提出基于锥面簇分配的支持向量聚类算法,支持向量聚类算法的研究重点在于减小运算量。徐启凤提出快速线性簇标记(linear cluster labeling,LCL)方法,将快速线性簇标记 SVC 算法和模糊聚类算法结合,减少运算量[119]。盛阳提出改进簇标定算法(improved stable equilibrium point, ISEP)(稳定平衡点簇标定算法,SEP stable equilibrium point),降低运算量与数据错分概率[118]。王嘉慰提出一种基于双质心簇标定法的改进算法,提高了非支持向量点抵抗高斯核宽度 q 值过大的问题,可有效提高分选正确率[126]。

基于群智能优化的算法在探索数据分布结构的时候都需要有相应的约束或停止条件,为此在其簇划分方法则采用一些智能方法如文献[127]将蚁群聚类应用到雷达信号分选中,缺点是在计算大规模数据的时候,计算会陷入局部最优求解,以至于时间处理较长,并且聚类参数不容易设置合适的值;文献[128]将人工鱼群聚类应用到雷达信号分选中;文献[129]将粒子群聚类算法应用在雷达信号分选,但算法中惯性权重以及加速系数选择对聚类结果影响较大;文献[130]将粒子群优化算法和模糊 C 均值算法结合,避免了容易陷入局部极小值的缺陷,同时改善了不同初始聚类中心对聚类结果的影响;文献[131]要将基因表达式编程和 K-均值聚类算法进行融合,但遗传算法需要较长的时间来进行迭代运算。

基于网格密度的算法是通过某种原则对空间和密度进行的划分的聚类方法[132-134],文献[135]通过改进的距离法对待分选对象集中的噪声和孤立点进行移除,再以网格密度为依据进行聚类;文献[136]首先提出了网格平均度的观念,然后给出了网格划分的自适应方法和网格平均度的计算方法,最后通过网格平均度分析完成雷达信号分选聚类;文献[137]采取网格的动态划分方法,避免无效网格生成,减少网格数目,并且通过移动的网格技术消除分选准确性对数据的依赖性,增强算法鲁棒性并同时采用改进的双密度阈值设置方法,提高聚类精度。文献[138]使用改进 OPTICS 聚类算法实现了不同密度分布条件下的信号分选。文献[139]使用数据场聚类确定初始聚类中心与聚类中心个数,对部分参数交叠的频率捷变多模雷达有良好的分选效果。

4. 基于神经网络和人工智能的信号分选

在高密度信号环境下,由于传统的信号分选算法对处于边界的脉冲信号不能很好地归类,或者与多种类别相吻合而可能造成模糊或错判,James[140]等在 TI 公司的支持下完成了利用人工神经网络进行信号分类的研究,他提出了一种自适应网络传感器处理机(adaptive network sensor processor, ANSP)的构想,这种处理机是一种由特征提取、信号去交错、脉冲模式提取、跟踪器和分类器构成的完善的雷达信号分选处理器原型。国内一些单位[141]也进行了人工神经网络用于复杂信号分选的研究,但由于识别性能较好的人工神经网络大多需要事先经过大量样本进行多次迭代训练,在未知辐射源环境下很难做到实时处理,因此在实际应用中并不经常采用。人工智能和专家系统也是有希望取得重大改进的一个研究领域之一,Cussons等研究了基于知识的信号去交错、合并和识别处理过程[142],在他们研究的基础上,英国海军研究中心研制了一种基于知识的辐射源识别处理机,这种处理机能够反演已被证实是错误的假设,并由此建立新的假设。研究表明,实现基于知识的实时信号去交错和归类处理器的可能途径是采用传输式计算机,这种计算机将基于多指令多数据(multiple instruction multiple data,MIMD)结构。

基于神经网络模型的人工智能系统在模式分类识别方面的应用取得了很多卓越成就,与传统相关技术比较,它具有解决复杂分类问题的能力,具有通过训练或自学的自适应性以及对噪声和不完整数据输入的不敏感性等优点,因此选择神经网络来解决信号分选识别的问题是一个新的研究方向。虽然基于神经网络模型的人工智能系统识别性能较好,但事先需要经过大量样本进行迭代训练,在未知辐射源的情况下很难做到实时处理,限制它在实际中的使用。

1.4 信号分选主要功能和技术指标

信号分选跟踪器的主要功能如下。
(1) 独立方式下完成对信号的分析识别并对威胁信号提供跟踪波门。
(2) 引导方式下直接设置脉宽、载频滤波器并进行PRI跟踪。
(3) 实时监视跟踪信号的变化,并引导跟踪器跟踪。
(4) 分选跟踪脉间波形变换雷达信号,以"爱国者"系统雷达为典型目标。
分选跟踪器的主要技术指标如下。
(1) 信号密度:1~200万脉冲/s。
(2) 脉宽范围:0.2~50μs。
(3) 载频范围:2~18GHz。
(4) 重频范围:500Hz~100kHz。
(5) 分选时间:≤500ms。
(6) 可以分选的雷达信号类型:常规脉冲、频率捷变、重频参差(参差数≤8)、重频抖动(≤15%)、脉间波形变换雷达等。

第 2 章　信号分选技术基础

雷达对抗是电子对抗的主要形式之一,雷达对抗是对敌方雷达进行侦察、干扰、摧毁,以及防护敌方对我方雷达进行侦察、干扰和摧毁的电子对抗技术。雷达信号分选与识别是雷达对抗系统(电子侦察设备与被动雷达寻的器)中的关键处理过程,也是雷达对抗信息处理的核心内容,其分选与识别水平是衡量雷达对抗系统和信息处理技术先进程度的重要标志[143]。

2.1　被动雷达寻的器基本组成

被动雷达寻的器基本组成如图 2.1 所示。

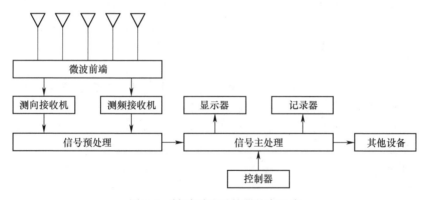

图 2.1　被动雷达寻的器基本组成

图 2.1 中所示的被动雷达寻的器可分为 3 个部分。

(1) 天线阵列与测向、测频接收机组成的参数测量分系统:这一分系统主要完成到达信号的参数测量工作,包括到达时间、脉宽、脉幅、载频、到达方向等。在完成各参数的测量后,生成脉冲描述字,送信号预处理进行后续处理。

(2) 信号预处理分系统:该分系统完成信号的分选、识别与跟踪。信号分选就是对空间中密集交叠的信号脉冲流进行去交错处理,将各辐射源的信号分离,同时完成对脉冲重复间隔及 PRI 变化形式的估计。信号分选结束后,便得到了各辐射源的脉冲簇,通过将各簇中信号的 PDW 与雷达信息库中已有的信息进行对比便可实现辐射源的识别。在分选完成后,预处理分系统便可根据得到的雷达的 PRI 信息给出各雷达目标的下一脉冲的跟踪波门。

(3) 信号主处理分系统:该分系统利用预处理分系统得到的雷达识别信息完成目标威胁等级的判定,利用预处理分系统给出的跟踪波门跟踪威胁等级较高的信号,对威胁等级高的信号进行更高精度的测向以及定位,同时将测向、定位等信息显示、记录和上报。

由以上对被动雷达寻的器基本组成及其各分系统功能的分析可知,信号分选是被动雷达寻的器完成后续处理(包括信号识别、信号分析、精确测向、定位等)的前提和基础。信号分选的能力直接影响被动雷达寻的器的使用效能,信号分选技术是雷达对抗信息处理中的关键技术。

2.2 脉冲描述字

实际电子对抗环境中,被动雷达寻的器接收到的是密集的、参数严重交叠的脉冲流。每个脉冲都具有时域、频域、空域、极化域、功率域及调制域等各维参数组成的雷达特征参数向量,称为脉冲描述字。大部分 PDW 参数首先由图 2.1 中参数测量分系统给出,然后由被动雷达寻的器预处理分系统对前端输出的实时脉冲信号描述字流 $\{PDW_i\}_{i=0}^{\infty}$ 进行信号分选、识别与跟踪,提取脉冲信号脉间信息(PRI 及 PRI 调制信息、捷变频信息、天线扫描周期及天线扫描调制等),将相关信息传递给信号主处理器进行进一步处理。

被动雷达寻的器前端输出的 $\{PDW_i\}_{i=0}^{\infty}$ 的具体内容和数据格式取决于系统前端的组成和性能。在典型的被动雷达寻的器中,有

$$\{PDW_i = (\theta_{DOA_i}, f_{RF_i}, t_{TOA_i}, \tau_{PW_i}, A_{p_i}, F_i)\}_{i=0}^{\infty} \quad (2.1)$$

式中:θ_{DOA} 为脉冲的到达方位角;f_{RF} 为脉冲的载波频率;t_{TOA} 为脉冲前沿的到达时间;τ_{PW} 为脉冲宽度;A_p 为脉冲幅度或脉冲功率;F 为脉内调制特征;i 为按照时间顺序检测到的射频脉冲的序号。

被动雷达寻的器可测量和估计的辐射源参数包括由分选后的脉冲描述字 PDW 中直接统计测量和估计的辐射源参数,对 PDW 序列进行各种相关处理后统计测量和估计的辐射源参数。典型被动雷达寻的器可测量和估计的辐射源参数、参数范围和估计精度如表 2.1 所列。

表 2.1 典型被动雷达寻的器可测量和估计的辐射源参数及其范围和精度

参数名称	计量单位	参数范围	估计精度	参数来源
辐射源方位	(°)	0~360	3	由分选后 PDW 统计估值
信号载频	MHz	500~40000	3	由分选后 PDW 统计估值
脉冲宽度	μs	0.05~500	5×10^{-2}	由分选后 PDW 统计估值
脉冲重复周期	ms	0.01~100	1×10^{-4}	由分选后 PDW 相关统计

续表

参数名称	计量单位	参数范围	估计精度	参数来源
天线扫描周期	s	0.005~60	1×10^{-3}	由分选后 PDW 相关统计
脉内频率调制		参见频率调制类		由脉内信号分析电路检测
脉间频率调制		估计跳频范围、频点和频率转移概率矩阵		由分选后 PDW 相关统计
脉内相位调制		参见相位调制类		由脉内信号分析电路检测
重复周期调制		估计调制类型、范围和周期转移概率矩阵		由分选后 PDW 相关统计
脉冲宽度调制		检测脉宽调制、数值和脉宽转移概率矩阵		由分选后 PDW 相关统计
天线扫描调制		检测扫描周期、照射时间、扫描方式等		由分选后 PDW 相关统计

2.3 脉冲参数测量

下面给出常用参数的测量方式。

2.3.1 到达时间的测量

被动雷达寻的器对 t_{TOA} 的测量原理如图2.2所示,其中输入射频信号 $s_i(t)$ 经过包络检波、视频放大后输出视频信号为 $s_v(t)$,将视频信号 $s_v(t)$ 与检测阈值 U_T 进行比较。当 $s_v(t) \geqslant U_T$ 时,读取时间计数器中的数值进入锁存器,产生 t_{TOA} 的值。

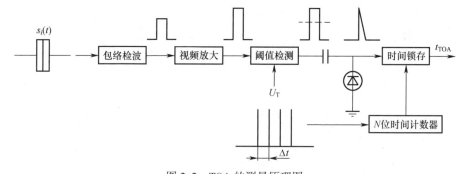

图 2.2 TOA 的测量原理图

通常时间计数器采用 N 位二进制计数器级联得到,经过时间锁存后 t_{TOA} 输出值为

$$t_{TOA} = \text{Dmod}(T, \Delta t, t) \mid s_v(t) \geqslant U_T \quad (2.2)$$

式中:$\text{Dmod}(T, \Delta t, t)$ 为求模、量化函数;Δt 为时间计数器计数周期;$T = \Delta t \cdot 2^N$ 为时间计数器最大无模糊计数范围;t 为 $s_v(t)$ 过阈值时的时刻。

求模、量化函数可表示为

$$\text{Dmod}(T,\Delta t,t) = \text{INT}\left[\frac{t - \text{INT}\left(\frac{t}{T}\right)\cdot T}{\Delta t}\right] \quad (2.3)$$

式中：$\text{INT}(x)$ 为对 x 取整的函数。

由于时间计数器位数有限，为防止产生测量模糊，需保证：

$$T > T_{\max} \quad (2.4)$$

式中：$T_{\max}$ 为雷达对抗设备最大无模糊可测 PRI。

计数周期 Δt 决定了 t_{TOA} 测量的量化误差以及时间分辨率。减小 Δt 可减小量化误差，同时提高时间分辨率；但对于相同的 T，减小 Δt 需提高计数器位数 N，增大 t_{TOA} 的字长，增加后续处理的数据存储以及运算的负担。

为克服同时到达信号时域重叠对 t_{TOA} 产生的影响，雷达对抗设备中应尽量在频域、空域滤波后对 t_{TOA} 进行测量。

2.3.2 脉宽的测量

雷达对抗设备中，脉宽 τ_{PW} 的测量是与 t_{TOA} 的测量同时进行的，如图 2.3 所示。

阈值检测之前，脉宽计数器的初值为零，由 t_{TOA} 的阈值检测信号①启动脉宽计数器对参考时钟②进行计数，当 $s_v(t)$ 低于阈值 U_T 时，信号①使计数器停止计数，①的下降沿使读出脉宽触发器产生锁存信号③，将脉宽锁存至脉宽锁存器，③的后沿微分信号④使脉宽计数器清零，以便进行后续脉冲的脉宽测量。若 $s_v(t)$ 低于阈值 U_T 的时间为 t_{TOE}，如式(2.5)所示。

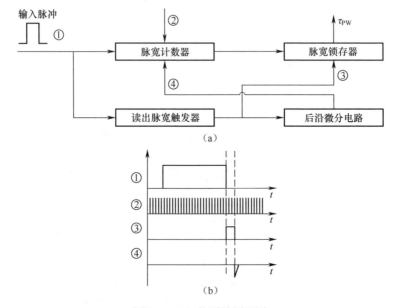

图 2.3 PW 的测量原理图

$$t_{\text{TOE}} = \text{Dmod}(T,\Delta t,t) \mid s_v(t) < U_T \tag{2.5}$$

则脉宽值为

$$\tau_{\text{pw}} = \text{INT}\left(\frac{t_{\text{TOE}} - t_{\text{TOA}}}{\Delta t}\right) \tag{2.6}$$

当脉宽计数器采用 N 位二进制计数器级联时,其最大无模糊可测脉宽为

$$\tau_{\text{PWmax}} = \Delta t \cdot 2^N \tag{2.7}$$

t_{TOA} 与 t_{PW} 的测量可采用不同的时间量化单位 Δt,通常 τ_{PW} 的参考时钟频率较高,以便获得较高的脉宽测量精度。同时到达信号会造成时域重叠,进而造成 τ_{PW} 的测量错误。

2.3.3 幅度与相位的测量

当雷达对抗设备采用数字信道化接收机时,幅度与相位可使用 Cordic 算法[144]获得。其基本原理如下。

接收机测得信号的 I、Q 分量,构成了一个信号向量,通过在复平面内不断旋转信号向量,直到信号向量旋转至在虚轴投影为零(或小于某阈值),旋转过的角度即为信号相位 φ,此时信号向量在实轴的投影即为脉幅 A_P。

2.3.4 载频的测量

通常采用瞬时相位差法测频,有

$$f(n) = \frac{\Delta\varphi(n)}{2\pi T_s} \tag{2.8}$$

式中:$\Delta\varphi(n)$ 为第 n 个采样点与第 $n-1$ 个采样点的相位差,即 $\varphi(n) - \varphi(n-1)$;$T_s$ 为采样周期。

由于 $\varphi(n) \in [-\pi,\pi]$,为获取真实相位差,使用下式进行修正:

$$\Delta\varphi(n) = \begin{cases} \Delta\varphi(n) + 2\pi & \Delta\varphi(n) \leqslant -\pi \\ \Delta\varphi(n) - 2\pi & \Delta\varphi(n) \geqslant \pi \\ \Delta\varphi(n) & \text{其他} \end{cases} \tag{2.9}$$

2.3.5 到达方向的测量

为获取高精度的到达方向信息,通常采用相位干涉仪进行测向,DOA 的测量原理如图 2.4 所示。

远场、窄带条件下,认为电磁波到达天线为均匀平面波、频率为信号中心频率。设经过鉴相器测得的相位差为 φ,由图 2.4 中几何关系及电磁波传播的相关知识可得:

$$\varphi = \frac{2\pi}{\lambda}L\sin\theta \tag{2.10}$$

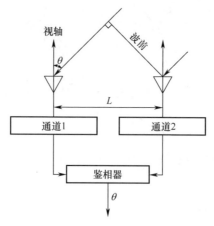

图 2.4 DOA 的测量原理图

式中:λ 为信号波长;L 为两天线间距离(基线长度);θ 为辐射源 DOA。

目标辐射源角度为

$$\theta = \arcsin\left(\frac{\varphi\lambda}{2\pi L}\right) \quad (2.11)$$

相位差 φ 是以 2π 为周期的,超过 2π 时会产生相位模糊,进而无法测出目标辐射源的真实方向,可通过长短基线、虚拟基线等方式解模糊。

2.4 雷达脉冲信号环境

2.4.1 复杂信号环境特点

在现代战争中,被动雷达寻的器面临着越来越复杂的信号环境。在技术特点上,现代新体制雷达技术先进,预警探测能力强。这些雷达采用数字化技术,具有多目标跟踪多功能自适应的工作模式,采用超宽的频带以及低截获概率设计等技术。这些技术的综合运用给电子对抗侦察接收带来了前所未有的挑战。主要体现在信号密度增加和雷达调制形式复杂两方面。

在信号密度上,在 2000 年左右,战场中电磁环境的脉冲流密度为 20 万~100 万脉冲/s,传统的信号分选方法可以有效分选。现如今脉冲流密度已经达到 100 万~1000 万脉冲/s,相比以前增加一个数量级,传统分选方法处理时间明显增加。

在雷达调制形式上随着雷达反干扰、反侦察技术的发展,雷达信号在调制方法上更加复杂,信号参数变化多样,变化更加迅速。同时,敌方军用雷达辐射源可以有多种工作模式,既可以重频抖动变化也可以重频固定或者重频参差变化。采用低截获概率设计的雷达信号,占空比增加,混合调制的信号波形复杂。这些因素都给信号分选带来难题。

2.4.2 脉冲信号环境模型

被动雷达寻的器分选与跟踪器面临的信号环境为各个辐射源所辐射的脉冲列以及脉冲多径效应的叠加。信号环境模型总体上可用下式描述：

$$X = \bigcup_{i=0}^{N-1} x_i(t) \tag{2.12}$$

式中：N 为信号分选与跟踪器面临的信号环境中的辐射源数目（包括反射、散射等多径效应产生的虚假辐射源）；$x_i(t)$ 为第 i 个辐射源信号。

信号密度是信号分选和跟踪器信号环境的一个重要指标，也是信号分选跟踪处理器设计的重要依据，信号分选和跟踪器所处环境的信号密度可用下式计算：

$$\lambda = \sum_{i=0}^{N-1} P_i \cdot \mathrm{PRF}_i \tag{2.13}$$

式中：λ 为信号密度；PRF_i 为第 i 个辐射源的平均脉冲重复频率；P_i 为第 i 个辐射源的脉冲检测概率；P_i 与截获接收机的接收机灵敏度、天线扫描方式与波束参数、i 辐射源的天线扫描方式与波束参数，其他外界影响等因素有关。

当辐射源数目 $N \to \infty$ 时，由于各个信号序列的到达时间是相互独立的，在一定时间内近似满足统计平稳和无后效性，根据随机过程理论，脉冲密度近似于泊松分布，这种假设对雷达信号分选与跟踪器所面临的日益复杂的信号环境而言是合理的。在这种前提下，在时间 τ 内到达 k 个脉冲的概率为

$$P_k(\tau) = \frac{(\lambda \tau)^k}{k-1} \mathrm{e}^{-\lambda \tau} \quad \tau \geq 0, k = 0, 1, \cdots \tag{2.14}$$

式中：λ 为式(2.13)所描述的单位时间（$\tau = 1\mathrm{s}$）内到达脉冲数目的平均值，即信号密度。

脉冲密度作为表征信号环境的首要指标，对系统的技术参数有决定性的影响。对信号分选与跟踪器而言，主要包括先进先出存储器（first input first output, FIFO）和 SDRAM（同步动态随机存取内存）等存储器的深度、软硬件计算资源的分配、信号处理器结构等。对于接收机而言，脉冲密度直接导致同时到达脉冲、辐射源参数空间重叠等效应。为了尽量减少同时到达脉冲概率，接收机必须采取措施将脉冲从频域上分离开来（如信道化接收机等），而为使辐射源在参数空间上可分，接收机必须提高参数测量精度，并提取尽可能多的特征参数。

2.4.3 信号变化样式

1. 频域变化样式

载频是雷达参数中最为重要的参数之一，它与雷达体制、战术用途有着密切关联。以搜索任务为主的空间目标监视雷达，由于其监视空域大、作用距离远（其作用距离通常达到数千千米）、目标数量多，一般采用较低的载频，多采用 P 波段和 L 波段，这使得可充分利用加大天线孔径来提高雷达探测距离；以跟踪任务为主的火

控、制导雷达,通常选用较短的波长,提高发射天线增益,增大跟踪距离,提高跟踪精度。

现代雷达多为宽带/超宽带雷达,其工作带宽达到其中心频率的 10%~30%,其信号频率在其工作频段内以各种方式灵活变化。为实现抗干扰、解模糊等目的,会采取不同的频率变化方式,典型的有脉间伪随机捷变频、脉组伪随机捷变频、脉间和脉组自适应捷变频、频率分集等。图 2.5 所示为捷变频信号。

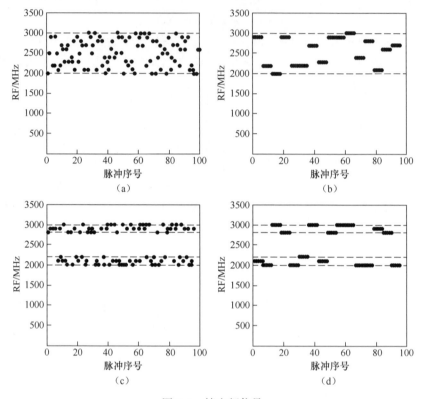

图 2.5 捷变频信号
(a)脉间伪随机捷变频;(b)脉组伪随机捷变频;(c)脉间自适应捷变频;(d)脉组自适应捷变频。

2. 时域变化样式

脉冲重复频率是信号分选与识别的一个重要参数,因为它是雷达最具特征的信号时域参数,即使相同型号的雷达,其重频也存在细微差别。早期的侦察机主要是通过对脉冲重复频率的鉴别,再辅以诸如雷达波段、天线扫描周期等参数对雷达进行识别的。

所说的最具特征,就是说雷达的性能受所使用的脉冲重复频率的倒数——脉冲重复间隔的影响很大。对于 PRI 不变的常规雷达来说,PRI 数值决定了雷达的最大无模糊距离和最大无模糊径向速度,这两个雷达性能参数与 PRI 的基本关系式分别为

$$R_{umax} = \frac{c \cdot \text{PRI}}{2} \quad (2.15)$$

$$v_{umax} = \frac{c}{2 \times \text{PRI} \cdot \text{CF}} \quad (2.16)$$

式中：R_{umax} 为最大无模糊探测距离(m)；v_{umax} 为最大无模糊径向速度(m/s)；PRI 为脉冲重复间隔(s)；CF 为信号载频(Hz)；c 为光速，$c=3\times10^8$ m/s。

R_{umax} 及 v_{umax} 是同雷达的功能紧密相关的，所以电子侦察可以通过对 PRI 的分析以及对其他可测参数的分析，来判断雷达的性质及雷达平台。

随着信号环境中信号越来越密集，环境中的各种辐射源的脉冲相互交叠在一起，在侦察接收机输出端构成了在时间轴上交错的随机信号流，它为泊松流。就 PRI 这一个参数而言，雷达设计师为了分辨距离模糊和速度模糊或者为了对抗侦察干扰就采用了各种不同样式的 PRI，PRI 的类型似乎是无穷的，然而有一些类型已用得足够频繁，因此都有了给定的名称。

1) 固定(恒定)PRI

如果雷达 PRI 的最大变化量不大于其平均值的 1%，就可认为它是固定 PRI。这种变化量可能是电路设计的特点或漂移附加引起的，这些变化对雷达的性能起不到什么作用，这种 PRI 类型常用于搜索雷达和跟踪雷达以及动目标指示的脉冲多普勒系统。应当说明的是：某些老式雷达用普遍振荡器作为基准振荡，通过分频得到固定 PRI 的雷达，其变化量可能大于 1%，由于雷达定时器不稳定带来的 PRI 变化一般小于 3%，并称为脉冲抖动雷达，但它也属于非人为地引入 PRI 的某种变化，起不到改善雷达性能的作用，因此也可以归入固定 PRI 类型。

2) 抖动 PRI

抖动 PRI 是指雷达信号的 PRI 值在某一中心值附近随机地抖动，其变化范围一般为 1%~10%。抖动 PRI 可用于防护某些通过预测脉冲到达时间进行干扰的技术。

3) 跳变 PRI

人为的随机跳变和有规律的调制，是雷达的抗干扰措施(electronic counter-counter measures, ECCM)，用于给侦察系统造成分析 PRI 的困难或降低某些干扰类型的效果。这种变化值较大，可高达平均 PRI 的 30%。国内目前的反辐射导弹导引头的信号选择系统只能用时域宽波门来对付这种跳变 PRI，过宽的波门将会使许多干扰脉冲进入误差处理电路和伺服系统，有可能造成跟踪抖动或跟踪误差。

4) 转换并驻留 PRI

一些雷达中选用几个或多个不同的 PRI 值，并快速地在这些 PRI 值之间转换，其目的主要用以分辨距离或速度上的模糊，尤其在脉冲多普勒雷达中广泛采用这种技术，或者用来消除雷达的距离盲区或速度盲区。某些采用短 PRI 值的距离跟踪系统可以行之有效地适当调节 PRI 值，使目标回波保持在发射脉冲之后近乎固定不变的位置上,这种雷达通常使用 100~125μs 左右的 PRI 值,来消除雷达盲区或分辨距离模糊。显而易见,这种类型的 PRI,反辐射导弹导引头的信号分选或选择跟踪系统是难对付的,要实现对其跟踪,就必须有先验信息,即由电子情报系统提供各个 PRI 的数值以及其转换和驻留的规律,如驻留时间的长短。如果说驻留时间比反辐射导弹从发射到飞近目标的时间还长,那么在引导装订之后,可以将其看成固定 PRI 雷达。

5) 参差 PRI

参差 PRI 是一部雷达发射脉冲序列中选用了两个 PRI 或多个 PRI 值,这种脉冲列的重复周期称为帧周期,帧周期之内的各个小间隔称为子周期。例如,两部同步发射且 PRI 值完全相等的脉冲列(且一部雷达的信号脉冲不在另一部信号脉冲的中间位置)就构成了参差脉冲列。通常采用的参差信号由一个长子周期和一个短子周期交替使用构成,称为两参差。参差脉冲列要用参差的重数以及各子周期的数值来描述。一般来说,动目标指示(moving target indication,MTI)雷达系统使用参差 PRI 是为了消除盲速;反过来说,若侦测到某部雷达的脉冲列具有参差特性,则说明这部雷达具有 MTI 能力。通常脉冲多普勒雷达发射的参差脉冲有两参差和三参差特性。对参差脉冲列,ESM 系统及反辐射导弹导引头的预处理器已具备分选能力,只要有足以说明参差脉冲列的特性的引导参数,反辐射导弹导引头的信号选择和跟踪分系统就能实施对参差脉冲列的跟踪。

6) 滑变 PRI

滑变 PRI 用于探测高度不变(如飞机以一定高度平飞逼近目标)而雷达使用仰角扫描方式跟踪目标的系统。大仰角时探测距离近,使用短 PRI,小仰角时探测距离远,使用长 PRI,这样做可以消除雷达的距离模糊。例如,一部雷达的仰角扫描的范围为 0°~30°,探测高度为 15km,则最小作用距离为 30km,而仰角为 0°时,最大作用距离为 150km,则探测距离比为 5∶1。当雷达在仰角范围内扫描时,PRI 值也跟随仰角的变化单调地增加或减小。这种变化的最大 PRI 通常是最小 PRI 的 5~6 倍。

7) 排定 PRI

排定 PRI 在计算机控制的电子扫描雷达中使用;这种雷达通常是三坐标雷达,即在三维空间交替执行扫描和跟踪功能,PRI 的变化由控制程序确定。排定 PRI 的变化有许多模式,用以适应目标的情况。

8) 周期调制 PRI

周期调制 PRI 是一种比滑变 PRI 的变化范围更窄的近似正弦调制的 PRI。它可以用来避免雷达目标盲区或分辨距离模糊,但更多的是作为一项导弹制导技术用在圆锥扫描跟踪系统中。一部圆锥扫描雷达正在跟踪一个目标时,它的天线瞄准轴就瞄准了那个目标,当一枚导弹位于雷达波束之内并且正被引向攻击目标时,锥扫产生的幅度调制就会消失,为做航线校正,该导弹需要从锥扫系统那里获得一个基准信号,只要以与锥扫同步的方式对雷达的 PRI 进行正弦调制,就可以获得这个基准信号。这种调制量可达 5%,调制速率约为 50Hz。粗看起来,对这种雷达只要放宽时域波门到 PRI 的 5% 就可以实施对其跟踪,但实际上 ESM 和反辐导弹的信号分选系统对环境的采样时间一般并不长(后者考虑最低重频约为 250Hz,采样时间仅 20~30ms)。在分选的过程中正弦调制的 PRI 变化很可能未被发现,而当作一部 PRI 值基本不变的信号去引导信号选择和跟踪电路,如果波门过窄,就可能造成多个脉冲的丢失或跟踪失败。解决这一问题的最好方法是从电子情报侦察那里获得先验信息,如果没有先验信息,ESM 或反辐射导弹导引头的信号分选系统在分析 PRI 时就必须选择多个(一个调制周期内)脉冲进行分析,以提供 PRI 的调制度。

9) 脉冲群重复间隔

一些雷达发射若干个靠得很近的脉冲组成的脉冲群,脉冲群之间的间隔拉得较长,脉冲群之间的间隔称为脉冲群重复间隔(pulse repetition group interval,PRGI),脉冲群具有增大雷达作用距离和速度分辨力这样一些雷达功能。对于此种类型的雷达,距离分辨力由脉冲群中的一个脉冲的宽度而定,而多普勒分辨力则由整个脉冲群的宽度而定,在动目标指示雷达系统中,这种脉冲群可以用来消除盲速(两个脉冲组成一个脉冲群)。使用脉冲群的雷达,一般利用固定的脉冲群,在另外的一些应用场合,如发射遥测信号数据,可能还希望脉位调制(对群内脉冲进行位置编码),敌我识别系统也可以利用这种脉冲群信号,它的脉冲群可以改变,但是整个模式可以保持几小时至数天不变。对 PRGI 固定的信号 ESM 系统及反辐射导弹导引头的信号分选装置可能将其判定为载频相同的多部雷达信号,对后者而言,这种判定导致的后果只可能是多个导弹攻击同一目标,似乎并没有更大的影响。然而,只要利用脉冲群信号之间的严格同步这一特点,就可以区分脉冲群信号和多部 PRI 相同信号的交错这两种情况,因为后者是不同步的。

3. 脉内调制特征

雷达设计者为了实现某些特定功能,在脉冲压缩体制信号中加入调制特征,提供大的时宽带宽积,解决雷达的测距、测速精度与作用距离之间的矛盾。其主要的调制方式包括脉内相位调制、频率调制、幅度调制和 3 种调制组合的混合调制。典型的脉内调制样式有:线性调频、非线性调频、频率编码、相位编码以及混合调制等。

1) 线性调频信号

信号的数学表达式为

$$s(t) = \begin{cases} Ae^{j2\pi(f_0 t + \frac{1}{2}\mu t^2)} & 0 \leq t \leq T \\ 0 & 其他 \end{cases} \tag{2.17}$$

式中:A 为非负数;μ 为调频斜率。

2) 非线性调频信号

非线性调频信号的调制样式较多,可用解析式表示为

$$s(t) = \begin{cases} Ae^{j(2\pi f_0 + \varphi(t))} & 0 \leq t \leq T \\ 0 & 其他 \end{cases} \quad (2.18)$$

式中:$\varphi(t) = a_0 + a_1 t + a_2 t^2 + a_3 t^3 + \cdots + a_i t^i (i = 0,1,2,\cdots)$;$A$ 为非负数。

3) 频率编码信号

频率编码信号表达式为

$$s(t) = \sum_{i=0}^{N-1} A\mathrm{rect}[t - iT_r, T_r] e^{j(2\pi f_i t + \varphi)} \quad (2.19)$$

式中:N 为码元数;T_r 为码元宽度;f_i 为频率编码;φ 为初相。

4) 相位编码信号

相位编码通常采用伪随机序列编码,具有很强的自相干作用,常见的调相码有:巴克码、组合巴克码、互补码、M 序列码、L 序列码等。

相位编码信号表达式为

$$s(t) = \sum_{i=0}^{N-1} A\mathrm{rect}[t - i\Delta T, \Delta T] e^{j(2\pi f_0 t + \varphi_i)} \quad (2.20)$$

式中:f_0 为信号载频;N 为码元数;ΔT 为码元宽度;φ_i 为相位码,BPSK 时 φ_i 取 0 或 π。

5) 混合调制信号

由于单一调制的雷达信号存在易截获、易干扰的缺陷,而且单一调制信号(如 FSK、PSK)在现有技术条件下,较难实现大时宽带宽积,低截获性能受到限制。脉内混合调制是将发射的宽脉冲分为若干子脉冲,根据雷达应用功能的实际需要,每个子脉冲进行各自的窄带调制。采用信号组合的方法能够得到大时宽带宽积的复合信号,并实现不同调制类型的有机结合,提高距离分辨力或速度分辨力。目前,采用复合调制的雷达信号类型较多,如对脉冲内部采用线性调频,而脉冲之间采用伪随机码相位调制;或者脉内采用调频,脉间采用步进、跳频等。雷达信号所采取的这些新的调制方式为侦察信号处理带来了新的挑战。

常见的几种混合调制有:线性调频+二相编码、线性调频+频率编码、线性调频+频率步进、频率编码+二相编码、非线性调频+二相编码。

2.4.4 信号跟踪

1. 原理分析

以参差雷达和常规雷达(固定 PRI)为例分析信号跟踪原理。

参差雷达信号是指雷达有多个 PRI,各 PRI 循环交替,设有 n 种 PRI,分别为 $\mathrm{PRI}_1, \mathrm{PRI}_2, \mathrm{PRI}_3, \cdots, \mathrm{PRI}_n$,这 n 个 PRI 构成一个大的帧周期,如图 2.6 所示。

其中 n 为参差数,当 $n = 1$ 时即为常规雷达。目前,常见雷达通常不超过 8 参

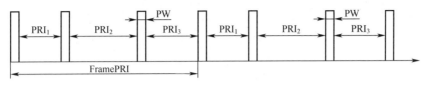

图 2.6 参差雷达信号

差,故被动雷达寻的器通常可跟踪 8 参差以下的参差雷达。本书以在 FPGA 中实现的跟踪器为例,介绍信号跟踪的原理。考虑到信号最多为 8 参差,因此设计 8 个 PRI 寄存器,在实行跟踪时由 CPU 将目标信号的参差数写入 PRI 控制寄存器。如果是固定重频信号,即只有一个 PRI,则在装订参数时 CPU 指定参差数为 1,则 PRI 控制寄存器的控制信号会仅使第一个 PRI 寄存器有效,PRI 计数器的初始值由该 PRI 寄存器指定。如果要跟踪的目标雷达为 3 参差,则 CPU 指定参差数为 3,PRI 控制寄存器使前 3 个 PRI 寄存器有效,3 个 PRI 寄存器依次循环装订 PRI 计数器的初始值,从而产生一个 3 参差的计数溢出信号,该信号用来触发半波门和波门产生电路,从而产生 3 参差的波门信号。PRI 跟踪电路如图 2.7 所示。

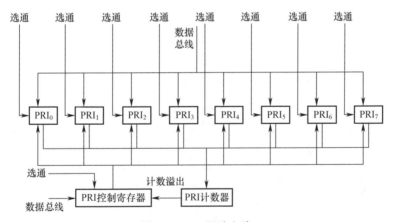

图 2.7 PRI 跟踪电路

2. 信号序列的确定

在分选过程中,首先遇到的问题就是究竟有几个脉冲被连续检测到,才能确定一个脉冲序列的确以某种置信度存在,对这个问题的分析也适用于后面跟踪器波门输出的确定。实际上,由于存在着噪声干扰和脉冲丢失,如果脉冲的数目取得过少,会造成虚警概率的增加;若过多,则不但会造成时间的浪费,还容易引起漏警概率的增加,因此必须选取一个最佳的取样个数。

由中心极限定理可知:对于同一部常规雷达的每一个子样 PRI 来说,可以认为它服从一个均值为 PRI_0、方差为 σ^2 的正态分布,即 $PRI \sim N(PRI_0, \sigma^2)$。设检测到 n 个脉冲便可以认为存在该雷达,这 n 个样本分别为 $\xi_1, \xi_2, \xi_3, \cdots, \xi_n$,由于 $\xi_i \sim$

$N(PRI_0, \sigma^2)$,则

$$\bar{\xi} = \frac{1}{n}\sum_{i=1}^{n}\xi_i \sim N\left(PRI_0, \frac{\sigma}{\sqrt{n}}\right) \quad (2.21)$$

这些随机变量呈正态分布,随机分量的方差 σ^2 未知,于是这一问题就成为方差未知的单个正态总体的均值检验问题。首先设原假设 $H_0: PRI = PRI_0$,对立假设 $H_1: PRI \neq PRI_0$;然后用统计方法判断假设肯定与否。选检验统计量:

$$T = \sqrt{n-1}\,\frac{\bar{\xi} - PRI_0}{S} \quad (2.22)$$

式中:$\bar{\xi}$ 为均值,$\bar{\xi} = \frac{1}{n}\sum_{i=1}^{n}\xi_i$,$S^2$ 为方差,$S^2 = \frac{1}{n}\sum_{i=1}^{n}(\xi_i - \bar{\xi})^2$。

在原假设 H_0 成立条件下,统计量 T 服从具有 $n-1$ 个自由度的 t 分布,即

$$T = \sqrt{n-1}\,\frac{\bar{\xi} - PRI_0}{S} \sim t_{(n-1)} \quad (2.23)$$

式中:$t_{(n-1)}$ 为自由度为 $n-1$ 的 t 分布。

选择临界值 $t_{(n-1)}(\alpha)$,使得

$$p\left\{\left|\sqrt{n-1}\,\frac{\bar{\xi} - PRI_0}{S}\right| \geq t_{(n-1)}(\alpha)\right\} = \alpha \quad (2.24)$$

对于给定水平 α,由式(2.24)条件算出否定域 R_α,由具体样本 $\xi_1, \xi_2, \xi_3, \cdots, \xi_n$ 算出 $\hat{T}$,若 $\hat{T} > t_{(n-1)}(\alpha)$,$\hat{T} \in R_\alpha$,则不否定 H_0,反之则否定 H_0。在信号分选的具体过程中,给定 α,判断 $PRI = PRI_0$ 的序列是否存在。由此可见,这一判断的置信度和子样个数的选取有关。这里关心的是原假设成立,对于给定水平 α,如何确定最小 n 值,又能达到规定的置信度。原假设在 $1-\alpha$ 的置信水平成立,就是有 n 个脉冲落入给定的容差 2Δ 之中,它刚好为 $1-\alpha$ 的区间估计:

$$\left(\bar{\xi} - \frac{S}{\sqrt{n-1}} \cdot t_{(n-1)}(\alpha), \bar{\xi} + \frac{S}{\sqrt{n-1}} \cdot t_{(n-1)}(\alpha)\right) \quad (2.25)$$

即容差 $\Delta = \frac{S}{\sqrt{n-1}} \cdot t_{(n-1)}(\alpha)$。

因此,在临界条件 $T = t_{(n-1)}(\alpha)$ 下,有

$$n = 1 + \frac{S^2}{\Delta^2}t^2_{(n-1)}(\alpha) \quad (2.26)$$

由式(2.26)可知 n 值并不是任意的,它与分选所要求的容差有关,还与子样的方差、临界值 $t_{(n-1)}(\alpha)$ 及虚警概率有关。其中 S^2 可由以往的经验确定,Δ 可根据对分选提出的精度要求确定,而临界值 $t_{(n-1)}(\alpha)$ 在给定虚警概率 α 的条件下,就可以由 t 分布查出 $t^2_{(n-1)}(\alpha)$ 的值,从而确定该虚警概率条件下一个脉冲序列存在所需的最小 n 值。在 $n>3$ 的条件下,$t_{(n-1)}(0.1) \approx 2$,则

$$n = 1 + \frac{4S^2}{\Delta^2} \tag{2.27}$$

为了使虚警概率和漏警概率均很小,分选时必须慎重地选择容差。根据经验,可取 $S \approx \Delta$,得 $n = 5$,即在置信水平为 0.9 时,需要连续检测到 6 个脉冲,5 个脉冲保持相等的间隔出现,就可以断定它们来自同一个辐射源,可以将它们从交迭的脉冲流分选出来。这一准则既适用于对威胁信号分选时判断辐射源的存在,也适用于跟踪器判出有 5 个连续脉冲就可送出跟踪波门。

有了确定一个脉冲列所需的最小脉冲数,再加上系统所要求的脉冲重复周期范围,就可以确定采样时间。考虑到为了对低重频信号在一定的虚警概率下仍能够获取足够的样本个数,采样时间在此基础上可以适当加大。

2.4.5 分选实时性要求

现代电子对抗环境中,信号密度已达百万脉冲每秒,这里取信号密度为 100 万脉冲/s。考虑到被动雷达寻的器的天线可对信号进行空域滤波,设主波束为锥状波束,覆盖±30°,则主波束对应的立体角为

$$\Omega = 2\pi(1 - \cos 30°) \approx 0.84 (\text{rad}) \tag{2.28}$$

则进入被动雷达寻的器的信号密度为

$$\eta = \eta_0 \frac{\Omega}{4\pi} = 10^6 \times \frac{0.84}{4\pi} = 66845.1 (\text{脉冲}/s) \tag{2.29}$$

式中:η_0 为信号环境中信号密度。

由重频范围,可得环境中最大脉冲重复间隔 $\text{PRI}_{max} = 2\text{ms}$,为能够积累到一定数目的低重频信号,信号序列截取时长 T 取 100ms,则单次分选需处理的信号数为

$$n = \eta T = 66845 \times 0.1 = 6684.5 \tag{2.30}$$

同时由于接收机瞬时带宽的原因,单次分选所需处理的信号数会更少。

2.5 信号预处理器 PDW 队列数学模型

现代被动雷达寻的器多采用 FPGA+CPU(DSP) 的硬件架构,由于 FPGA 与 CPU(DSP) 的运行方式及运行速度上的差异,直接将 FPGA 中的数据传递给 CPU(DSP) 会造成大量数据因处理速度不匹配而丢失。因此,需要在两者之间加入缓冲电路,如双口 RAM 组成的 FIFO。FIFO 的深度直接影响了信号预处理器因器件处理速度不匹配而导致的数据丢失概率,因此有必要对 FIFO 深度的设置进行研究。

假设设置 k 级 FIFO,在排队论中,相当于 $M/M/1/K$ 系统。为研究的一般性,先研究 $M/M/m/K$ 系统。其状态转换图如图 2.8 所示。

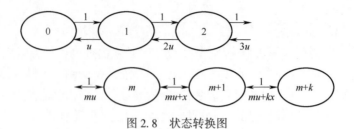

图 2.8 状态转换图

为简化起见,此过程可简化为

$$l_j = \begin{cases} l & j < m+k \\ 0 & j \geq m+k \end{cases} \tag{2.31}$$

$$u_j = \begin{cases} ju & j < m \\ mu + (j-m)x & m \leq j \leq m+k \end{cases} \tag{2.32}$$

式中:l 为到达率;u 为离去率,即为系统单位时间的处理能力。

由排队论知识可推出,多服务台,有限等待,先来先服务系统的稳态方程为

$$\begin{cases} p_i = \dfrac{1}{i!}\left(\dfrac{l}{u}\right)^i p_0 & 1 \leq i \leq m \\ p_{m+k} = \dfrac{l^{m+k}}{m!\, u^m \prod\limits_{j=1}^{k}(mu+jx)} p_0 & k = 1,2,3,\cdots \\ p_0 = \left[\sum\limits_{i=0}^{m}\dfrac{1}{i!}\left(\dfrac{l}{u}\right)^i + \sum\limits_{k=1}^{\infty}\dfrac{l^{m+k}}{m!\, u^m \prod\limits_{j=1}^{k}(mu+jx)}\right]^{-1} \end{cases} \tag{2.33}$$

式中:p_i 为 t 时刻,系统有 i 个服务台服务,且有 $m-i$ 个服务台空闲的概率;p_{m+k} 为 t 时刻有 m 个服务台正在服务,且有 k 个信号处于等待服务状态的概率;p_0 为空闲概率。

在统计平稳条件下,则处于等待队伍中的信号的数学期望为(令 $a = \dfrac{l}{u}$,$b = \dfrac{x}{u}$)

$$\overline{m}_k = \sum_{k=1}^{\infty} k p_{m+k} = \sum_{k=1}^{\infty} k \frac{a^m}{m!} \frac{a^k}{\prod\limits_{j=1}^{k}(m+jb)} p_0 \tag{2.34}$$

输入到系统中的信号可能被截获处理,也可能离开排队等待而漏失,令 P_r 表示漏失概率,则

$$P_r = \frac{离队信号平均数(单位时间)}{到达系统信号平均数(单位时间)} \tag{2.35}$$

即

$$P_r = \frac{\overline{m}_k/\overline{t}_w}{l} = \overline{m}_k \frac{x}{l} \tag{2.36}$$

$$P_r = \frac{b}{a} \frac{\dfrac{a^m}{m!} \sum_{k=1}^{\infty} \dfrac{ka^k}{\prod_{j=1}^{k}(m+jb)}}{\sum_{i=0}^{m} \dfrac{a^i}{i!} + \dfrac{a^m}{m!} \sum_{k=1}^{\infty} \dfrac{a^k}{\prod_{j=1}^{k}(m+jb)}} \tag{2.37}$$

对于信号预处理器,后续相关联比较器相当于单服务台($m=1$),这样漏失概率为

$$P_r = \frac{b}{a} \frac{a \sum_{k=1}^{\infty} \dfrac{ka^k}{\prod_{j=1}^{k}(1+jb)}}{1 + a + a \sum_{k=1}^{\infty} \dfrac{a^k}{\prod_{j=1}^{k}(1+jb)}} \tag{2.38}$$

经过计算机模拟给出了不同 a 情况下,P_r-b 的关系曲线,如图 2.9 所示。假设某分选系统中,l 为 $2×10^5$ 脉冲/s,u 为 $3×10^5$ 脉冲/s,则

$$a = \frac{l}{u} \approx 0.67 \tag{2.39}$$

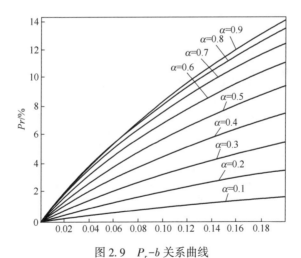

图 2.9 P_r-b 关系曲线

如果系统要求漏失概率在 1% 以下,由图 2.9 可以看出 b 值近似为 0.016,则有平均等待时间为

$$\bar{t}_w = \frac{1}{x} = \frac{1}{ub} = \frac{1}{3 \times 10^5 \times 0.016} \approx 2.1 \times 10^{-4} \quad (2.40)$$

这样,在平均等待时间 $\bar{t}_w$ 内到达的脉冲个数为 $\bar{n} = l \cdot \bar{t}_w = 2 \times 10^5 \times 2.1 \times 10^{-4} = 42$,即只要 FIFO 深度达到 42 级以上,即可满足设计要求。

该数据是基于理想假设条件下得到的,而实际应用中分选器不仅需要处理数据,还需要响应其他处理,如中断或响应整机控制命令或查询固定端口状态等;此外,目前脉冲流密度已高达 100 万脉冲/s。鉴于上述情况,并结合当前 FPGA 的大容量特性,将 FIFO 构造在 FPGA 里,选择 FIFO 深度为 1024 级,这样即使脉冲流的到达在一段时间内出现特别密集的情况,也不会出现脉冲丢失,从而实现对信号的精确处理。

第3章 传统信号分选方法

3.1 序列搜索法

序列搜索法,又称(动态)扩展关联法,也就是俗称的"套"脉冲的方法。其工作原理是:首先在脉冲流内选择一个脉冲作为基准脉冲(通常为第一个脉冲),然后选择另一个脉冲作为参考脉冲(通常为下一个脉冲),当这两个脉冲的到达时间差介于雷达可能的最大 PRI 与最小 PRI 之间时,则以此 DTOA 作为准 PRI;然后根据脉冲的抖动、TOA 测量误差等因素,确定 PRI 容差。以准 PRI 在时间上向前(或向后)进行扩展关联,如果此 PRI 能连续套到若干个脉冲(大于等于成功分选所需要的脉冲数),则认为成功分选出一个脉冲列,并继续分选出该脉冲列的全部脉冲。如果以准 PRI 动态扩展得不到脉冲列,则另选一个参考脉冲,回到第一步。如果分选成功的话,则把成功分选出来的脉冲列从脉冲群中提取出来。作为一个准雷达脉冲列,以备后续处理(如信号跟踪),对剩余的脉冲流,再按上述步骤继续进行分选,直到剩余脉冲数小于一定的个数(如 4 个),或再也不能构成新的脉冲序列,认为分选结束。其分选流程如下。

(1) 选取基准脉冲:一般情况下,选取当前序列的第一个脉冲为基准脉冲,基准脉冲的后一个脉冲为参考脉冲,参考脉冲与基准脉冲的 TOA 差作为准 PRI。

(2) PRI 的判断:若准 PRI 在最大 PRI 与最小 PRI 之间,使用准 PRI 在一定容差范围内搜索整个序列;若在序列中连续搜索到 5 个以上满足准 PRI 的脉冲,则认为该准 PRI 为真实 PRI,转入步骤(4)。

(3) 取当前参考脉冲的后一脉冲作为新的参考脉冲,计算 DTOA,转入步骤(2)。

(4) 对序列以步骤(2)得出的真实 PRI 值在一定容差范围内进行提取,若提取后序列中脉冲数量少于一定值后,便认为分选完成,退出;否则转入步骤(1)。

序列搜索法流程图如图 3.1 所示。

序列搜索法在实际应用中存在较多问题。分选过程中,实际脉冲列总存在随机抖动,窗口选的过窄,就会漏掉脉冲;窗口过宽,在密集信号环境中,会同时选中多个脉冲,造成错选,进而影响 PRI 的测量。因此,对脉冲干扰和脉冲丢失敏感。同时,所得到的 PRI 值是不精确的,为求得准确的 PRI,必须进一步处理,如对分选成功序列进行最小均方拟合。该算法只适用于信号环境简单、脉冲丢失少的情形,常和其他方法配合得到更好的分选效果。

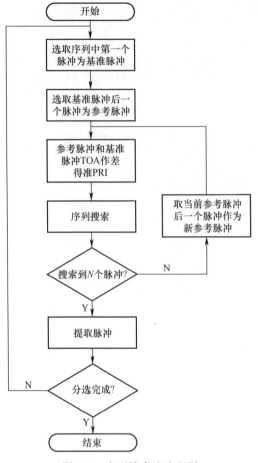

图 3.1 序列搜索法流程图

3.2 相关函数法

相关函数法重频鉴别技术是最基本同时也是最重要的重频分选算法,现有的重频分选算法大多都是基于该算法的原理,在此算法上加以改进。算法原理介绍如下:

自相关函数如下:

$$R(\tau) = \sum_{i=1}^{N} S(iT_r) S(iT_r + \tau) \tag{3.1}$$

式中:τ 为延迟时间;T_r 为脉冲重复周期。

由于脉冲列在时间轴上的离散性,只有当 $\tau = mT_r, m = 1, 2, \cdots, N$ 时相关函数存在,不满足此条件时,相关函数为零。

上述自相关函数 $R(\tau)$ 的表达式说明,自相关函数就是脉冲序列延迟后与原脉冲序列相乘再求和,由于 PRI 具有周期性,通过自相关函数计算之后就能得到关于 PRI 的峰值。但是,由于周期函数的相关函数具有周期性,因而存在着很多个 PRI 的谐波分量,而且实际脉冲列并非理想脉冲列,存在着脉冲丢失和 PRI 抖动等情况,这都可能造成分选错误。

自相关法能够获得脉冲序列 PRI 域信息的全貌,因此分选能力较强。除常规 PRI 信号外,对 PRI 抖动信号也具有一定的分析能力。但是,自相关法的谐波压缩对群脉冲和参差信号有较大影响,在压缩谐波的同时,基波分量也被大幅压缩,以致无法检测这两种信号。在信号数目较多时,自相关函数的噪声基底电平较大,使得各信号的基波分量都淹没在噪声之下,无法提取 PRI 值。因此,难以适应密集信号环境。另外,自相关法对 PRI 的鉴别能力取决于量化位数。位数越多,分析能力越强,但计算量也越大,因此不适于实时处理。现有的实用分选算法都基于该算法进行改进,然后运用。

3.3 PRI 直方图法

3.3.1 TOA 差值直方图法

对于信号分选,常常只需要估算 PRI 的值。PRI 只与脉冲间隔有关,所以无须计算所有的量化间隔。这样可大大减少计算量。这种脉间间隔的统计可用直方图来完成。

差值直方图法的基本原理是对两两脉冲的间隔进行计数,从中提取出可能的 PRI。它不是用某一对脉冲形成的间隔去"套"下一个脉冲,而是计算脉冲群内任意两个脉冲的到达时间差。对介于辐射源可能的最大 PRI 与最小 PRI 之间的 DTOA,分别统计每个 DTOA 对应的脉冲数,并做出(脉冲数-DTOA)直方图,即 TOA 差值直方图。然后再根据一定的分选准则对 TOA 差值直方图进行分析,找出可能的 PRI,达到分选的目的。其分选流程如下。

(1) 计算脉冲到达时间差值。在设定的 PRI 范围内,逐个测量脉冲序列到达时间差,横轴为到达时间差值,纵轴为该 PRI 值对应频数(脉冲数),建立直方图。若有 N 个脉冲,可算出的到达时间差值数量为

$$S_N = \frac{N(N-1)}{2} \tag{3.2}$$

(2) 确定合理的脉冲重复周期。选择直方图中频数最大的 PRI 值作为确定的脉冲重复周期,若有多个 PRI 峰值,则需要正确的脉冲重复周期倍频依旧为峰值。

(3) 在信号序列中依据确定的脉冲重复周期进行搜索,搜索到后进行剔除。

(4) 对剩余的信号脉冲序列,重复上述步骤,直到剩余脉冲序列中已无法再分选出信号。

TOA差直方图具有如下特点。

（1）处理速度较快。通过直方图，可一次分选出多个脉冲列，而且TOA差值直方图法进行基于减法的运算，因此其处理速度较快。

（2）这种算法中确定阈值是比较关键的问题。鉴于准PRI的倍数、和数、差数的统计值较大，因此确定阈值比较困难。

（3）在PRI随机变化时，分选容易出错，有时甚至不能分选。

实际上，TOA差值直方图法很少被直接采用。而在其基础上改进的CDIF和序列差值直方图法，由于性能大大提高，是较为常用的方法。

3.3.2 累积差值直方图法

CDIF是基于周期信号脉冲时间相关原理的一种去交错算法，它是将TOA差值直方图法和序列搜索法相结合起来的一种方法。首先通过累积各级差值直方图来估计原始脉冲序列中可能存在的PRI；然后以此PRI来进行序列搜索，包括直方图估计和序列搜索两个步骤。其分选流程如下。

（1）$C=1$，C为当前级差数。

（2）计算当前序列C级差，并与之前得到的直方图累积。

（3）判断是否存在过阈值的DTOA，若存在，转入步骤(5)。

（4）$C=C+1$，转入步骤(2)。

（5）判断2DTOA是否过阈值，若未过阈值，转入步骤(4)。

（6）以DTOA为准PRI对序列进行提取，若提取后序列中脉冲数量少于一定值后，便认为分选完成，退出；否则转入步骤(1)。

如图3.2所示为CDIF算法对包含两个具有相同PRI的交错信号序列分选的示意图。

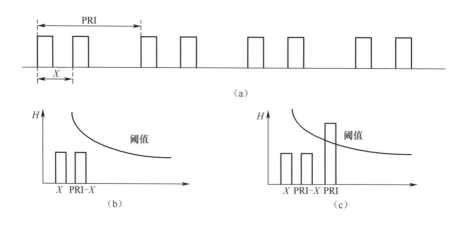

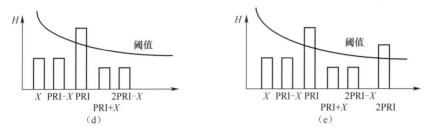

图 3.2 CDIF 算法示意图

(a)具有两个相同 PRI 的交错雷达信号;(b)一级差;(c)二级差;(d)三级差;(e)四级差。

CDIF 算法流程图如图 3.3 所示。

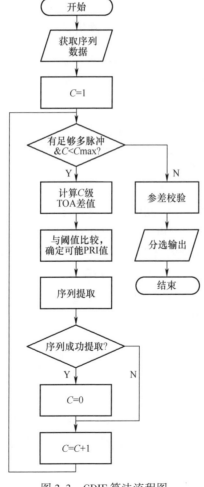

图 3.3 CDIF 算法流程图

CDIF 算法的阈值设置取反比例函数,即

$$T_{\text{th}}(\tau) = \alpha T/\tau, \alpha \in (0,1] \tag{3.3}$$

这是基于这样的假设:当辐射源 PRI 为 τ 时,时间长度为 T 的序列中脉冲数为 T/τ。考虑到脉冲丢失,则脉冲数为 $\alpha T/\tau$,其中 $\alpha \in (0,1]$。

式中:T 为信号积累时间;τ 为 TOA 差值;α 与脉冲丢失率有关。

CDIF 算法有如下特点。

(1) CDIF 算法只需统计很少的几级间隔的直方图就能提取出 PRI,相比于 TOA 差值直方图法统计各级间隔,大大减少了运算量。

(2) CDIF 算法对脉冲干扰和脉冲丢失不敏感,但仍不适合处理抖动信号。

(3) CDIF 对 PRI 的提取是按照间隔值从小到大依次进行的,这样就要首先提取基波成分。在基波超过阈值的情况下,CDIF 就能防止提取谐波。但是,在许多情况下,基波不一定大于阈值,而相反,谐波却大于阈值。出现这样的现象很大原因是 CDIF 算法的阈值采用反比例函数形式,这种函数对于小的 PRI,函数值很大。

(4) CDIF 算法需要计算 2PRI 是否过阈值,当序列中存在参差信号,且参差数较大时,CDIF 运算量过大,如若序列中存在 8 参差信号时,至少需要计算 16 级差才能完成对 8 参差信号的分选。

3.3.3 序列差值直方图法

序列差值直方图法是一种基于 CDIF 的改进算法。SDIF 与 CDIF 的主要区别是:SDIF 对不同阶的到达时间差值直方图的统计结果不进行累积,其相应的检测阈值也与 CDIF 不同。其基本思想如下。

首先计算相邻两脉冲的 TOA 差值构成第一级差值直方图,如果只有一个直方图值超过阈值,则把该值当作可能的 PRI 进行序列检索;如果有几个超过阈值的 PRI 值,则先进行子谐波检验,再从超过阈值的峰值所对应的最小脉冲间隔起进行序列检索。如果能成功地分离出相应的序列,那么从采样脉冲列中扣除,并对剩余脉冲列从第一级形成新的 SDIF 直方图;若序列检索不能成功地分离出相应的序列,则计算下一级的 SDIF 直方图。重复上述过程。其分选流程如下。

(1) $C=1$,C 为级差数。

(2) 对当前序列计算 C 级差。

(3) 判断是否有值过阈值,若有,转入步骤(5)。

(4) $C=C+1$,转入步骤(2)。

(5) 若只有一个值过阈值,则认为该值对应 DTOA 为准 PRI,转入步骤(7)。

(6) 对过阈值的值对应的 DTOA 进行谐波校验,得到准 PRI。

(7) 以准 PRI 对序列进行提取,若提取后序列中脉冲数量少于一定值后,便认为分选完成,退出;否则转入步骤(1)。

如图 3.4 所示为 SDIF 算法对包含两个具有相同 PRI 的交错信号序列分选的示意图。

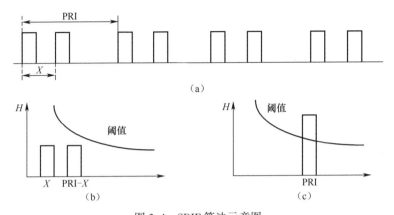

图 3.4 SDIF 算法示意图
(a)两个具有相同 PRI 的交错雷达信号；(b)一级差；(c)二级差。

SDIF 算法流程图如图 3.5 所示。

SDIF 的阈值设置与 CDIF 有所不同，相关推导如下。

在观察的脉冲总数足够大，且同时有多部辐射源时，则可认为相邻两脉冲的间隔是随机事件，脉冲序列是随机的泊松流。若把一定的观察时间 T 分成 n 个子间隔，则在时间间隔 $\tau = t_2 - t_1$ 内有 k 个子间隔出现的概率为

$$p_k(\tau) = \frac{(\lambda \tau)^k}{k!} e^{-\lambda \tau} \tag{3.4}$$

式中：$\lambda = n/T$ 为泊松流的参数，表示事件在一定时间间隔内的平均出现次数，即事件强度。相邻两脉冲间隔为 τ 的概率近似为

$$p_0(\tau) = e^{-\lambda \tau} \tag{3.5}$$

式(3.5)为一级差直方图的形式。由于直方图实际上是随机事件的概率分布函数的近似，因此较高级差直方图也呈指数分布形式。设 E 为观察时间 T 内的脉冲总数，构成 C 级差的脉冲组数为 $E-C$，即观察时间内一共有 $E-C$ 个事件发生。因为观察时间与直方图中单元总数成正比，所以泊松流的参数可表示为 $\lambda = 1/(kN)$，N 为直方图中单元总数。

因此，SDIF 的最佳检测阈值为

$$T_{th}(\tau) = \alpha(E - C) e^{-\frac{\tau}{kN}} \quad \alpha \in (0,1] \tag{3.6}$$

式中：E 为观测时间 T 内的脉冲总数；C 为当前直方图级数；k 为小于 1 的比例因子；N 为直方图中单元总数；τ 为 TOA 差值；$\alpha \in (0,1]$ 与脉冲丢失率有关。

SDIF 算法具有如下特点。

(1) 相较于 CDIF 算法，由于不进行级差累积，因此计算量大大减少。

(2) 由于不对 2PRI 进行阈值检测，因此在存在大量脉冲丢失时，可能会出现基波分量没有过阈值，而多次谐波过阈值的情况。在 SDIF 中需要采取谐波校验的

方法来确定 PRI。

（3）无法对抖动信号进行分选。

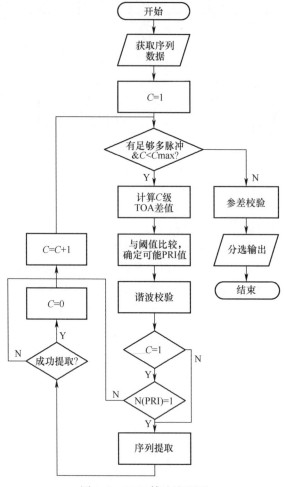

图 3.5　SDIF 算法流程图

3.4　平面变换法

3.4.1　平面变换法

传统的分选技术都是利用信号的各种先验信息，通过复杂的算法进行处理运算，并且都是在一维空间内，即在时间轴上或变换到其他一维自变量的域内进行处理。对简单的周期性重复信号，可以用序列搜索法，但更多的信号是遵循复杂变化规律的。由胡来招、赵仁健等提出的平面变换技术[36,145]试图用一种新的思维方法;首先将混合信号通过某种方式呈现或变换到二维 $S(r,l)$ $(r,l$ 分别为横坐标,纵坐标)平面上来进行处理;然后找出平面图形的直观变化与各子信号的存在性以及各信号参数大小的某些联系;最后达到通过某种手段分选出子信号的目的。

设侦察设备测得的脉冲到达时间序列为 $t_1,t_2,\cdots,t_N$(N 为脉冲到达时间序列长度),对它做如下变换:

$$\begin{cases} D_{ij} = t_j - t_i & i = 1,2,\cdots,N_m, j > i \\ t_j - t_i < T_{max} & t_N - t_{N_m} < T_{max} \end{cases} \quad (3.7)$$

或

$$\begin{cases} D_{ij} = |t_j - t_i| & i = N_s,\cdots,N, j < i \\ |t_j - t_i| < T_{max} & |t_N - t_{N_s}| < T_{max} \end{cases} \quad (3.8)$$

式中:T_{max} 是一个正常数;D 是一个矩阵,其每一行代表的是在时刻 t_i 处,到达时间 $t_1,t_2,\cdots,t_N$ 中可能包含的 PRI。

式(3.7)称为平面变换[145],而式(3.8)称为反向平面变换。若将矩阵 D 以时间 $t_i(i=1,2,\cdots,N)$ 为坐标画在平面坐标系内,显然脉冲序列中所包含的重复周期变化规律将会随时间展现出来,它不依赖于具体侦察站的测量,而仅依赖于目标本身的辐射特性和目标位置。图 3.6 所示为模拟产生的某站测量信号的平面变换图,在测量信号中存在 3 种辐射源,它们分别具有正弦调制、固定重频周期、分组跳变的重复周期变化规律。

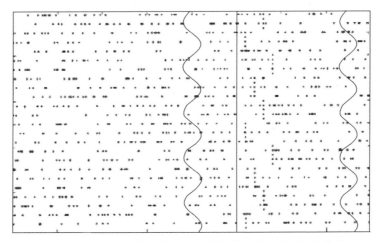

图 3.6 含有 3 种重复周期变化规律的模拟信号的平面变换图

由图 3.6 可以看出,平面变换图可以图形方式将脉冲信号的重复周期变化规律展现出来。但是,平面变换是一个从一维序列到二维平面的图形变换,从其定义可知,对于某一到达时刻 $t_i(i=1,2,\cdots,N)$,图上对应了多个脉冲间隔点,其中只有一个点对应着该时刻的瞬时脉冲重复周期,其他点都是噪声和虚假点。为了利用脉冲重复周期实现信号分选,乃至多站的信号匹配,必须在某一到达时刻 t_i ($i=1,2,\cdots,N$),使平面变换图上只对应着其瞬时重复周期的点,即要得到与脉冲到达时间序列一一对应的脉冲重复周期序列。

设变换所处的脉冲间隔区间为 $[\Delta_{\min},\Delta_{\max}]$,则由式(3.7)的变换得到的平面变换矩阵为

$$\boldsymbol{D} = \begin{bmatrix} \Delta_{11} & \Delta_{12} & \cdots & \Delta_{1m} \\ \Delta_{21} & \Delta_{22} & \cdots & \Delta_{2m} \\ \vdots & \vdots & & \vdots \\ \Delta_{N1} & \Delta_{N2} & \cdots & \Delta_{Nm} \end{bmatrix} \tag{3.9}$$

式中:m 为产生指定脉冲间隔范围内的最大脉冲间隔数;N 为脉冲到达时间序列长度。

在矩阵 $\boldsymbol{D}$ 中,第 i 行为到达时刻 t_i 处对应的所有脉冲间隔($[\Delta_{\min},\Delta_{\max}]$ 范围内),其中最多只有一个值可能是该时刻处的瞬时重复周期,其他值都是噪声和干扰,因此必须引入处理步骤去除这些噪声和干扰。

对矩阵 $\boldsymbol{D}$ 中的各脉冲间隔 Δ_{ij},求其在区间 $[\Delta_{\min},\Delta_{\max}]$ 内的幅值概率分布密度为

$$f(x) = \frac{m_i(x)}{n} \quad x \in [\Delta_{\min},\Delta_{\max}] \tag{3.10}$$

式中:$m_i(x)$ 为脉冲间隔 x 落在组间 $[\Delta_{\min}+i\times n,\Delta_{\min}+(i+1)n]$ 的频数;n 为各组的组距;i 为介于 $\left[0,\dfrac{\Delta_{\max}-\Delta_{\min}}{n}\right]$ 的整数。

设 f_{mean} 为区间 $[\Delta_{\min},\Delta_{\max}]$ 内的平均概率分布密度,则

$$f_{\text{mean}} = \frac{M}{\Delta_{\max}-\Delta_{\min}} \tag{3.11}$$

式中:M 为变换矩阵 $\boldsymbol{D}$ 中大于零的元素个数。

为了滤除变换矩阵 $\boldsymbol{D}$ 中的噪声点,根据噪声分布规律和信号分布的概率密度差别,当 $f(x) \leqslant c \cdot f_{\text{mean}}$($c$ 为一常系数)时,令组间 $[\Delta_{\min}+i\times n,\Delta_{\min}+(i+1)n]$ 中的所有 Δ 值等于零。经过以上处理之后,变换矩阵 $\boldsymbol{D}$ 中一部分噪声和干扰点就被滤掉了。图3.7是对平面变换矩阵 $\boldsymbol{D}$ 进行上述处理后的结果画成二维平面图的情况,从图3.7可以看出,噪声点已经滤除了许多。

为了进一步滤除矩阵 $\boldsymbol{D}$ 中的噪声点,按式(3.8)做作反向平面变换,得反向变换矩阵为

$$\boldsymbol{D}' = \begin{bmatrix} \Delta'_{11} & \Delta'_{12} & \cdots & \Delta'_{1m} \\ \Delta'_{21} & \Delta'_{22} & \cdots & \Delta'_{2m} \\ \vdots & \vdots & & \vdots \\ \Delta'_{N1} & \Delta'_{N2} & \cdots & \Delta'_{Nm} \end{bmatrix} \tag{3.12}$$

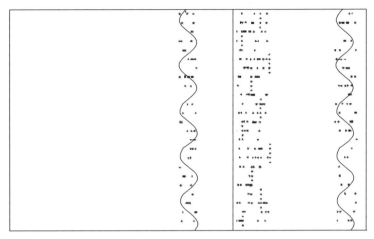

图 3.7　去除一部分噪声点后的平面变换图

式中：m 为产生指定脉冲间隔范围内的最大脉冲间隔点数；N 为脉冲到达时间序列长度。

对于变换矩阵 **D** 和反向变换矩阵 **D′** 来说，它们是按相同方法从同一脉冲到达时间序列中得到的两个矩阵，它们的唯一差别是产生矩阵时使用的方向不同。按照噪声的随机性特点，变换矩阵 **D** 和反向变换矩阵 **D′** 中的噪声点必然是互不相关的。而对于矩阵 **D** 和 **D′** 包含的重复周期变换规律来说，正反两个计算方向的不同只会导致一定的相移，其变化规律是完全相同的。据此差别，定义距离：

$$d_{ijk} = |\Delta_{ij} - \Delta_{ik}| \quad i = 1,2,\cdots,N; j = 1,2,\cdots,m; k = 1,2,\cdots,m \quad (3.13)$$

式中：d_{ijk} 为正反变换矩阵 **D** 和 **D′** 的同一行中各列元素之间的相互距离。

对于具有连续滑变特性的重复周期变化规律来说，由于相移造成的同一到达时刻处的脉冲周期变化较小。而对于噪声点来说，由于正反变换的噪声互不相关，因此，同一到达时刻处的脉冲周期变化是随机的。设 δ 为一较小的容差，则当 $d_{ijk} > \delta$ 时，令

$$\Delta_{ij} = 0 \quad (3.14)$$

由于 δ 取值较小，而噪声点的分布是随机不相关的，因此其间距离落入容差内的概率很小。大部分噪声点将会从变换矩阵 **D** 中滤除掉。如图 3.8 所示为经正反相关滤波后的平面变换图，从中可以看出大部分的噪声点已经从矩阵 **D** 中滤除掉了。

经以上滤波处理后，平面变换矩阵中的大部分噪声点已被去除掉。但是，从图 3.8 中可以看出，矩阵 **D** 的每一行中仍然可能包含多个值，这是平面变换本身的定义造成的。

按照平面变换式(3.7)和式(3.8)，如果存在一个脉冲间隔为 T 的常规脉冲序

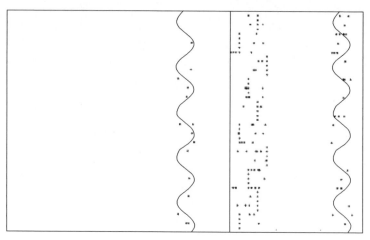

图 3.8　经正反相关滤波后的平面变换图

列,当 $T<T_{max}/2$ 时,那么,显然对于某一时刻 t ,平面变换矩阵 D 对应于 t 的这一行中,必然包含了间隔 T ,由于 $T<T_{max}/2$,因此,它必须又包含间隔 $2T$ 。这里间隔 $2T$ 是由间隔为 T 的脉冲串隔点取值产生的,它就像是间隔为 T 的脉冲串的一个镜像。显然,这个镜像是虚假的。如图 3.9 所示为平面变换中镜像产生的示意图。

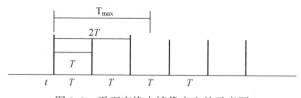

图 3.9　平面变换中镜像产生的示意图

正是由于镜像的产生,变换矩阵 D 经过滤波处理后,其每一行中仍然可能包含多个值,为了去除平面变换的镜像效应,使矩阵 D 中的每一行仅包含对应于当前到达时刻的重复周期值,考虑到平面变换图经过滤波后,理论上只包含信号及其镜像点,根据镜像的特点,在去除噪声之后,信号点一般是间隔最小的点。因此,只需将平面变换矩阵 D 的各行中最小的值保留,而删除其余的值即可去除镜像点。这样,虽然可能会将偶尔产生的重叠点去除,但总的影响不大,是可行的。图 3.10 是对图 3.8 中的信号去除镜像效应后的平面变换图。

在去除镜像效应之后,变换矩阵 D 的每一行中最多只有一个元素大于零,其余的元素均为零值。这个不为零值的元素值,理论上就等于该行对应的到达时刻处的瞬时重复周期。定义序列 $\{p_i, i=1,2,\cdots,N\}$,使得

$$p_i = D_{ij} \quad D_{ij} > 0, i = 1,2,\cdots,N \tag{3.15}$$

显然,序列 $\{p_i, i=1,2,\cdots,N\}$ 是一个反映各时刻瞬时重复周期的一维序列。

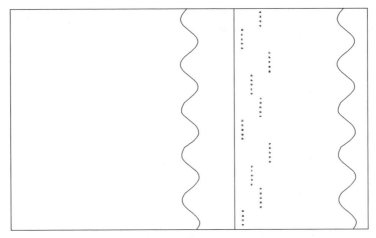

图3.10 去除镜像效应后的平面变换图

这样就完成了从脉冲的到达时间序列 $\{t_i, i=1,2,\cdots,N\}$ 得到脉冲的瞬时重复周期序列 $\{p_i, i=1,2,\cdots,N\}$ 的变换,这种变换被称为重复周期变换——TTP(TOA to PRI)。整个变换过程可总结如下。

(1) 对到达时间序列 $\{t_i, i=1,2,\cdots,N\}$ 进行正、反双向平面变换,得到变换矩阵 D 和 D'。

(2) 对变换矩阵 D 和 D' 按概率分布密度滤波,滤除部分噪声点。

(3) 对变换矩阵 D 和 D' 进行相关匹配滤波,滤除剩余的噪声点。

(4) 对滤除噪声后的变换矩阵 D,按镜像产生规律去除镜像点,得到瞬时重复周期序列 $\{p_i, i=1,2,\cdots,N\}$。

3.4.2 平面变换法的工程实现

1. 累积变换及其性质

平面变换的数学原理是累积变换。

连续函数可以在一定区间内积分,但针对离散脉冲信号 S_i,看来是无法积分的。但是,脉冲信号序列可以看作"随机点过程",可以求它的"计数过程"。因此,可以试着用某种与变限积分类似的方法对 S_i 出现脉冲"1"的个数进行"累积",定义"累积"变换的数学变换式为

$$L_n = \sum_{i=1}^{n} S_i, \text{记为 } L_n = A\{S_n\} \tag{3.16}$$

其逆变换为

$$S_n = L_n - L_{n-1} = \sum_{i=1}^{n} S_i - \sum_{i=1}^{n-1} S_i, \text{记为 } S_n = A^{-1}\{L_n\} \tag{3.17}$$

因为式(3.16)实现了各离散(取样时刻)值 $S_i(i \in [1,n])$ 的累积运算,因此

称为累积变换,且记为 A 变换(Accumulate)。显然,累积变换的正变换和逆变换是一一对应的,这种累积变换的一一对应性正是信号平面显示变换的数学基础。此外,累积变换 $A\{\ \}$ 还有几条重要的特性。

(1) 定义域不变性,变换前后均为自然数。
(2) 值域不变性,变换前后为自然数,或为实数。
(3) 函数值可变性,自然数或实数。
(4) $A\{\ \}$ 和 $A^{-1}\{\ \}$ 仅涉及"加""减"运算,而与乘法、除法或其他复杂运算无关。

由于累积变换具有这四条特性,使用累积变换进行密集信号分选时,分选速度比频域处理快得多。

2. 平面变换法的工程实现

平面变换技术是累积变换的原理在工程上的实现。其过程是对脉冲序列信号取某一时刻 t 作起始点,截取时间长度为 T 的一段脉冲,即将 t 到 $t+T$ 时间内的信号("1"或"0")显示在某一个平面的第一列;将 $t+T$ 到 $t+2T$ 时间内的信号显示在该平面的第二列,依次类推。具体实现时,每个"1"或"0"在平面上占据的宽度可以是任意的,如计算机屏幕上的一个或几个像素又或者是存储器的一个标准单元。平面上列与列之间的距离也可以任意取。最简单的情况下,纵向上每个"1"或"0"就用平面上的一个亮点或暗点表示,列与列之间的距离也取一个像素宽,当显示的平面高度正好等于固定 PRI 脉冲信号的 PRI 时,则平面上每一列的一个固定位置处,都会出现信号的一个亮点,即信号的特征曲线出现在平面上,为一条水平直线。这里说的特征曲线实际上是由离散的点组成,为描述方便称为特征曲线,下文同。

设每个脉冲到达时间为 T_i(i 为自然数,代表每个脉冲在序列中的序号),两个脉冲之间的时间间隔是脉冲重复间隔 PRI,记为 $P(i)$,即 $P(i) = T_{i+1} - T_i$。对 P_i 进行累积变换,可得

$$L(n) = \sum_{i=1}^{n} P(i) = \sum_{i=1}^{n} (Q_i + W') = \sum_{i=1}^{n} Q_i + nW' \tag{3.18}$$

式中:Q_i 为相邻 PRI 的变化量;W' 为 PRI 均值;$L(n)$ 为雷达脉冲经累积变换后的序列,简称雷达序列。

设显示平面高度为 W,则序列 $L(n)$ 中任意点在平面矩阵(也可看成显示平面)中的坐标为

$$\begin{cases} Y_n = \text{fix}[\text{mod}(L(n), W)] \\ X_n = \text{fix}\left[\dfrac{L(n)}{W}\right] \end{cases} \tag{3.19}$$

式中:$\text{mod}(A, B)$ 为 A 对 B 取模;$\text{fix}[x]$ 为对 x 取整。

3.4.3 周期性雷达信号的显示重复性

周期性信号包括全周期信号和半周期信号。全周期信号包括普通雷达信号、

参差雷达信号及 PRI 变化量不关于时间轴对称的周期信号；半周期信号包括正弦、余弦及 PRI 变化量呈现为关于时间轴对称的三角、锯齿等变化的周期信号。

1. 半周期雷达信号的周期性

对于半周期信号（如 PRI 变换量呈正弦、余弦变化的信号），假设雷达脉冲序列的 PRI 变化受正弦调制，正弦函数的幅度为 A_m，调制均值为 W'，一个调制周期内的调制脉冲数目为 C，初相为 φ，则

$$Q_i = A_m \sin\left(\frac{i-1}{C}2\pi + \varphi\right) \tag{3.20}$$

将式(3.18)代入式(3.19)，在不对 X_n, Y_n 取整的情况下，有

$$\begin{cases} Y_n = \mathrm{mod}\left(\sum_{i=1}^{n} Q_i + nW', W\right) \\ X_n = \dfrac{\sum_{i=1}^{n} Q_i + nW'}{W} \end{cases} \tag{3.21}$$

（1）当 $n = kC$ 时（k 为自然数），将其代入式(3.21)，可得

$$\begin{cases} Y_n = \mathrm{mod}\left(\sum_{i=1}^{n} Q_i + kC \cdot W', W\right) \\ X_n = \dfrac{\sum_{i=1}^{n} Q_i + kC \cdot W'}{W} = \dfrac{\sum_{i=1}^{n} Q_i}{W} + \dfrac{kC \cdot W'}{W} \end{cases} \tag{3.22}$$

因为 $\sum_{i=1}^{n} Q_i = 0$，得

$$\begin{cases} Y_n = \mathrm{mod}(kC \cdot W', W) \\ X_n = \dfrac{kC \cdot W'}{W} \end{cases} \tag{3.23}$$

此时点 n 的坐标 (x_n, y_n) 与 $\dfrac{kC \cdot W'}{W}$ 有密切的关系，令 $p = \dfrac{C \cdot W'}{W}$，当 p 为整数时，有

$$\begin{cases} Y_n = 0 \\ X_n = kp \end{cases} \tag{3.24}$$

（2）当 $n_1 = (K-1)C + J$，$n_2 = KC + J$，$J \in [1, C-1]$ 时，其两点坐标有如下关系：

$$\begin{cases} Y_{n_1} = Y_{n_2} \\ X_{n_1} + p = X_{n_2} \end{cases} \tag{3.25}$$

由式(3.25)可见，当 p 为整数时，半周期信号的特征曲线在平面上呈现出周期性，其显示周期为 p，这里称为最小显示周期。事实上，当 p 不为整数时，由于雷达脉冲不断地累积，k 值不断增大。假设当 $k = N$ 时，使得 Np 为整数，则特征曲线在平面上也呈现出周期性，并以 Np 为显示周期。

由此得到推论1：当显示平面高度 W 不等于 PRI 调制均值 W' 时，若累积足够多的脉冲，半周期雷达信号在平面上呈周期变化，其显示周期为 Np。

2. 全周期雷达信号的周期性

考虑全周期信号在平面变换后的特征曲线，仍以正弦函数为例，设 PRI 调制方式为 1+sin( )，正弦部分幅度为 A_m，调制均值为 W'，一个调制周期内的调制脉冲数目为 C，初相为 φ，则

$$Q_i = A_m\left(1 + \sin\left(\frac{i-1}{C}2\pi + \varphi\right)\right) = A_m + A_m\sin\left(\frac{i-1}{C}2\pi + \varphi\right) \quad (3.26)$$

令 $Q'_i = A_m\sin\left(\frac{i-1}{C}2\pi + \varphi\right)$，则

$$Q_i = A_m + Q'_i$$

当 $n = kC$ 时（k 为自然数），$\sum_{i=1}^{n} Q'_i = 0$，有

$$\begin{cases} Y_{kC} = \mathrm{mod}\left(\sum_{i=1}^{kC}(A_m + Q'_i), W\right) = \mathrm{mod}\left(kCA_m + \sum_{i=1}^{kC} Q'_i, W\right) = \mathrm{mod}(kCA_m, W) \\ X_{kC} = \dfrac{\sum_{i=1}^{kC}(A_m + Q'_i) + kCW'}{W} = \dfrac{kCA_m + kCW'}{W} \end{cases}$$

$$(3.27)$$

令 $p = \dfrac{CA_m + CW'}{W}$，当 p 为整数时，有

$$\begin{cases} Y_n = 0 \\ X_n = kp \end{cases} \quad (3.28)$$

当 $n_1 = (K-1)C + J, n_2 = KC + J, J \in [1, C-1]$ 时，其两点坐标有如下关系：

$$\begin{cases} Y_{n_1} = Y_{n_2} \\ X_{n_1} + p = X_{n_2} \end{cases} \quad (3.29)$$

当 p 不为整数时，由于雷达脉冲不断地累积，k 值不断增大。假设当 $k = N$ 时，使得 Np 为整数，则特征曲线在平面上也呈现出周期性，并以 Np 为显示周期。则两点坐标有如下关系：

$$\begin{cases} Y_{n_1} = Y_{n_2} \\ X_{n_1} + Np = X_{n_2} \end{cases} \quad (3.30)$$

由此得到推论2：当显示平面高度 W 不等于 PRI 调制均值 W' 时，若累积足够多的脉冲，全周期雷达信号在平面上也呈周期变化，其显示周期为 Np。

至此，证明了周期信号（包括全周期对称信号和半周期对称信号）在经过平面变换后的特征曲线均呈现出周期性重复。

3.4.4　基于平面变换的雷达信号分选算法

将雷达脉冲进行平面变换后,如何对显示平面上呈周期性重复的特征曲线进行处理,从而分选出正确的雷达信号就是分选算法要完成的工作。

在文献[35-37]中,平面变换后特征曲线的识别是通过人工的方式进行的,不能实现自动检测,速度较慢。文献[148]将随机 Hough 变换应用到平面变换后的分选算法中。Hough 变换的基本思想是将图像的空间域变换到参数空间。具体实现时利用了表决方法,并依照变换方程,由图像平面中的数据点计算参数空间中的参数的可能轨迹,在累加器中统计参数的参考点数,最后选出峰值。

Hough 变换是一个一对多的映射,即图像中的一个点对应参数空间中的多个点,并且图像中的每一个点都要参与运算。因此,Hough 变换存在计算量大、速度慢、需要的存储空间大等缺点。为了克服 Hough 变换的这些缺点,由 Lei Xu 等提出了随机 Hough 变换。与标准 Hough 变换相比,随机 Hough 变换使用了3个新的操作机制。

(1) 在图像空间中的随机取样。

(2) 参数空间中的动态链接列表。

(3) 连接图像空间和参数空间的收敛映射。

由于这3种机制的引入,随机 Hough 变换[149,150]较标准 Hough 变换的计算时间和存储空间需求大大减少。随机 Hough 变换的计算过程如下。

(1) 初始化基元参数的累加器数组。

(2) 从图像中随机抽取1个最小点集,计算由此最小点集决定的基元参数。

(3) 对基元参数的累加器数组进行累加。

(4) 当累加器数组的最大值达到预定的阈值 Th(Th≥2)时,对由此最大值点所决定的参数进行验证,判断图像中是否存在此参数的曲线(判断参数曲线上是否有足够的图像特征点)。若是,则输出此参数,并清除图像中此参数曲线的特征点。其后重新初始化累加器数组。

(5) 重复步骤(2)~(4),直到找出所有曲线。

尽管随机 Hough 变换对 Hough 变换进行了改进,但由于涉及大量向量运算,当平面中脉冲较多时计算量仍然巨大,因此不适于进行实时信号处理。

文献[38]提出了周期性对称调制模式分选算法。利用周期性对称调制模式自动分选雷达脉冲包括以下3个步骤。

(1) 建立映射雷达脉冲序列的平面位图矩阵。

(2) 在位图矩阵中搜索周期性模式。

(3) 根据周期性模式自动分选雷达脉冲。

搜索算法简要描述如下。

(1) 设平面阵高度为 $PlantW$,宽度为 N,读取数据生成平面阵。

(2) 设变量 modperiod=2,以第 1 列为起点读取高度为 PlantW,宽度为 modperiod 的矩阵块 A,紧邻 A 之后截取与 A 同尺寸的矩阵块 B。

(3) 矩阵 A 和 B 中对应位置的非零元素进行逻辑"与"并求和,计为 num。

(4) 矩阵 A 非零元素求和计为 sum,令 $r=\text{num}/\text{sum}$。

(5) 若 r 大于阈值,则认为存在周期性雷达信号,提取脉冲。

(6) 若 modperiod≤$N/2$,则 modperiod 加 1,重复步骤(2)。

(7) PlantW 加 1 重复步骤(1)。

该算法实现了周期性脉冲的搜索,但该算法存在以下不足。

(1) 计算速度慢。该算法每次循环都需要重新生成平面阵,并且矩阵 A 与 B 的尺寸并不固定,随 modperiod 和 PlantW 的增加而增大。

(2) 算法不完善。仅通过对两个矩阵中相同位置元素的"与"运算求和来判断其相似程度,进而判断是否为周期性雷达信号的方法过于简单,并且阈值的引入使得当信号密集交叠且具有周期性对称调制特征的雷达信号数量较少时该算法很难成功分选。

3.4.5 矩阵匹配法

1. 算法概述

考虑到上述算法的不足,并且由周期性雷达信号经平面变换后的周期性入手,寻找新的分选要素。

(1) 选择性生成平面阵。控制平面阵的高度,使得第 1 列元素的个数为 5~10 个。

(2) 相似度序列生成。以第 1 列为起始,与其后每一列进行脉冲的匹配,并计算第 1 列相对其后每一列相似度,生成相似度序列。由于周期性雷达信号在平面上的显示周期性,每隔一定周期,相似度就出现一个峰值,这个周期称为显示周期。图 3.11 所示为实验时截获的一个典型的相似度序列。

(3) 最小显示周期的检索。显示周期的最小值即为最小显示周期。由于第 1 列的脉冲未必只由 1 部雷达信号构成,并且由于干扰的存在,所以程序应对相似度序列进行检索处理,将可疑的值代入检查以得到最小显示周期。

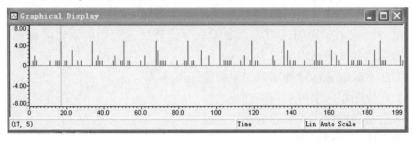

图 3.11 一个典型的相似度序列

(4) 脉冲的匹配。两列中对应位置相同的两个脉冲不简单的认为是属于同一部雷达的。为提高分选的准确程度,应采用多参数匹配的方法,比较其载频和脉宽等信息。同时考虑信号的测量误差,在对应位置上下几个位置上也进行扩展搜索匹配。

由以上几点要素出发构成一个新的分选算法,称为矩阵匹配法。

2. 算法流程

构成平面矩阵,分析其内部元素的周期性,将周期性出现的元素从中取出,再进行分析,直到矩阵中不含有周期性出现的成分为止。

定义两列数据 A 与 B 的相似度为

$$r = \text{fix}\left(\frac{\text{sum}(\text{and}(A,B))}{\text{sum}(A)}\right) \quad (3.31)$$

计算过程为:将第 A 列数据与第 B 列数据中对应位置的元素做匹配运算,得到矩阵 $C = \text{and}(A,B)$。这里的 and( ) 不是简单的逻辑"与",而是通过对两个脉冲的各项参数进行匹配比较后的结果。统计矩阵 C 的非零元素个数,称为重合个数,并将其与第 A 列数据中非零元素个数相除再取整,即得到相似度 r。实际上由于矩阵中列元素总数远大于重合个数,导致 r 值通常很小,而 DSP 处理浮点数时间开销较大,所以在分选程序中直接用重合个数来代替相似度。下面的相似度均由重合个数来代替。

设平面矩阵 *PlaneMat* 高度为 W,宽度为 N,其算法流程如下。

(1) 计算第 1 列元素与其后 N-1 列的相似度 r,构成序列 {r},将 {r} 中出现的数据进行降序排列,计算其均值 r_{avg}。

(2) 统计 {r} 中大于均值的各个元素出现的位置,构成位置序列 {*PosMat*};计算各相同元素相邻距离构成相邻距离矩阵 *DatMat*;去除 *DatMat* 中的重复数据构成矩阵 *DisMat*。

(3) 取出 *DisMat* 中的一个元素 period,在序列 {*PosMat*} 中检索,检索 period 是否为某大于均值元素重复出现的周期值,若是,记录此时的周期 period;若否,则取 *DatMat* 下一个元素,重复步骤(3)。

(4) 取序列 {period} 的最小值 $P_{\min}$,它可能就是该雷达的最小显示周期,也可能是最小显示周期的 N 倍。令 MatPeriod = $P_{\min}$,取 *PlaneMat* 的 1 至 MatPeriod 列构成矩阵 *DetMat1*,MatPeriod+1 至 2MatPeriod 列构成矩阵 *DetMat2*,……,则分选出的雷达序列为 *DetMat* = and(*DetMat1*, *DetMat2*, …)。

(5) *DetMat* 即为分选出的一部周期性雷达信号。分析并计算矩阵 *DetMat* 的各项参数并从 *PlaneMat* 中去除。重复步骤(1),至剩余脉冲无法继续分选为止。

3. 算法分析

(1) 若平面矩阵的第 A 列由多部周期性雷达信号混合构成,则哪部雷达信号在第 A 列信号中比重最大,矩阵匹配法就"优先地"对其进行分析。这样提高了分选速度,有利于下一步的分选。

(2) 设第 A 列共有信号 M 个。某以 p 为最小显示周期的周期性雷达在第 A 列信号中比重最大,有 N 个脉冲落入第 A 列,则理想情况下,第 $A+P,A+2P,\cdots,A+kP$ 等列均有该雷达的 N 个脉冲在相同的位置上,有

$$\begin{cases} r_{A+P} = \text{fix}\left(\dfrac{N+O_1}{M}\right) \\ r_{A+2P} = \text{fix}\left(\dfrac{N+O_2}{M}\right) \\ \cdots \\ r_{A+kP} = \text{fix}\left(\dfrac{N+O_k}{M}\right) \end{cases} \quad (3.32)$$

式中: $O_1, O_2, \cdots, O_k$ 为其他雷达脉冲或噪声点在两列的相同位置上的偶然重合的数量。

可以看出这些值均大于 $r_A = \text{fix}\left(\dfrac{N}{M}\right)$,在对小数取整后可能使得 $r_A \neq r_{A+P} \neq \cdots \neq r_{A+kP}$。所以在步骤(3)中,所有大于均值 r_{avg} 的点都视为可疑点,应进行检查,以免漏掉正确的最小显示周期。

(3) PRI 随机抖动雷达经过平面变换后,其脉冲位置在矩阵中的位置不固定,其位置以 PRI 均值的理论位置为中心上、下抖动,将此抖动范围称为抖动区域。为此,考虑将矩阵元素以其实际位置为中心,上、下各扩展 K 点,在此基础上寻找周期序列。通过控制 K 值的大小,即可控制扩展幅度。当 K 值足够大且 PRI 抖动幅度不大时,其扩展后的 $2K+1$ 个点可以覆盖整个抖动区域,使分选 PRI 随机抖动雷达在理论上成为可能。

4. 算法仿真以及实验数据分析

为检查算法的性能,本书进行了大量仿真。限于篇幅,取一组典型仿真结果进行分析。

设平面高度为 100,长度为 200。混合信号由随机噪声、1 部 6 参差雷达、1 部 PRI 变化量受余弦调制的滑变雷达、1 部 PRI 变化量呈伪随机序列的抖动雷达构成,如图 3.12 所示。各部雷达参数如下。

(1) 随机噪声:数量 100,无固定 PRI。

(2) 6 参差雷达:PRI1 = 15;PRI2 = 30;PRI3 = 45;PRI4 = 50;PRI5 = 80;PRI6 = 110。

(3) 余弦调制滑变雷达: $Q_i = 23\cos\left(\dfrac{i-1}{20}2\pi + 10\right)$,PRI 均值 $W' = 37$。

(4) 伪随机调制抖动雷达:PRI 均值 $W' = 97$,PRI 抖动幅度 10.3%。

对上述混合雷达信号进行仿真测试(实心点为已分析出的周期性元素,空心点为待分析元素),结果如图 3.13~图 3.17 所示。

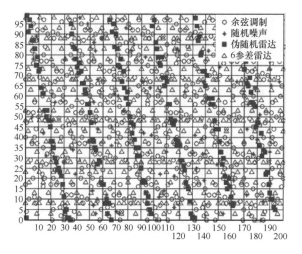

图 3.12 混合信号

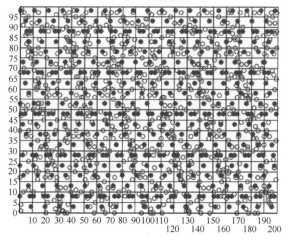

图 3.13 第 1 次分选结果

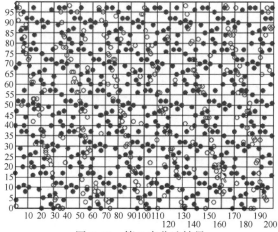

图 3.14 第 2 次分选结果

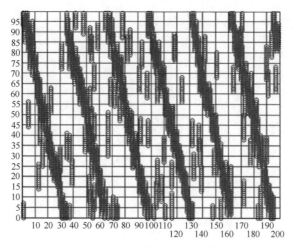

图 3.15 元素扩展分选 PRI 随机抖动雷达

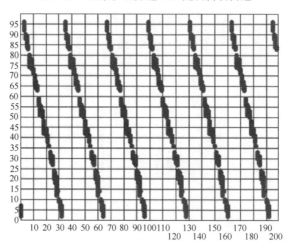

图 3.16 元素扩展后分选结果

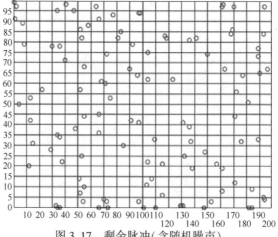

图 3.17 剩余脉冲(含随机噪声)

算法仿真实验结果统计如表 3.1 所列。

表 3.1 算法仿真实验结果

序号	模式	单周期脉冲数	正确分选	漏选	多选	正确率/%
1	余弦	25	25	0	0	100
2	6参差	99	99	0	0	100
3	随机抖动	34	28	6	0	82.3
4	随机噪声	100	83	2	0	83

通过对原始混合信号和分选结果的比对,可以发现分选错误常由以下 3 个问题造成。

(1) 漏选与多选。漏选与多选脉冲的原因是当一部雷达的最小显示周期恰好与另一部雷达某些脉冲的出现周期相同时,会认为这些脉冲属于当前雷达,并将它们合并到当前雷达的周期脉冲序列中,造成"多选";而一旦这些脉冲被前一部雷达合并后,后一部雷达将丢失脉冲造成"漏选"。解决的办法是结合载频、脉宽等多种要素,不属于当前雷达载频、脉宽范围的脉冲不予合并。事实上,这样做会提高分选的准确度。

(2) 脉冲的位置抖动。由于脉冲测量误差和运算误差,一个位于某列最下端脉冲的实际位置可能位于其后一列最上端或者在其理论位置上下抖动,在进行检索周期性序列时应考虑到这种可能。

(3) 在信号数量较多、混叠比较严重或噪声干扰比较严重时可以计算前 3 列的相似度序列 $\{r_1\},\{r_2\},\{r_3\}$,将 $\{r_1\}$ 得到的最小显示周期带入到 $\{r_2\},\{r_3\}$ 中进行交叉检查,提高分析准确度。

通过大量仿真实验表明,矩阵匹配法对于周期性雷达脉冲具有很高的分选准确率,同时若结合其他分选要素如载频、脉宽等信息可以进一步提高分选准确度。由于本算法自动完成对相似度序列的检索并不需要阈值判断,因此对于淹没在其他脉冲或噪声中的雷达信号也有很好的提取效果,具有更好的实用性。

3.4.6 采用矩阵匹配法的雷达信号分选系统

1. 矩阵匹配法的优缺点

以往雷达信号经过平面变换后大多采用人工分析的办法,对雷达信号进行事后分析。而矩阵匹配法是对平面信号进行自动、准确分析的一种有效方法,使得在基于平面变换原理下对雷达信号进行连续自动分选成为可能。

与其他分选方法相比,矩阵匹配法有自己的优点。

(1) 分选结果准确。由于矩阵匹配法是基于对平面阵中脉冲的严格匹配得到的分析结果,因此一旦成功分选出 PRI 等参数,其准确度就很高。

(2) 具有一定的抗干扰能力。由于矩阵匹配法是对周期性脉冲进行检测并且对脉冲进行扩展匹配,因此数量不大的随机干扰或测量误差引起的脉冲位置抖动都不会对算法性能造成太大影响。

(3) 分选能力强。可以对多种雷达信号进行分选,不存 SDIF 等算法的骨架周期效应,并且不需要阈值或门限来进行判断,因此在较复杂的信号环境中依然可以进行分选工作。

但与其他处理方法相比,平面变换法有自己的不足之处,而这些不足也给软、硬件平台的设计带来了困难。这些不足之处如下。

(1) 为了分离出多部雷达信号,采用平面变换法必须采集一定数量的数据,同时为了使平面上的数据点出现周期性的重复,采集数据的数量不应太少,通过实验,暂定为 2000 个。这就要求较大的数据存储器空间,同时也使程序处理时间增加。

(2) 数据构成平面阵之后,由于其 PRI 未知,在预设矩阵高度下,该雷达信号在平面上的重复周期未必可以被观测到。程序和硬件必须能支持平面阵的重新生成。

(3) 若将全空间内各个雷达信号都呈现在同一平面上,采用矩阵匹配法分析时信号干扰过大,因此有必要按照 DOA 进行预分组。将不同 DOA 的雷达信号储存在不同的 DOA 组中,从而显示在不同的平面上,不仅简化信号复杂度也提高了算法的分选成功率。同时,应结合其他参数来提高分析的准确率。

2. 系统结构设定

以往的雷达信号分选系统大多采用 FPGA+DSP 结构,即 FPGA 完成信号的测量与数据打包,再由 DSP 读取数据完成分选算法。这样的结构虽然简单但有以下的缺点。

(1) DSP 负担过重。当分选算法复杂时,系统只能采用采样—分选—采样的间隙性模式进行工作,当算法复杂时无法实现实时处理。

(2) 系统设计不灵活。由于硬件结构限制,若想利用到达方向等信息对雷达脉冲进行预分选则时间开销过大,设计难度同样很大。

若采用带有处理器核的 FPGA+双口 RAM+DSP 结构,系统硬件平台框图如图 3.18 所示。可以搭建 FPGA 的片上系统,通过软件编程进行灵活控制,不仅提高了系统的响应速度,也带来了一系列的好处。

(1) DSP 与 FPGA 独立工作。当 DSP 对双口 RAM 中某组数据进行处理时,不影响 FPGA 对其他数据的处理,减少了等待时间,大大提高了系统速度。

(2) FPGA 带有硬处理器核。通过软件编程来控制 FPGA 的工作流程,令预分选手段更加灵活,使得利用 DOA 对雷达信号进行实时预分选成为可能。模块化的结构使得系统设计更加灵活、修改更加容易。

为了满足平面变换法的要求,同时为提高系统的处理速度,采用模块化的软硬件结构。按照功能将软、硬件平台划分为两部分:信号预分选系统和信号分选

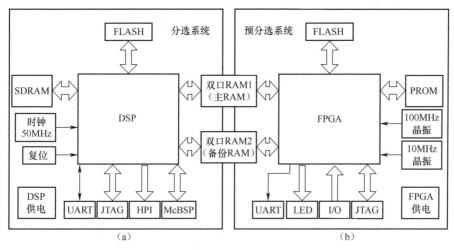

图 3.18　系统硬件平台框图

系统。

信号预分选系统完成对雷达脉冲的实时性测量与预处理,将数据写入大容量双口 RAM 并不断更新,以减小 DSP 分选程序的工作压力;信号分选系统则不断从双口 RAM 中读取预处理过的数据,专职完成分选算法。

3.5　PRI 变换法

3.5.1　PRI 变换法原理

PRI 直方图法和相关函数法都是以计算接收脉冲序列的自相关函数为基础。自相关函数在脉冲序列的 PRI 值的相应位置会产生峰值,这样可估计出脉冲序列的脉冲重复间隔。但是,同时很多"伪"峰值会在 PRI 真实值整数倍的地方产生,这些伪峰值所带来的错误 PRI 值称为"子谐波"。特别是在有脉冲丢失的情况下,这种现象十分严重。为了抑制子谐波,提出了复值自相关积分算法,利用这种算法可以把脉冲序列的 TOA 差值变换到一个谱上,由谱峰位置即可估计脉冲序列所对应的 PRI 值。这种算法称为"PRI 变换",这种谱称为"PRI 谱"。下面对该算法作简要的介绍。

令 $t_n(n=0,1,\cdots,N-1)$ 为脉冲序列的到达时间,其中 N 为采样脉冲序列中脉冲的个数。每一个到达时间可以用单位冲击函数来表示,这样脉冲序列可以表示为

$$g(t) = \sum_{n=0}^{N-1} \delta(t - t_n) \tag{3.33}$$

式中:$\delta(t)$ 为单位冲击函数。

对 $g(t)$ 作 PRI 变换,则

$$D(\tau) = \int_{-\infty}^{+\infty} g(t)g(t+\tau)e^{j2\pi t/\tau} dt \qquad (3.34)$$

该变换类似于自相关函数:

$$C(\tau) = \int_{-\infty}^{+\infty} g(t)g(t+\tau) dt \qquad (3.35)$$

将式(3.33)分别代入式(3.34)、式(3.35),得

$$D(\tau) = \sum_{n=1}^{N-1}\sum_{m=0}^{n-1} \delta(\tau - t_n + t_m)e^{j2\pi t_n/(t_n - t_m)} \qquad (3.36)$$

$$C(\tau) = \sum_{n=1}^{N-1}\sum_{m=0}^{n-1} \delta(\tau - t_n + t_m) \qquad (3.37)$$

PRI 变换和自相关函数之间的差别在于 PRI 变换有相位因子 $\exp(j2\pi t_n/(t_n-t_m))$,这个因子对于出现在自相关函数中的谐波的抑制起到了重要作用。

现在分析相位因子的作用。首先,定义脉冲串的相位。考虑单一脉冲串的到达时间可以写为

$$t_n = (n + \eta)p \quad n = 0,1,\cdots,N-1 \qquad (3.38)$$

式中:p 为 PRI;η 为常数。

定义脉冲串的相位为

$$\theta = 2\pi\eta \bmod 2\pi \qquad (3.39)$$

若两相位 θ_1, θ_2,满足 $\theta_1 = \theta_2 \bmod 2\pi$ 或 $\exp(\theta_1) = \exp(\theta_2)$,则称两相位等效。一部固定重频雷达脉冲信号(PRI 为 p)的相位为

$$\theta = 2\pi t_n/p = 2\pi t_n/(t_n - t_{n-1}) \qquad (3.40)$$

下面只考虑包含一部重频稳定的雷达信号(具有固定 PRI)的自相关函数。将式(3.38)代入式(3.37),可得

$$C(\tau) = \sum_{l=1}^{N-1} (N-1)\delta(\tau - lp) \qquad (3.41)$$

由式(3.41)可看出,在 $\tau = lp, l = 2,3,\cdots$ 处出现的尖峰代表 PRI = p 的子谐波。但从另外一个角度看,一列 PRI = p 的脉冲串可以认为是 PRI 为 lp 的 l 列脉冲交叠在一起。事实上,到达时间如式(3.38)所示的单脉冲序列可以分解为 PRI 为 lp 的 l 列脉冲串。由定义可知,这些 l 列的脉冲串相位变为 $\theta_1 = \theta/l, \theta_2 = (\theta + 2\pi)/l, \cdots, \theta_l = (\theta + (l-1)2\pi)/l$,这里 $\theta = 2\pi\eta, \theta \in [0, 2\pi]$。如果把他们表征为单位向量,显然这些点的向量和为 0(除 $l = 1$ 的情况)。这表明由于 PRI 变换中引入了相位因子,使得出现在自相关函数中的子谐波得到了抑制,图 3.19 表明了上述过程。

为便于计算,须获得 PRI 变换的离散形式。令 $[\tau_{\min}, \tau_{\max}]$ 是要研究的 PRI 的范围,将这个范围分成 K 个小区间,称为 PRI 箱。第 k 个 PRI 箱的中心为

$$\tau_k = (k - 1/2)b + \tau_{\min} \quad k = 1,2,\cdots,K \qquad (3.42)$$

式中：$b=(\tau_{\max}-\tau_{\min})/K$ 为 PRI 箱的宽度。

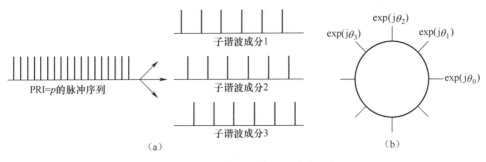

图 3.19 固定重频雷达信号子谐波示意图

定义了 PRI 的研究范围以及 PRI 箱的中心和宽度之后，离散的 PRI 变换可表示为

$$D_k = \int_{\tau_k-b/2}^{\tau_k-b/2} D(\tau) \mathrm{d}\tau = \sum_{\tau_k-b/2 < t_n-t_m < \tau_k+b/2} \mathrm{e}^{\mathrm{j}2\pi t_n/(t_n-t_m)} \quad (3.43)$$

如果 $b \to 0$，则 $D_k \to D(\tau)$。PRI 的谱用 $|D_k|$ 来表示，在谱图上，代表真实 PRI 的位置将出现峰值，若峰值超过门限，便可估计出接收到的交迭脉冲串可能包括的雷达信号的 PRI 值。

图 3.20 是 PRI 变换法与相关函数法仿真比较图，从图中可以看到，加了相位因子之后，可以很好地抑制谐波，具有比较高的估计精度。

虽然原始的 PRI 变换法能够抑制子谐波，但是该算法仅仅对重频固定的脉冲序列有效。如果仍然按照上面所说的平均划分 K 个宽度相等的 PRI 箱来对 PRI 进行检测，则当 PRI 抖动较大时，并没有出现预期的谱峰，几乎被噪声淹没，如图 3.21 所示，为 3 列脉冲信号。其中 1 列 PRI 值为 20μs，无抖动；另外 2 列的 PRI 值分别为 11μs 和 17μs，10%的抖动，从仿真结果可以看到，原始的 PRI 变换法对 PRI 固定的序列仍有比较好的检测效果，但是对 PRI 抖动的序列效果不佳。

分析其原因有两点：①如果 PRI 的抖动范围大于 b，则原本应该集中在一个 PRI 箱中的脉冲间隔会分布到附近几个箱中去。②当脉冲个数越大时，随着 TOA 远离起点，PRI 变换式中相位因子的相位误差也越大。

这两点导致了 PRI 变换法不适合分选抖动的 PRI 脉冲序列，针对这两个缺点，参考文献[21]提出一种修正的 PRI 变换法，主要是两个方面的改进：一是用重叠的 PRI 箱来增加 PRI 箱的宽度；二是利用可变的时间起点来改善 PRI 变换中相位因子的累积相位差。具体方法如下。

（1）交叠的 PRI 箱：为了克服由于等分 PRI 箱而导致的脉冲分散，PRI 箱的宽度必须大于 PRI 抖动的宽度，但是这样又会导致 PRI 的估计精度降低，给随后的分选带来困难。解决这个矛盾的方法是采用交叠的 PRI 箱，令 ε 是雷达脉冲抖动范围的最大相对值，则 PRI 箱的宽度变为

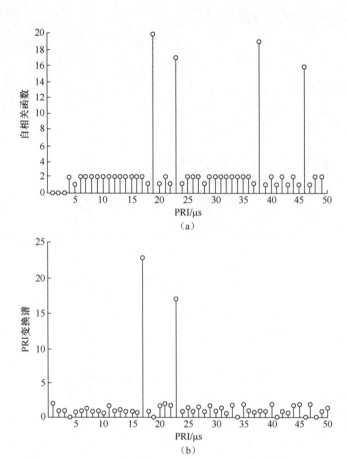

图 3.20 PRI 变换法与相关函数法仿真比较图

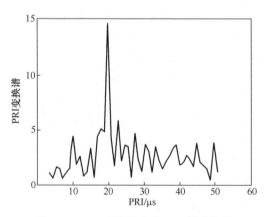

图 3.21 PRI 变换法分选 PRI 抖动信号

$$b_k = 2\varepsilon\tau_k \tag{3.44}$$

式中：ε 是决定 PRI 箱宽度的容差参数，如果 $b_k<b$，则令 $b_k=b$，保证搜索范围覆盖整个范围，ε 的可调性使得 PRI 变换能适应抖动范围较大的脉冲。

（2）可变的时间起点：为了解决由于 PRI 序列时间起点引起的相位误差问题，可以在计算各个脉冲间隔的 PRI 谱值时，不断更新时间起点，改变时间起点的方法如下。

首先计算初相：

$$\eta_0 = \frac{t_n - O_k}{\tau_k} \tag{3.45}$$

式中：O_k 表示第 k 个 PRI 箱的起始时间。用 τ_k 代替 t_n-t_m 来缓和 PRI 抖动产生的影响，接着可以把相位分解为

$$\eta_0 = v(1+\zeta) \tag{3.46}$$

式中：v 为一个整数；ζ 为一个实数，且 $-1/2<\zeta<1/2$。最后，可以根据以下的条件来决定是否更新时间起点：①当 $v=0$，不改变时间起点；②当 $v=1$，如果 $t_m=O_k$，则 t_n 成为新的时间起点；③当 $v\geq 2$，如果 $|\zeta|\leq\zeta_0$，则 t_n 成为新的时间起点。ζ_0 是一个正常数，可以根据需要自己调节来决定时间起点的选择。

通过这两项改进，PRI 变换法对重频抖动的雷达脉冲序列具有很好的估计效果，如图 3.22 所示。用修正的 PRI 变换法进行对图 3.21 相同条件下的脉冲序列的估计，从仿真结果可以看到，经过修正的 PRI 变换法对于 PRI 抖动的序列也有很好的估计效果。

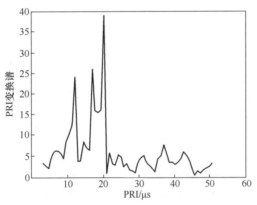

图 3.22 修正 PRI 变换法分选 PRI 抖动信号

3.5.2 阈值设置

为了从 PRI 谱图中提取出正确的 PRI，需要设置合理的阈值。可以根据以下 3 个原则设置检测阈值。

（1）观察时间原则：

$$|D_k| \geq \alpha\frac{T}{\tau_k} \tag{3.47}$$

(2) 抑制子谐波原则：

$$|D_k| \geq \beta C_k \tag{3.48}$$

若 τ_k 为真实 PRI 值，C_k 为脉冲个数，无脉冲丢失时，则 $|D_k| \approx C_k$。若 τ_k 为真实 PRI 的子谐波，则 $|D_k| > C_k$。因此满足式(3.48)的 τ_k 为真实的 PRI 值。

(3) 抑制噪声原则：

$$|D_k| \geq \gamma \sqrt{T\rho^2 b_k} \tag{3.49}$$

式中：ρ 为脉冲流密度；b_k 为 PRI 箱宽度。PRI 的峰值应大于噪声统计值，抑制噪声原则就是根据这一物理常识提出的。

由上述 3 个原则，设置阈值为

$$T_{\text{th}} = \max\left\{\alpha \frac{T}{\tau_k}, \beta C_k, \gamma \sqrt{T\rho^2 b_k}\right\} \tag{3.50}$$

式(3.48)~式(3.50)中，$\alpha \in (0,1)$，$\beta \in (0,1)$，$\gamma \in (0,1)$ 为可调参数，需根据实际环境设置。

3.5.3 改进 PRI 变换法及分析

虽然修正 PRI 变换法能够较好地应用于重频固定与抖动的脉冲序列，但是对于重频参差信号而言，该算法的效果并不好，如图 3.23 所示。雷达脉冲流中含有两列信号：一列 PRI 抖动的序列，RRI 值为 19μs，抖动量为 10%；另一列为重频参差信号，子周期分别为 7μs、11μs 和 15μs。

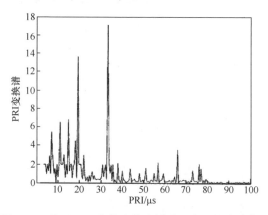

图 3.23 修正 PRI 变换法分选抖动和参差的脉冲序列

从仿真图中可以看到，对于非参差的雷达脉冲信号，PRI 变换法有不错的效果。但是对参差脉冲信号运用 PRI 变换后，不仅在参差序列的各个子周期出现峰值，而且在帧周期处也有一个峰值，并且重频参差信号的子周期脉冲个数要少于重频固定和抖动的雷达脉冲信号(具体个数与参差数和采样时间有关)，这反映在仿真图上就是得到的各子周期的检测峰值较小。还可以看到，由于参差信号各子周期的重复相加计算,使得参差信号的帧周期的峰值明显高于其他雷达信号的峰值。检测的结果是,通过阈值设置,可以将抖动 PRI 的信号检测出来,但是不能得到参差信号的特征。

虽然利用修正的 PRI 变换法不能直接得到参差雷达脉冲信号的各 PRI 值,但是根据以上的特点,利用 PRI 变换法和序列检索相结合的方法,还是可以把参差雷达信号检测出来的。综上所述,可以得到这个基于 PRI 变换的改进算法如下。

首先用修正 PRI 变换法对待检测脉冲序列进行处理,可以很容易得到重频固定、抖动脉冲序列的脉冲重复间隔值和参差信号的帧周期。首先可以比较这些得到的脉冲重复周期的峰值,在同样的采样时间内,如果某个脉冲重复周期的检测峰值比其他的峰值高,而本身脉冲重复周期值比其他的大,就表明这个信号肯定是存在于这个序列中的参差信号。然后对重频固定和抖动的信号进行脉冲抽取,使序列中仅剩下参差信号;由于通过第一步的 PRI 变换,已经记录下参差信号各个小周期的脉冲重复周期的值。最后,可以利用这些已获得的值,通过序列搜索的方法,通过搜索验证得到参差信号的各个子周期在脉冲序列中的排列方式。这样,通过修正 PRI 变换法和序列搜索相结合的方法,就可以实现对重频固定、抖动和参差雷达脉冲信号的检测,而且序列搜索发生在 PRI 变换法和脉冲抽取完之后,利用仅有的几个 PRI 值对剩下的脉冲序列进行搜索和比较检验,增加的计算量很小。

计算机仿真的结果表明上述分选思路是可行的。经过 PRI 变换法之后,可以得到 PRI 域信息的全貌,还能够抑制谐波,一次计算就可以得到全部的 PRI 值,而且经过修正和完善以后,对 PRI 抖动和参差的信号也同样具有分析能力。但是,这个算法的缺陷是计算量太大,要经过一系列的复指数运算和乘加运算,影响了它在实际过程中的使用。随着电子技术的不断发展,专用于信号处理的 DSP 器件的性能也不断提高,TI 公司推出的 C6000 系列 DSP 内核时钟速度可以达到 1000MHz,再加上特殊的流水线处理结构,具有超强的处理能力,这使得算法的硬件实现成为可能。

3.6 算法对比分析

对本章介绍的传统信号分选算法进行对比分析,如表 3.2 所列。

表 3.2 传统信号分选算法对比分析

方法	实现原理	优点	缺点	适用范围
序列搜索法	序列搜索,基于先验数据库方式的信号分选	分选速度快,成功率高。常与序列差值直方图法联合使用	运算量较大,单次分选需多次选择 PRI 扩展关联试探;一次试探只分选一部雷达脉冲序列;容差阈值较小,对脉冲干扰和脉冲丢失敏感;重频参差雷达信号会被分成多个脉冲序列	信号少,干扰少的环境,脉冲丢失

续表

方法	实现原理	优点	缺点	适用范围
统计直方图法	TOA差值直方图法,计算延迟后的重合脉冲数,再根据计算结果以脉冲数最多的基波来确定其PRI	简单直观的重频分选,一般计算4~6阶	算法运算量大,且易受谐波、干扰影响	信号少,脉冲丢失少
CDIF	通过积累各级差直方图来估计原脉冲流中可能存在的PRI,然后以此PRI进行序列搜索	在计算量和抑制谐波方面有所改进,并且由于累积的效果,使得该算法具有对干扰脉冲和脉冲丢失不敏感的特点,一般计算4阶	PRI的随机抖动,信号的多径效应引起的信号到达时间不稳定,信号的包络有畸变等会导致计算错误;PRI峰值降低到预设阈值以下时,则无法进行序列搜索,对于超过阈值的PRI需要较大的容差来检测;在脉冲大量丢失的情况下,将检测出PRI的子谐波	脉冲丢失少,信号环境较复杂
SDIF	由PRI估计和序列搜索两部分组成,SDIF对不同阶的到达时间差直方图的统计结果不进行累积,只计算当前差直方图	计算速度比CDIF快,SDIF具有最佳检测阈值,配合子谐波校验可以防止虚假检测,适于对常规雷达、捷变频雷达和重频参差雷达的信号分选	不进行级间积累,性能下降;易出现谐波现象,对雷达频率抖动干扰技术存在局限性	脉冲少量丢失,信号环境较复杂
平面变换法	信号具有周期性,在平面矩阵中显示出特征曲线	可视性强,能适应多种复杂体制的雷达	需要滤除噪声和虚假点,需要大量的脉冲采样数据作为前提	脉冲丢失大,信号环境复杂
PRI变换法及其改进算法	PRI变换法对交叠的脉冲序列进行PRI变换,形成PRI谱图,然后设置阈值选择。为降低子谐波,常使用自相关匹配算法或重叠采样区间抑制谐波	复杂信号环境,修正的PRI变换法对脉冲重复间隔固定、抖动和滑变的雷达脉冲信号都有很好的检测效果,几乎抑制全部子谐波	算法运算量最大,对重频参差的脉冲序列仍然不适用	脉冲丢失大,信号环境复杂

第4章 基于脉内调制特征的信号分选方法

4.1 概 述

现代雷达普遍采用低截获概率技术,复杂脉内调制是 LPI 技术的核心。随着复杂脉内调制信号的出现,雷达脉冲描述字特征变得越来越多变、模糊和交叠,利用雷达脉冲常规参数特征对雷达信号进行分选,而缺乏对信号参数特征在时域、频域和空域上相关性的考虑,这些算法的局限性也日益突显,已经不能满足现代雷达信号分选的要求。现代雷达的脉冲调制复杂多样,脉内特征主要体现在脉冲时间、相位和频率的相关变化上,如线性调频、相位编码、频率编码、频率分集等。利用数字接收机对雷达信号进行采样,并通过时频分析法提取脉冲在时频域上的相关脉内特征,提高分选的正确率,对基于常规雷达参数特征的传统信号分选算法进行了补充和发展,如图 4.1 所示[3]。

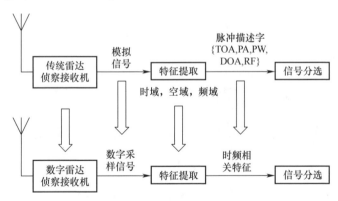

图 4.1 雷达信号分选的发展简图

脉内调制特征包括脉内有意调制特征与脉内无意调制特征。脉内有意调制是雷达波形设计者为满足雷达探测性能同时降低被截获概率而对载波进行调制;脉内无意调制是发射机、晶体振荡器、调制器等工作时产生的寄生调制,是大功率雷达发射机固有的特性。脉内无意调制对于不同的发射机都不同,因此可通过脉内无意调制区分雷达个体,即特定辐射源识别。脉内无意调制特征也称为雷达的"指纹",但受限于器件与技术的发展,目前甚至短时间内仍无法有效提取雷达的"指纹"。由于篇幅受限,本书不对"指纹"特征的提取与利用进行介绍,仅介绍基于有意调制特征的信号分选,即在本书中脉内调制特征指脉内有意调制特征。

脉内有意调制是对信号相位、频率、幅度的调制,以及其相互组合的调制方式。而为了充分利用雷达发射机的功率,雷达一般不采用幅度调制的方式。脉内有意调制特征的提取都是通过对采样信号进行多域变换,使信号之间的脉内特征在某种域变换后区分开,分析研究的方法[151]主要有时域分析法、频域分析法、时频分析法和其他方法等。雷达信号脉内调制类型分析的基本处理流程:信号数字化—信号检测—信号变换—特征提取—分选识别,本章将对信号变换、特征提取以及分选识别做重点研究。

本章介绍几种常用的脉内调制特征分析方法以及作者所在课题组近年来在脉内调制特征分析方面的研究成果,并对其他方法做简要介绍。

4.2 常用脉内调制特征分析方法

4.2.1 脉内调制方式

本节主要对4种典型的调制方式进行分析。

1) 常规信号(CON)

常规信号即单载频信号,其数学描述为

$$s(t) = A\cos(2\pi f_0 t + \varphi) \quad 0 < t < t_p \tag{4.1}$$

式中:A 为脉冲幅度;f_0 为中心频率;t_p 为脉冲宽度;φ 为初始相位。

2) 线性调频

线性调频的数学描述为

$$s(t) = A\cos(2\pi f_0 t + \frac{1}{2}\mu t^2 + \varphi) \quad 0 < t < t_p \tag{4.2}$$

式中:A 为脉冲幅度;f_0 为中心频率;t_p 为脉冲宽度;φ 为初始相位。在脉内,信号角频率从 $2\pi f_0 - \frac{\mu t_p}{2}$ 变化到 $2\pi f_0 + \frac{\mu t_p}{2}$,调频斜率 $\mu = \frac{2\pi B}{t_p}$。

线性调频信号的模糊函数具有斜刀刃形状,有较好的距离分辨力和速度分辨力。这种信号形式最大的优势在于有效地解决了探测能力和距离分辨力之间的矛盾。

3) 相位编码

相位编码信号是由许多子脉冲构成的,每个子脉冲宽度相等,而相位是由一个编码序列决定的。假设子脉冲的宽度为 t_p,各个子脉冲紧密相连,编码序列长度为 N,则带宽取决于子脉冲宽度 $B = 1/t_p$。常用的编码序列是随机编码信号序列,其模糊函数呈现理想的图钉形,具有良好的距离分辨力和速度分辨力。

如果子脉冲之间的相移只取 0 和 π 两个数值时,可以构成二相编码信号——BPSK。其数学描述为

$$s(t) = A\cos(2\pi f_0 t + \varphi(t))\quad 0 < t < t_p \tag{4.3}$$

式中：A 为脉冲幅度；f_0 为中心频率；t_p 为脉冲宽度；$\varphi(t)$ 为相位调制函数。

对于相位编码序列来讲，随机编码序列是很重要的，这也是侦察信号中的重要特征信息。常用的二元随机编码序列有巴克码、M 码和 L 码。其中，巴克码具有非常理想的非周期自相关函数，其自相关峰值为 N，副瓣均匀，主副瓣比等于压缩比，被认为是最优二元序列。在信号侦察中，巴克码也是受关注的重点对象之一，是调制类型分析的主要信号样式。

4) 频率编码

频率编码信号主要是指在同一脉冲内划分几个不同的频率子码区，分别用一组不同频率码去调制。频率编码的数学描述为

$$s(t) = \sum_{i=0}^{N-1} A\,\mathrm{rect}(t - i\Delta T, \Delta T)\,\mathrm{e}^{\mathrm{j}(\omega_i t + \varphi)} \tag{4.4}$$

式中：A 为脉冲幅度；f_{0i} 为载波频率码组；$\omega_i = 2\pi f_{0i}$ 为载波角频率码组；φ 为初相；$T = N\Delta T$ 为脉冲宽度，N 为子码数，ΔT 为子码宽度。

频率编码信号可以看作由不同频率的单载频信号拼接而成的，所以其性质与单载频信号有诸多类似之处。

4.2.2 基于瞬时自相关的信号脉内调制特征分析

瞬时自相关描述了信号在时间域的随机特性，其实质是以观测信号作为已知模板对观测信号本身进行分析的一种手段。对于任意给定的信号 $s(t)$，定义其瞬时自相关乘积为 $R(t,\tau) = s^*(t)\cdot s(t+z)$，它对应的数字表示是 $R(n,m)$。$R(t,\tau)$ 与一般自相关最大区别是它没有时间积分，保留了信号的瞬时信息。该算法是基于复解析信号的运算，运算量小，实时性好。

尽管瞬时自相关法在工程上得到广泛应用，但它仍然存在局限性。由于瞬时自相关法是非线性运算，所以它对多信号的识别能力比较差，而且该方法对噪声比较敏感。随着研究的不断深入，该方法现在已经逐渐和其他识别方法相互融合，共同完成对雷达脉内信号调制类型的识别。

1. 脉内调制特征提取

1) 常规信号的瞬时自相关函数为

$$R(n,m) = A^2 \mathrm{e}^{\mathrm{j}\frac{\omega m}{f_s}} \tag{4.5}$$

2) LFM 信号的瞬时自相关函数为

$$R(n,m) = A^2 \mathrm{e}^{\mathrm{j}\left(\frac{\omega m}{f_s} + \frac{2mn\mu - m^2}{2f_s^2}\right)} \tag{4.6}$$

3) PSK 信号的瞬时自相关

子码内自相关函数为：

$$R(n,m) = A^2 \mathrm{e}^{\mathrm{j}\frac{\omega m}{f_s}}\quad ip + m \leq n < (i+1)p, i = 0,1,\cdots,N-1 \tag{4.7}$$

式中：$p=f_s\Delta T$ 为子脉宽内的采样数。

子码间自相关函数为：

$$R(n,m) = A^2 e^{j\left(\frac{\omega m}{f_s}+\varphi_i-\varphi_{i+1}\right)} \quad (i+1)p \leqslant n < (i+1)p+m \quad (4.8)$$

4）FSK 信号的瞬时自相关

子码内自相关函数为：

$$R(n,m) = A^2 e^{j\frac{\omega_i n}{f_s}} \quad ip+m \leqslant n < (i+1)p, \quad i=0,1,\cdots,N-1 \quad (4.9)$$

子码间自相关函数为：

$$R(n,m) = A^2 e^{j\frac{(\omega_i-\omega_{i+1})n+\omega_{i+1}m}{f_s}} \quad (i+1)p \leqslant n < (i+1)p+m \quad (4.10)$$

5）频率分集信号的瞬时自相关

假设分集数为 2，且初相一致，则瞬时自相关函数为

$$R(n,m) = A^2 e^{j2\pi m\frac{f_1}{f_s}} + A^2 e^{j2\pi m\frac{f_2}{f_s}} + A^2 e^{j\left(2\pi n\frac{f_2-f_1}{f_s}+2\pi m\frac{f_1}{f_s}\right)} + A^2 e^{j\left(2\pi n\frac{f_1-f_2}{f_s}+2\pi m\frac{f_2}{f_s}\right)} \quad (4.11)$$

由式(4.11)可知，$R(n,m)$ 是受各个信号频差调制的交变信号。当有 k 个载频存在时，$R(n,m)$ 中将有 $k(k-1)/2$ 个频差。因此，瞬时自相关法不适合检测和分析频率分集信号，存在严重的多信号交调。

从调制特征提取结果来看，由于不同调制类型信号的形式不同，其瞬时自相关的输出结果不尽相同。但是，所有信号的瞬时自相关全都描述了时域上相隔一定距离的不同点的相关信息，这些独立信息组合在一起，形成带有一定规律的波形信息，从而为调制类型识别提供依据，如表 4.1 所列。

表 4.1 不同调制类型信号的瞬时自相关特征

信号调制类型	瞬时自相关特征
常规信号	恒定值
LFM 信号	固定频率的正弦波
BPSK 信号	相位改变调制的波形信号
FSK 信号	码间频差调制的波形信号

2. 关于瞬时自相关法中延迟线的讨论

延迟线是指信号在时域上间隔的距离。在瞬时自相关中，延迟线对于判别结果有很大影响，不同延迟线的选择对同一信号变换域的输出不尽相同。

根据瞬时自相关输出极性的特点，为自相关函数建立一个判别函数：

$$R = \min(N,P)/\max(N,P) \quad (4.12)$$

式中：N,P 分别为 $R(t,\tau)$ 采样点为正、负值的点数。在不考虑噪声的情况下，可得到如下判别依据：

$$R = \begin{cases} 0 & \text{常规信号} \\ 0 \sim 1 & \text{PSK 信号或 FSK 信号} \\ 1 & \text{LFM 信号} \end{cases} \quad (4.13)$$

延迟线的大小与 R 值密切相关。BPSK 信号受到延迟值选择的影响较大,延迟线过长或过短时,自相关只有很短的跳变,此时 R 值接近于零,会误判成常规信号;当延迟线长度恰好为码元宽度的 1/2 时,R 值接近于 1,与 LFM 信号无法分辨开来。然而,BPSK 是一种十分常用的雷达脉内调制信号,尤其是巴克码的应用。因此有必要对 BPSK 信号的瞬时自相关做深入分析和研究,以扩展瞬时自相关法的应用范围。从信号本质上看,BPSK 子码内信号可以看成单载频信号,其瞬时自相关自然为直流电平。而子码间自相关只是受到相位调制变化的影响,且这种影响只表现为两极特性。所以,子码间自相关只表现出自相关相位跃变,即相当于子码内部的极性传递。

瞬时自相关法中的延迟线取值对于常规信号和 LFM 信号没有较大影响,其判别式取值分别接近于 0 和 1。因此,延迟线的取值很大程度上取决于 BPSK 信号样式。BPSK 信号的判别式最佳取值为 0.5,这样可以与常规信号和 LFM 信号明显区分。经过实验研究表明,对于巴克码,$m \xrightarrow{f} N$ 的映射关系呈现线性,即 $m = kN + b$,其中 k 为比例系数,b 为偏移系数。可采用一种改进的瞬时自相关法调制信号识别策略[151],即根据延迟线与脉内采样点数(脉宽)之间的关系来实时确定延迟线的选择。

3. 算法描述

采用二叉树决策判别方法,以特征描述参量作为判别依据,实现流程如图 4.2 所示。

(1)检测信号,当有效数据到来时,分 I、Q 两路进行数据缓存。

(2)记录脉冲信号的到达时间和结束时间(time of end,TOE),计算得到信号的脉宽 $\tau = \text{TOE} - \text{TOA}$,由此得延迟线长度 $m = f(N)\tau f_s$。

(3)计算信号的瞬时自相关 $\text{Re}(R(n,m)) = I(n)I(n+m) + Q(n)Q(n+m)$。

(4)根据瞬时自相关的计算结果进行特征提取,并根据极性对不同调制类型信号进行识别。

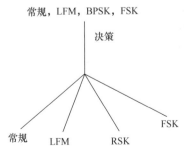

图 4.2 瞬时自相关法脉内调制类型识别流程图

4.2.3　基于傅里叶变换的信号脉内调制特征分析

1. 基于经典傅里叶变换的信号脉内调制特征分析

谱分析在信号处理中有着无法替代的作用,包括频谱分析和功率谱分析,其不仅可以独立完成信号的特征提取和识别分析,还可以与其他方法结合使用。不同调制类型的雷达信号,其频谱有很大不同,可以作为信号识别的重要依据。经典傅里叶变换是谱分析的经典分析方法,其最大问题在于完全丢掉了信号的时域信息,尤其对于非平稳随机信号存在严重的信息丢失。傅里叶变换所提供的幅频特征,更多地用于信号的初步分选和简单脉内调制类型识别,其最主要的价值在于提供了载频和带宽两个重要信息。

能量重心法是通过计算信号功率谱的能量重心来估计信号频率。几种常用窗函数的离散窗谱能量重心都在原点或原点附近,当存在信号时,对于加窗后的快速傅里叶变换(FFT)结果,相当于窗谱的主瓣原点平移到信号频率处,因此可利用谱峰附近的几个值计算出能量重心位置,用来作为频率的测量值。考虑到工程实现难易程度,选择矩形窗函数,其计算公式为

$$f_0 = \frac{\sum_{n=0}^{N-1} n|S(n)|^2}{\sum_{n=0}^{N-1} |S(n)|^2} \cdot \frac{f_s}{N} \quad (4.14)$$

式中:$S(n)$为信号的FFT;f_s为采样频率;N为FFT的点数。

带宽的提取主要将信号频谱幅度与设定阈值作比较,当幅度值从低于阈值到超过设定阈值时,便记录下该点频率值作为起始频率f_{start},当幅度值从高于阈值到低于设定阈值时,便记录下该点频率值作为结束频率f_{end},则$B=f_{\text{end}}-f_{\text{start}}$。傅里叶谱分析在雷达脉内调制类型分析中的具体步骤如下。

(1)检测信号,当有效数据到来时,开始计算FFT,并记录信号到达时间。

(2)当有效数据结束时,停止计算FFT,并记录信号的结束时间。

(3)按照能量重心法得到信号的载频和带宽。

(4)将到达时间、脉宽、载频、带宽等信息进行存储。

(5)重复上述步骤(1)~(4),直到计算N个脉冲之后停止。根据到达时间、脉宽、载频、带宽等信息对积累脉冲进行分选,包括脉冲之间和脉冲之内的不同信号分选。

(6)根据带宽信息,对每个不同信号进行调制类型粗识别,将调频信号和非调频信号进行区分识别。

2. 基于STFT的信号脉内调制特征提取

短时傅里叶变换(STFT)的基本思想是在经典傅里叶变换的框架中,把非平稳信号看成一系列短时平稳信号的叠加,短时性则是通过时域上的加窗来实现,并通

过平移参数来覆盖整个时域。对于给定的非平稳信号 $s(t) \in L^2(R)$，信号 $s(t)$ 的短时傅里叶变换定义为

$$\text{STFT}_s(t,\omega) = \int_{-\infty}^{+\infty} s(\tau) h(\tau-t) e^{-j\omega\tau} d\tau \qquad (4.15)$$

式中：$h(t)$ 为窗函数，时刻 t 的 STFT 可以看作信号围绕时刻 t 的局部频谱。

STFT 也可以借助于信号和窗函数的频谱来表示：

$$\text{STFT}_s(t,\omega) = e^{-j\omega t} \int_{-\infty}^{+\infty} S(\omega') H(\omega'-\omega) e^{-j\omega' t} d\omega' \qquad (4.16)$$

短时傅里叶变换是时间、频率二维函数的展现。一方面，短时间窗可以获得较好的时间分辨力；另一方面，窄带滤波器可以获得较好的频率分辨力。STFT 时频分辨力的乘积存在下限，也就是所谓的测不准原理。STFT 不仅可以展示信号的时频分布情况，而且可以利用它求得信号的瞬时频率，为信号调制类型提供判别依据。

本节选择最简单的矩形窗进行信号变换的推导，考虑矩形窗函数：

$$h(t) = \begin{cases} 1 & |t| \leq 1 \\ 0 & \text{其他} \end{cases} \qquad (4.17)$$

（1）常规信号的 STFT：

$$\text{STFT}_s(t,\omega) = \int_{-\infty}^{+\infty} e^{j\omega_0\tau} h(\tau-t) e^{-j\omega\tau} d\tau = \frac{\sin\left(\frac{(\omega_0-\omega)(2t+1)}{2}\right)}{\sin\left(\frac{\omega_0-\omega}{2}\right)} e^{-j(\omega_0-\omega)}$$

$$(4.18)$$

（2）LFM 信号的 STFT：

$$\text{STFT}_s(t,\omega) = \int_{-\infty}^{+\infty} e^{j\left(\omega_0\tau+\frac{1}{2}\mu\tau^2\right)} h(\tau-t) e^{-j\omega\tau} d\tau = \int_{t-1}^{t+1} e^{j(\omega_0-\omega)\tau+\frac{1}{2}j\mu\tau^2} d\tau$$

$$(4.19)$$

（3）PSK 信号的码内 STFT：

$$\text{STFT}_s(t,\omega) = \int_{-\infty}^{+\infty} e^{j(\omega_0\tau+\varphi_i)} h(\tau-t) e^{-j\omega\tau} d\tau = \frac{\sin\left(\frac{(\omega_0-\omega)(2t+1)}{2}\right)}{\sin\left(\frac{\omega_0-\omega}{2}\right)} e^{-j(\omega_0-\omega-\varphi_i)}$$

$$(4.20)$$

（4）FSK 信号的码内 STFT：

$$\text{STFT}_s(t,\omega) = \int_{-\infty}^{+\infty} e^{j\omega_i\tau} h(\tau-t) e^{-j\omega\tau} d\tau = \frac{\sin\left(\frac{(\omega_0-\omega)(2t+1)}{2}\right)}{\sin\left(\frac{\omega_0-\omega}{2}\right)} e^{-j(\omega_i-\omega)}$$

$$(4.21)$$

根据上述公式推导,得到不同调制类型信号的 STFT 时频特征,如表 4.2 所列。

表 4.2　不同调制类型信号的 STFT 时频特征

信号调制类型	STFT 时频特征	脉内估测参数
常规信号	恒定值	载频
LFM 信号	斜直线	载频、带宽、调频斜率
BPSK 信号	近似为恒定值	载频
FSK 信号	阶跃信号	编码方式、频率码组

3. 算法描述

采用二叉树决策判别方法,以特征描述参量作为判别依据,实现流程如图 4.3 所示。

图 4.3　STFT 算法脉内调制类型识别流程图

STFT 计算主要基于 FFT 算法,选择矩形窗函数。基于 FFT 算法的基本原理就是利用变量替换,将离散短时傅里叶变换转换为离散傅里叶变换(DFT)。

(1) 令 $n-m=l$,$\mathrm{STFT}(n,k) = \mathrm{e}^{-\mathrm{j}2\pi nk/N} \sum_{l=-\infty}^{+\infty} s(n+l)h(-l)\mathrm{e}^{-\mathrm{j}2\pi lk/N}$。

(2) 划分求和区间,$\mathrm{STFT}(n,k) = \mathrm{e}^{-\mathrm{j}2\pi nk/N} \sum_{r=-\infty}^{+\infty} \sum_{l=rN}^{rN+N-1} s(n+l)h(-l)\mathrm{e}^{-\mathrm{j}2\pi lk/N}$。

(3) $l=i+rN$,$\mathrm{STFT}(n,k) = \mathrm{e}^{-\mathrm{j}2\pi nk/N} \sum_{i=0}^{N-1} \tilde{s}(n,i)\mathrm{e}^{-\mathrm{j}2\pi ik/N}$　$k=0,1,\cdots,N-1$。

式中: $\tilde{s}(n,i) = \sum_{r=-\infty}^{+\infty} s(n+i+rN)h(-i-rN)$。

(4) 对序列 $\tilde{s}(n,i)$ 进行离散傅里叶变换 $\tilde{S}(m,k)$,并将中心频率移至频点 $\omega=-2\pi k/N$,即可得到原序列的 STFT。

(5) 求取每个时刻 n 对应的 $|\mathrm{STFT}(n,k)|$,关于频点 k 的最大值 $\max_{1 \leq k \leq N} |\mathrm{STFT}(n,k)|$,并记录下当前频点 $k_{\max}(n)$,即可得到信号的时频关系

$f=f_s \cdot k_{max}(n)/N$,其中f_s为采样频率(考虑到阈值设置,实际中采取归一化频率$\hat{f}=k_{max}(n)/N$)。

(6) 求归一化瞬时频率$\hat{f}(n)$的最大值$\hat{f}(n)_{max}$和最小值$\hat{f}(n)_{min}$,当最大值与最小值的差小于预设阈值时,则认为是常规或PSK信号,进入步骤(7);否则认为是LFM或FSK信号,进入步骤(8)。

(7) 对$\hat{f}(n)$进行一阶差分$\Delta\hat{f}(n)$,检测$\Delta\hat{f}(n)$的最大值,如果$\Delta\hat{f}(n)_{max} < \zeta(\zeta\to 0)$,则认为该信号是常规信号,否则是PSK信号。

(8) 对$\hat{f}(n)$进行一阶差分$\Delta\hat{f}(n)$,检测$\Delta\hat{f}(n)$的最大值与最小值,如果$\Delta(\Delta\hat{f}(n))_{max-min} < \zeta(\zeta\to 0)$,则认为该信号是LFM信号,否则为FSK信号。

(9) 根据信号的瞬时频率特征计算脉内相关参数。

4.2.4 基于WVD的信号脉内调制特征分析

维格纳-威利分布(WVD)于1932年由维格纳在量子热力学中提出,1948年由威利引入信号分析领域。它作为一种能量型时频联合分布,是一个非常有用的非平稳信号分析工具。信号的WVD定义为信号的瞬时自相关$r_s(t,\tau)=s\left(t+\dfrac{\tau}{2}\right)s^*\left(t-\dfrac{\tau}{2}\right)$的傅里叶变换,即

$$\mathrm{WVD}_s(t,\omega)=\int_{-\infty}^{+\infty}s\left(t+\frac{\tau}{2}\right)s^*\left(t-\frac{\tau}{2}\right)\mathrm{e}^{-\mathrm{j}\omega\tau}\mathrm{d}\tau \qquad(4.22)$$

与此同时,两个不同信号的WVD分布定义为

$$\mathrm{WVD}_{s,g}(t,\omega)=\int_{-\infty}^{+\infty}s\left(t+\frac{\tau}{2}\right)g^*\left(t-\frac{\tau}{2}\right)\mathrm{e}^{-\mathrm{j}\omega\tau}\mathrm{d}\tau \qquad(4.23)$$

WVD最大的特点是具有非常好的时频聚集性,适合于分析非平稳信号。在工程实际中,信号需要进行加窗截取,即$s'(t)=s(t)h(t-\tau)$,则加窗WVD为

$$\mathrm{WVD}_{s'}(t,\omega)=\int_{-\infty}^{+\infty}s\left(t+\frac{\tau}{2}\right)s^*\left(t-\frac{\tau}{2}\right)h\left(t-\frac{\tau}{2}\right)h^*\left(t-\frac{3\tau}{2}\right)\mathrm{e}^{-\mathrm{j}\omega\tau}\mathrm{d}\tau$$

(4.24)

WVD的一阶矩与信号的瞬时频率成正比,即长度为N的离散信号序列的瞬时频率为

$$f(n)=\frac{f_s}{K}M_1(n) \qquad(4.25)$$

式中:f_s为采样频率;K为离散WVD的频率点数;$M_1(n)$为离散WVD的一阶矩,即$M_1(n)=\dfrac{K}{2\pi}\left|\arg\left(\sum_{k=0}^{K-1}W(n,k)\mathrm{e}^{-\mathrm{j}2\pi k/N}\right)\right|$。

WVD在应用时存在一个严重的不足,即存在交叉干扰项。借助图像处理中的直线提取方法,可以有效避免交叉项的干扰,从而完成对多信号的分析。

1. 基于 WVD 的脉内信号调制特征提取

1) 常规信号的 WVD 可表示为

$$\mathrm{WVD}_s(n,\omega) = A^2\delta(\omega - \omega_0) \tag{4.26}$$

$$f(n) = \frac{f_s}{2\pi}\left|\arg\left(\sum_{k=0}^{K-1} A^2\delta(\omega - \omega_0)\mathrm{e}^{-\mathrm{j}\omega}\right)\right| = f_0 \tag{4.27}$$

式中：ω 为归一化数字频率。

2) LFM 信号的 WVD 可表示为

$$\mathrm{WVD}_s(n,\omega) = A^2\delta(\omega - (\omega_0 + 2\pi\mu n)) \tag{4.28}$$

$$f(n) = \frac{f_s}{2\pi}\left|\arg\left(\sum_{k=0}^{K-1} A^2(\omega - (\omega_0 + 2\pi\mu n))\mathrm{e}^{-\mathrm{j}\omega}\right)\right| = f_0 + \mu n \tag{4.29}$$

式中：w、w_0 为归一化数字频率；μ 为归一化调频斜率。

由此可见，线性调频信号的时频关系为一斜线，其起始频率为 w_0，直线斜率为调频斜率 μ。

3) PSK 信号的 WVD

码内：

$$\mathrm{WVD}_s(n,\omega) = A^2\delta(\omega - \omega_0) \tag{4.30}$$

$$f(n) = \frac{f_s}{2\pi}\left|\arg\left(\sum_{k=0}^{K-1} A^2\delta(\omega - \omega_0)\mathrm{e}^{-\mathrm{j}\omega}\right)\right| = f_0 \tag{4.31}$$

码间：

$$\mathrm{WVD}_s(n,\omega) = A^2\mathrm{e}^{\mathrm{j}(\varphi_i - \varphi_j)}\delta(\omega - \omega_0) \tag{4.32}$$

$$f(n) = \frac{f_s}{2\pi}\left|\arg\left(\sum_{k=0}^{K-1} A^2\mathrm{e}^{\mathrm{j}(\varphi_i - \varphi_j)}\delta(\omega - \omega_0)\mathrm{e}^{-\mathrm{j}\omega}\right)\right| = \left|\frac{f_s(\varphi_i - \varphi_j)}{2\pi} - f_0\right| \tag{4.33}$$

特别对于 BPSK 信号：$f(n) = \frac{f_s}{2} - f_0$ 或 $f(n) = \frac{f_s}{2} + f_0$。由此可见，相位编码信号在码内的时频特性呈现出恒定直线，在码间主要受到编码规律的影响，会在中心频率附近发生偏移。对于 BPSK 信号，其偏移量在码间发生最大转换。

4) FSK 信号的 WVD

码内：

$$\mathrm{WVD}_s(n,\omega) = A^2\delta(\omega - \omega_i) \tag{4.34}$$

$$f(n) = \frac{f_s}{2\pi}\left|\arg\left(\sum_{k=0}^{K-1} A^2\delta(\omega - \omega_i)\mathrm{e}^{-\mathrm{j}\omega}\right)\right| = f_i \tag{4.35}$$

码间：

$$\mathrm{WVD}_s(n,\omega) = A^2\mathrm{e}^{\mathrm{j}(\omega_i - \omega_j)n/f_s}\delta\left(\omega - \frac{\omega_i + \omega_j}{2}\right) \tag{4.36}$$

$$f(n) = \frac{f_s}{2\pi} \left| \arg\left(\sum_{k=0}^{K-1} A^2 e^{j(\omega_i - \omega_j)n/f_s} \delta\left(\omega - \frac{\omega_i + \omega_j}{2}\right) e^{-j\omega} \right) \right| = \left| (f_i - f_j)n - \frac{f_i + f_j}{2} \right|$$
(4.37)

由此可见，频率编码调制在码内的时频特征呈现出恒定直线，在码间时由于频率的变化会发生跳变，而且跳变与时间采样点密切相关。

5) 多分量信号的 WVD

若信号 $s(t) = s_1(t) + s_2(t)$，利用 WVD 的定义式可以得到信号 $s(t)$ 的 WVD：

$$\text{WVD}_s = \text{WVD}_{s_1} + \text{WVD}_{s_2} + \text{WVD}_{s_1 s_2} + \text{WVD}_{s_2 s_1} \quad (4.38)$$

由于 $\text{WVD}_{s_1 s_2} = \text{WVD}_{s_2 s_1}$，所以 $\text{WVD}_s = \text{WVD}_{s_1} + \text{WVD}_{s_2} + 2\text{WVD}_{s_1 s_2}$。理论上可以证明，如果信号有 N 个独立分量构成，则总的交叉项数为 $N(N-1)/2$。

考虑最为简单的两个归一化单载频信号：$s(t) = e^{j\omega_1 t} + e^{j\omega_2 t}$，其 WVD 变换为

$$\text{WVD}_s(t,\omega) = \delta(\omega - \omega_1) + \delta(\omega - \omega_2) + 2\cos((\omega_1 - \omega_2)t)\delta\left(\omega - \frac{\omega_1 + \omega_2}{2}\right)$$
(4.39)

由此可以看出，WVD 在两个单载频的中心平均频点上存在冗余。由式(4.39)，可以看出冗余项是受到余弦调制的。

假设信号采样频率为 f_s，则 $\cos((\omega_1 - \omega_2)t) = \cos\left(2\pi(f_1 - f_2)\dfrac{n}{f_s}\right)$。根据奈奎斯特(Nyquist)采样定理：$\cos\left(2\pi\left(\dfrac{f_s}{k} - \dfrac{f_s}{l}\right)\dfrac{n}{f_s}\right) = \cos\left(\dfrac{\pi}{2} 4n\left(\dfrac{1}{k} - \dfrac{1}{l}\right)\right)$，$k$ 和 l 分别为两个信号的采样倍数。由此可见，$4n\left(\dfrac{1}{k} - \dfrac{1}{l}\right)$ 为奇数时，交叉项为 0；$4n\left(\dfrac{1}{k} - \dfrac{1}{l}\right)$ 为偶数时，交叉项取到最大值；当 $4n\left(\dfrac{1}{k} - \dfrac{1}{l}\right)$ 为非整数时，交叉项取值介于 0~1 之间。

根据上述公式推导，得到不同调制类型信号的 WVD 时频特征，如表 4.3 所列。

表 4.3 不同调制类型信号的 WVD 时频特征

信号调制类型	WVD 时频特征	脉内估测参数
常规信号	恒定值	载频
LFM 信号	斜直线	载频、带宽、调频斜率
BPSK 信号	近似为恒定值	载频
FSK 信号	阶跃信号	—

2. WVD-Hough 变换对多信号的分析

通过上述各种调制类型的 WVD 时频特征表达，发现 WVD 变换域对于直线特征十分敏感，即多种调制类型的 WVD 呈现直线或近似直线特征。如果能够将直线

逐一提取,那么各个信号也就可以得到分离。WVD 的结果是一个 $N×N$ 的二维数据,借助图像处理思想,将这些数据视为一幅图像,运用图像处理中经典的直线提取算法——Hough 变换进行直线特征提取。

Hough 变换是模式识别领域中对二值图像进行检测的有效方法。在标准的参数化方式下,直线可以表述为

$$\rho = x\cos\theta + y\sin\theta \quad \rho > 0, 0 < \theta < \pi \tag{4.40}$$

式中:ρ 为相对于原点的距离;θ 为与 x 轴的夹角。

显然,若能确定参数空间中的局部最大值,就实现了直线检测。记 $N×N$ 二值图像 (x_i, y_j) 像素的灰度值为 $I(x_i, y_j)$,参数空间中,θ 在 $[0, \pi]$ 间均匀取 M 个离散值,ρ 的采样个数为 Q,则直线检测中的标准 Hough 变换可表示为

$$H(\rho_q, \theta_m) = \sum_{i=0}^{N-1} \sum_{j=0}^{N-1} I(x_i, y_j) \mid Q < \rho < \sqrt{2}Q \tag{4.41}$$

由于 Hough 变换是针对二值图像进行检测,因此在 Hough 变换之前首先要对 WVD 变换数据进行二值化处理,也就是边缘检测。可采用经典的 Canny 检测器对数据进行边缘化处理。根据 Hough 变换的结果,可以得到很多有用信息。

(1) 雷达脉内信号的具体个数。如果是频率编码信号,有可能将各个子码误认为是独立信号分量,这需要根据时间等信息进行进一步判别。

(2) 根据各个直线的 ρ 和 θ,可以确定在原始数据中的直线表达式,即 $\rho = x\cos\theta + y\sin\theta$。原数据中的直线表达式直接反映了信号时频的线性关系。

(3) 根据信号的时频线性关系,可以在原 WVD 数据中进行信号搜索,即找到信号时频线段:$\{(x, y) \mid \rho = x\cos\theta + y\sin\theta, WVD(x, y) \geq \zeta\}$,$\zeta$ 为预设阈值。找到信号的时频线段也就是找到了信号的时间和频率信息。

3. 算法描述

对于非周期长序列的离散 WVD 计算,可以首先对序列进行加窗,然后利用 FFT 计算加窗内序列的 WVD,其工程算法实现步骤如下。

(1) 构造 $(2L-1) \times 2L$ 的二维序列 $g(m, k) = w(k)s(m+k)$,$g(m, -L) = 0$,其中窗函数的时间轴从 $-L+1 \sim L-1$。将序列 $g(m, k)\mid_{k=-L}^{L-1}$ 依列重新排序,使编号处于 $0 \sim 2L-1$ 之间。

(2) 利用上述重新排列的序列进行二次构造,得到序列 $f(m, l)$。

$$f(m, l) = \begin{cases} g(m, l)g^*(m, -l) & 0 \leq l \leq L-1 \\ g(m, l-L)g^*(m, -l+2L) & L \leq l \leq 2L-1 \end{cases} \tag{4.42}$$

(3) 求 $f(m, l)$ 关于 l 的 $2L$ 点 FFT,得到 $F(m, k) = \sum_{l=0}^{N-1} f(m, l) e^{-j2\pi lk/N}$。

(4) 最后得到信号的离散伪 WVD 为 $DPWVD_s(m, k) = F(m, k)$。

(5) 将信号的 WVD 进行归一化处理,即 $\overline{F(m, k)} = F(m, k) / \max(F(m, k))$。

(6) 对 $\overline{F(m, k)}$ 进行二值化处理,即使用 Canny 检测进行边缘信息提取,得到

$I(m,k)$。

(7) 将二值化梯度数据进行旋转 90°操作 $I'(m,k)$,避免 0°和 180°相混淆,这样 $\theta'=90°-\theta$。

(8) 对 $I'(m,k)$ 进行 Hough 变换得到 $WVD(\rho,\theta')$,设定阈值 ζ,找到直线表征点集合 $\{(\rho,\theta') | WVD(\rho,\theta')>\zeta\}$。

(9) 直线集合进行合并,若 $|p_i-p_j|<\zeta_\rho \& |\theta'_i-\theta'_j|<\zeta_{\theta'}$,则认为第 i 条直线与第 j 条直线重合,即属于同一个信号。

(10) 根据每条直线信息,在原数据 $F(m,k)$ 进行时频线段搜索,得到每个信号的时间和频率信息。如果 $\theta' \neq 90°$,那么 $m=\tan\theta' \cdot k+\left(N-\dfrac{\rho}{\sin\theta'}\right)$;如果 $\theta'=90°$,那么 $k=\rho \; \forall \; m$。

4.2.5 基于 Haar 小波变换的信号脉内调制特征分析

小波变换的概念最早由法国工程师 Morlet 在 1974 年提出,它是一个时间和频率的局部变换,对非平稳信号和突变信号能够进行有效分析。利用小波变换,可以检测出信号的瞬时频率和相位突变点。对于函数 $\Psi(t) \in L^2(R)$,如果 $\int_{-\infty}^{+\infty}\Psi(t)\mathrm{d}t=0$,则 $\Psi(t)$ 称为一个小波。小波族是由单个小波函数 $\Psi(t)$ 的平移与伸缩构成的,即

$$\Psi_{a,\tau}(t)=|a|^{-0.5}\Psi\left(\dfrac{t-\tau}{a}\right) \quad a \neq 0, a,\tau \in R \tag{4.43}$$

式中:a 为尺度参数,τ 为位移参数。

小波变换是信号与小波族的内积:

$$W_\Psi(a,\tau)=a^{-0.5}\left\langle s(t),\Psi\left(\dfrac{t-\tau}{a}\right)\right\rangle \tag{4.44}$$

由于 Haar 小波简单、易用且包含丰富的高频分量,因此选取其作为基本小波。Haar 小波定义为

$$\Psi_{\mathrm{Harr}}(t)=\begin{cases}1 & 0 \leq t < 0.5 \\ -1 & 0.5 \leq t < 1 \\ 0 & 其他\end{cases} \tag{4.45}$$

如果令 $a=2^m$,则式(4.43)就称为二进制小波变换。当 $m=1$ 时,即是最小二进制小波变换。由此得到信号 $s(n)$ 的离散最小二进制 Haar 小波变换模为

$$|W_{\mathrm{Harr}}(2,\tau)|=2^{-0.5}\left|\sum_{n=\tau}^{\tau+2}s(n)\Psi\left(\dfrac{n-\tau}{2}\right)\right|=2^{-0.5}|s(\tau+1)-s(\tau)| \tag{4.46}$$

由于 $|s(\tau+1)|=|s(\tau)|$,因此 $|s(\tau+1)-s(\tau)|$ 实质反映了相邻时间点信号的相位突变情况。从数学推导上看,信号的小波变换模为极大值时,必然对应

了该信号在时间局部点的相位突变。

1. 基于 Haar 小波变换的脉内信号调制特征提取

1) 常规信号的最小二进 Haar 小波变换如下式：

$$|W(2,\tau)| = 2^{-0.5}|Ae^{j\omega\left(\frac{\tau+1}{f_s}\right)} - Ae^{j\omega\left(\frac{\tau}{f_s}\right)}| = \sqrt{2}A\left|\sin\pi\frac{f_0}{f_s}\right| \qquad (4.47)$$

根据 Nyquist 采样定理，可知 $0 \leq \pi\frac{f_0}{f_s} \leq \frac{1}{2}\pi$，则有 $\sqrt{2}\left|\sin\pi\frac{f_0}{f_s}\right| = \sqrt{2}\sin\pi\frac{f_0}{f_s}$。根据小波极大模值的输出为定值，即可判定单载频调制类型方式，同时可以计算脉内载频：

$$f_0 = \frac{f_s}{\pi}\arcsin\frac{W}{\sqrt{2}A} \qquad (4.48)$$

2) LFM 信号的最小二进 Haar 小波变换如下式：

$$|W(2,\tau)| = 2^{-0.5}A\left|e^{j\left(\omega\frac{\tau+1}{f_s}+\frac{1}{2}\mu\left(\frac{\tau+1}{f_s}\right)^2\right)} - e^{j\left(\omega\frac{\tau}{f_s}+\frac{1}{2}\mu\left(\frac{\tau}{f_s}\right)^2\right)}\right| = \sqrt{2}A\left|\sin\frac{\frac{\omega}{f_s}+\frac{\mu\tau}{f_s^2}+\frac{\mu}{2f_s^2}}{2}\right| \qquad (4.49)$$

若取 $f_s = 5f_0$，则有 $\frac{\omega}{2f_s} = \pi\frac{f_0}{f_s} \approx 36°$。由于 $\mu = 2\pi\frac{B}{T}$，因此 $\frac{\mu\tau}{2f_s^2} = \pi\frac{B}{f_s}\frac{\tau}{\tau_{\max}}$。当 $B \approx \frac{1}{25}f_s$ 时，$\frac{\mu\tau}{2f_s^2} \leq \frac{1}{25}\pi \approx 7°$ 且 $\frac{\mu}{4f_s^2} = \frac{\pi}{2}\frac{B}{\tau_{\max}}\frac{1}{f_s} \leq \frac{\pi}{50}\frac{1}{\tau_{\max}} \to 0$。因此，$|W(2,\tau)|$ 在很小的相位变化范围内呈现线性关系，作为判别 LFM 信号的重要依据。

由式(4.49)可知

$$\arcsin\frac{|W(2,\tau)|}{\sqrt{2}A} = \frac{\mu}{2f_s^2}\tau + \frac{\omega}{f_s} \qquad (4.50)$$

直线斜率为 $\frac{\mu}{2f_s^2}$，偏置为 $\frac{\omega}{f_s}$，可以分别计算脉内载频和调制斜率。

3) BPSK 信号的最小二进 Haar 小波变换

码内最小二进 Haar 小波变换为

$$|W(2,\tau)| = 2^{-0.5}A\left|e^{j\omega\frac{\tau+1}{f_s}+j\varphi_i} - e^{j\omega\frac{\tau}{f_s}+j\varphi_i}\right| = \sqrt{2}A\left|\sin\pi\frac{f_0}{f_s}\right| \qquad (4.51)$$

码间最小二进 Haar 小波变换为：

$$|W(2,\tau)| = \sqrt{2}A\left|\cos\frac{\omega}{2f_s}\right| = \sqrt{2}A\left|\cos\pi\frac{f_0}{f_s}\right| \qquad (4.52)$$

BPSK 的小波变换模值在码间会发生小波极大模值的跳变，根据这一特征，PSK 信号可以被识别出来。同时可以计算脉内载频，相位突变的发生位置以及相位变化规律。

4) FSK 信号的最小二进 Haar 小波变换

码内最小二进 Haar 小波变换为

$$|W(2,\tau)| = 2^{-0.5} \left| e^{j\omega_i \frac{\tau+1}{f_s} + j\varphi} - e^{j\omega_i \frac{\tau}{f_s} + j\varphi} \right| = \sqrt{2} A \left| \sin\pi \frac{\omega_i}{2f_s} \right| \qquad (4.53)$$

码间最小二进 Haar 小波变换为

$$|W(2,\tau)| = 2^{-0.5} A \left| e^{j\varphi} \right| \left| e^{j\omega_{i+1} \frac{\tau+1}{f_s}} - e^{j\omega_i \frac{\tau}{f_s}} \right| \qquad (4.54)$$

FSK 信号在不同频率码组发生跳变时，其极大模值也会发生跳变，码内的极大模值只与编码频率相关，由此可以根据这一特征识别 FSK 信号。

根据上述公式推导，得到不同调制类型信号的 Haar 小波变换特征，如表 4.4 所列。

表 4.4 不同调制类型信号的 Haar 小波变换特征

信号调制类型	Haar 小波变换特征	脉内估测参数
常规信号	恒定值	载频
LFM 信号	直线	载频、带宽、调频斜率
BPSK 信号	含突变点直线	载频、编码方式
FSK 信号	阶跃信号	编码方式、频率码组

2. 算法描述

主要选取数据均值、极大极小值、突变值作为特征描述参量。采用二叉树决策判别方法，以特征描述参量作为判别依据，实现流程如图 4.4 所示。

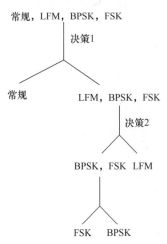

图 4.4 Haar 小波变换算法脉内调制类型识别流程图

（1）当检测到有效脉冲到来时，开始对正交输入数据进行最小二进小波变换，并求模值，记为 $|W(2,\tau)|(\tau = 1,2,\cdots,N)$。

（2）求取 $|W(2,\tau)|$ 的最大值与最小值，分别记为 $|W(2,\tau)|_{\max}$ 与

$|W(2,\tau)|_{\min}$,对应的时延点为 $\tau_{\max}$ 与 $\tau_{\min}$。

(3) 计算 $|W(2,\tau)|_{\max}$ 和 $|W(2,\tau)|_{\min}$ 的差值 $\Delta|W(2,\tau)|$,当 $\Delta|W(2,\tau)|\leqslant\zeta$($\zeta$ 为设定阈值)时,则认为该信号是单载频信号。同时计算 $|W(2,\tau)|$ 的均值 $|W(2,\tau)|_{\text{mean}}$,根据式(4.48)可以计算脉内载频。

(4) 如果 $\Delta|W(2,\tau)|>\zeta$,则计算 $\tau_{\max}$ 和 $\tau_{\min}$ 的绝对差值 $\Delta\tau$,当 $\Delta\tau\rightarrow N$ 时,则认为是线性调频信号。根据式(4.50)分别计算脉内调制起始频率和调制斜率。

(5) 如果 $\Delta\tau\ll N$,则认为是相位编码信号或频率编码信号。此时对 $|W(2,\tau)|$ 求取极值,记为 $|W(2,\tau)|_e$,对应时延点记为 τ_e。如果一个极值的相邻两侧绝对差值小于 ζ(ζ 为设定阈值),则认为是 PSK 信号;否则认为是 FSK 信号。

(6) 对于 PSK 信号,可以得到其相位突变点位置 τ_e,通过码内变换模值计算出脉内载频。对于 FSK 信号,同样可以得到其相位突变点位置 τ_e,通过不同码内变换模值计算出不同码元载频。

4.3　脉压雷达信号脉内调制特征分析

4.3.1　相位编码信号调制特征分析

相位编码信号是脉冲压缩体制雷达所经常采用的一种信号,由于其截获概率低、技术简单且工程实现方便而被广泛采用。相位编码信号是通过相位调制获得大时宽-带宽积的脉冲压缩信号,使雷达峰值发射功率显著降低,从而降低其被截获的概率[153]。

相位编码信号的一般表达式为

$$s(t)=Ae^{j(2\pi f_0 t+\varphi(t)+\varphi_0)} \tag{4.55}$$

式中:A 为常数;f_0 为信号载频;$\varphi(t)$ 为相位调制函数;φ_0 为初相。

若 $\varphi(t)$ 只取 0 和 π 值,则信号为 BPSK 信号;若 $\varphi(t)$ 取值 $0,\pi/2,\pi,3\pi/2$,则信号为四相编码信号。所以,相位编码信号的特点是信号载频为单一频率,不同码元间相位发生跳变,这也是分析相位编码信号的基础。若定义 T 为 PSK 信号子脉冲宽度,P 为码长,$\tau=PT$ 为信号的持续周期,那么相位编码信号的带宽 B 与子脉冲的带宽相近,并且可得 PSK 信号的脉冲压缩比,即时宽-带宽积可表示为

$$D=B\tau=\frac{P}{\tau}\tau=P \tag{4.56}$$

常用于 BPSK 信号的二元伪随机序列有巴克序列、互补序列、M 序列、霍尔序列(H-Sequence)等;常用于四相编码信号的多元序列有弗兰克多相码(FH 序列)、霍夫曼序列等[154]。多相编码雷达较 BPSK 雷达在码字选择上具有更大的灵活性,易于找到相关性能良好的码字,但多相编码雷达在实现上较 BPSK 雷达复杂程度大大增加。

如图 4.5(a)所示为 13 位巴克码 BPSK 信号功率谱,码字为[1 1 1 1 1 0 0 1 1 0 1 0 1],图 4.5(b)为 16 位弗兰克码 QPSK 信号功率谱,码字为[0 0 0 0 0 1 2 3 0 2 0 2 0 3 2 1]。由此可见,BPSK 信号与 QPSK 信号有大致相同的功率谱波形特征。

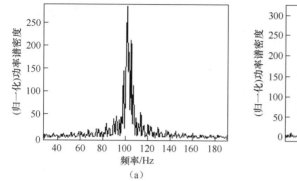 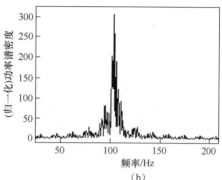

图 4.5　PSK 信号功率谱
(a)BPSK 信号功率谱;(b)QPSK 信号功率谱。

PSK 雷达信号通过采用长的多元序列,可以得到大时宽-带宽积的编码脉冲压缩信号,具有很高的多普勒分辨能力,不存在测量的多值性,易于实现波形捷变和使其调制波形具有"伪噪声"性质,对提高雷达的抗截获能力非常有利。BPSK 是最早研究的 PSK 信号,尽管多相码比二相码具有更高的主副瓣比(RMS),有的甚至不需加权处理来抑制旁瓣,但多相编码雷达在实现复杂程度上较 BPSK 雷达大大增加。

4.3.2　线性调频信号调制特征分析

线性调频信号是现代脉压雷达体制中广泛应用的信号形式。它具有峰值功率小、调制形式简单和较大时宽-带宽积的特点,可以提高雷达的距离分辨力和径向速度分辨力以及抗干扰性能[155]。LFM 矩形脉冲信号的解析表达式可写为

$$s(t) = A\mathrm{rect}(t/T)\mathrm{e}^{\mathrm{j}2\pi(f_0 t + kt^2/2)} \quad (4.57)$$

式中:$A\mathrm{rect}(t/T)$ 为信号包络;T 为脉冲宽度;f_0 为初始频率;k 为调频斜率。

由于瞬时频率可以表示为瞬时相位的导数,故 LFM 信号的瞬时频率可表示为

$$f_i = \frac{\mathrm{d}}{\mathrm{d}t}[f_0 t + kt^2/2] = f_0 + kt \quad (4.58)$$

式中:$k = B/T$ 为调频斜率;B 为频率变化范围,简称频偏。LFM 信号的脉冲压缩比,即时宽-带宽积可表示为 $D = BT$。LFM 信号的时域波形和功率谱密度波形如图 4.6 所示。

LFM 脉冲信号特点总结如下:①具有接近矩形的马鞍状幅频特性,D 值越大,其幅频特性越接近矩形,幅频宽度近似等于信号的调制频偏;②具有平方律的相频特性,D 值越大,其相位频谱中的相位残余值愈接近恒定值 $\pi/4$;③具有较大的时

宽-带宽积 D,目前线性调频脉冲压缩雷达的时宽带宽积可以达到几百、几千甚至几万;④LFM 信号广泛应用于通信、雷达、声纳和地震勘探等各种信息系统,如雷达探测系统的目标多普勒频率与目标速度近似成正比,当目标做加速度运动时,雷达回波即为线性调频信号,因此针对 LFM 信号的研究具有十分重要的现实意义。

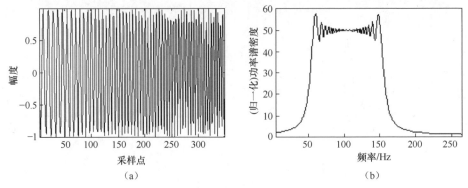

图 4.6 LFM 信号的时频域波形
(a)LFM 信号时域波形;(b)LFM 信号功率谱密度波形。

4.3.3 非线性调频信号调制特征分析

随着脉压雷达体制的发展,非线性调频信号在雷达通信等领域也开始有了广泛的应用前景。各种非线性调频信号虽然调制形式各异,但均具有相同的本质,即都是通过改变传统线性调频信号不同时刻的调频率,来实现对信号功率谱的加权,从而达到改善脉压性能和抑制旁瓣的效果。本节主要研究在通信、雷达中广泛存在的具有多项式相位(polynomial phase signal,PPS)形式的 NLFM 信号[156],具体以三阶 PPS 下的 NLFM 信号为例展开讨论。非线性调频矩形脉冲信号的解析表达式为

$$s(t) = A\text{rect}\left(\frac{t}{T}\right)e^{j\varphi(t)} \quad (4.59)$$

非线性调频特征主要体现在非线性调频相位函数上:

$$\varphi(t) = a_0 + a_1 t + a_2 t^2 + \cdots + a_N t^N \quad (4.60)$$

式中:$A\text{rect}(t/T)$ 为信号的包络;T 为脉冲宽度,$0 \leq t \leq T$;$N>2$ 为非线性调频雷达信号的调频阶数。

本章以 $N=3$ 的 NLFM 信号为主要研究对象,并且可以将 LFM 信号看作 NFLM 信号 $N=2$ 时的特例。NLFM 信号的时域波形及功率谱密度如图 4.7 所示。

NLFM 雷达信号的特点总结如下[157]:①NLFM 雷达信号较 LFM 具有固有旁瓣低、无须加权处理的优点,可避免加权引起的失配损失,获得更好的脉冲压缩效果,然而其调制形式复杂、工程设计难度大,一定程度限制了 NLFM 的应用;②NLFM 频谱特征与 LFM 相比,等效于在 LFM 频谱基础上加入了非线性频率变化成分,因此 NLFM 具有与 LFM 相似的频谱特征,具体为由其初始频率、非线性调频

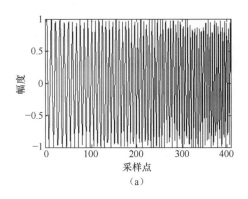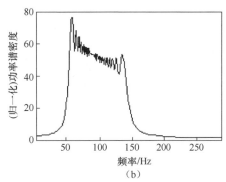

图 4.7 NLFM 信号的时频域波形
(a)NLFM 信号时域波形;(b)NLFM 信号的功率谱密度。

斜率共同决定的"类似马鞍"幅频特性;③NLFM 频谱特征与 LFM 不同的是,在 NLFM"类似马鞍"频谱内部中,不同频率成分下功率谱密度之间具有较大的差别,其原因主要是由于 NLFM 信号在非线性调频步径下,频率成分非均匀分布即频谱能量非均匀分布造成的;④雷达接收机可以通过分析接收 NLFM 信号中相位的高次项,以此反映目标相对于雷达的运动特性(速度和加速度等);⑤对于调幅-调频 (amplitude modulation-frequency modulation,AM-FM)信号等其他多种调制信号,均可以通过式(4.60)的有限阶多项式相位信号来近似逼近,因此估计 NLFM 信号的高次相位参数在雷达和声纳技术中有着重要的作用。

4.4 一种由粗到细的调制方式识别方法

以上分析了 PSK 信号、LFM 信号和 NLFM 信号的调制特征,本节从这些信号的时频域调制特征入手,提出一种由粗到细的调制方式识别方法。所谓由粗到细是指首先对信号进行粗类型识别,即先将信号分成 PSK 信号和调频信号两大类,PSK 信号包括 BPSK 信号、QPSK 和普通雷达信号(PSK 信号相位无跳变的特例),调频信号包括 LFM 信号和 NLFM 信号,然后进行类内细分。

4.4.1 由粗到细调制分类原理

从上述信号的频谱特征可以看出,PSK 信号的功率谱呈现出冲击型的三角形外形特征,带宽较窄,而调频信号的功率谱呈现出类似矩形的外形特征,具有一定的带宽,利用这个特点,通过测信号的带宽,然后设定一个阈值,可以很容易地将信号分成 PSK 信号和调频信号两类。

由于 PSK 信号的频谱包含连续谱和离散谱两部分,加之噪声的影响,直接估计信号的带宽并不容易。在此,首先对频谱进行多点平滑;然后估算信号 3dB 带宽的方法来估计信号的带宽。下式为信号功率谱全序列频域平滑公式[158]:

$$R_s(k) = \frac{1}{L} \sum_{l=k}^{k+L-1} |R(l)|^2 \qquad (4.61)$$

式中：$R(l)$ 为接收信号 $r(t)$ 的频谱；L 为平滑窗宽度。

通过对接收信号的功率谱进行平滑处理，可以在较低信噪比条件下对信号的中心频率进行有效估计。

设 $R_s(k)$ 最大的幅度值为 $R_s(k_0)$，搜索 $R_s(k)$ 中大于 $0.5R_s(k_0)$ 的所有谱线，这些谱线所占的带宽即为信号的 3dB 带宽。由信号的 3dB 带宽，根据事先设定的阈值，可以很容易实现粗分类。同时，对 PSK 信号，可以计算 3dB 带宽内频谱的重心：

$$K = \frac{\sum k R_s(k)}{\sum R_s(k)} \qquad (4.62)$$

式中：k 为所有满足 $R_s(k)$ 中大于 $0.5R_s(k_0)$ 的谱线序号；则利用平滑后的功率谱重心得到载频的粗估计值为

$$f_0' = \frac{K}{mT} \qquad (4.63)$$

式中：m 为 FFT 点数；T 为采样间隔。

此处，已经实现了信号的粗分类，下面对信号进行细分类。对两类信号进行细分类，均采用了瞬时自相关的方法，通过观察瞬时自相关后 PSK 信号的时域波形和调频信号瞬时自相关后的功率谱，就可以实现两类信号的类内细分类。首先分析 PSK 信号的类内细分。

设下面的 PSK 信号：

$$s(t) = A e^{j(2\pi f_0 t + \varphi(t))} \qquad (4.64)$$

式中：A 为常数；f_0 为信号载频；$\varphi(t)$ 为相位调制函数。

对信号延迟 τ，有

$$s(t+\tau) = A e^{j(2\pi f_0(t+\tau) + \varphi(t+\tau))} \qquad (4.65)$$

式(4.65)与式(4.64)的共轭相乘，可得

$$x(t) = s(t+\tau) \cdot s^*(t) = A^2 e^{j(2\pi f_0 \tau + \pi(\varphi(t+\tau) - \varphi(t)))} \qquad (4.66)$$

式(4.66)称为信号的瞬时自相关。为了消除相位偏移量 $2\pi f_0 \tau$ 的影响，需要首先估计信号的载频，而信号的载频估计已经由上面给出为 f_0'，$\Delta f_0 = f_0' - f_0$ 为载频估计误差；然后抵消相位偏移量，则

$$y(t) = x(t) e^{-j2\pi f_0' \tau} = A^2 e^{j(2\pi \Delta f_0 \tau + \pi(\varphi(t+\tau) - \varphi(t)))} \qquad (4.67)$$

在载频估计足够准确的情况下，估计误差近似为 0，不考虑幅值，式(4.67)可以近似为

$$y_2(t) = e^{j\pi(\varphi(t+\tau) - \varphi(t))} \qquad (4.68)$$

对于 BPSK 信号，当不存在相位跳变时，式(4.68)的取值为+1，当存在相位跳变时，式(4.68)取值为-1。对于 QPSK 信号，跳变处的幅值会增加一个 0 跳变值，

通过观察式(4.68)的时域波形跳变点的幅度,可以实现 PSK 信号的类内细分。

由于相位的变化对噪声比较敏感,所以式(4.68)的抗噪能力不强。为了改善上述方法的低信噪比性能,采用了时域累加瞬时自相关的方法。假设信号 $s(t)$ 到信号 $s(t+\tau)$ 发生相位突变,那么依次增大 $\tau(\tau < T($码元周期$))$,分别取不同的 τ 值,多次运算,然后时域叠加,由于相位突变点从同一时刻开始,因此相互叠加而增强,提高了抗噪性能。时间延迟此处取等间隔 τ,上述过程离散形式可表示为

$$f(n) = \sum_{k=1}^{L} e^{j\pi(\varphi(n+k\tau)-\varphi(n))} \tag{4.69}$$

式中:k 为自然数;L 为叠加次数。

其次分析调频信号的类内细分。

对于三阶 PPS,即本书讨论的 NLFM 信号,可以表示为

$$s(t) = A e^{j2\pi(a_1 t + a_2 t^2 + a_3 t^3)} \tag{4.70}$$

对信号做瞬时自相关,可得

$$x(t) = s(t+\tau) \cdot s^*(t) = A^2 e^{j2\pi(a_1\tau + a_2\tau^2 + a_3\tau^3 + (2a_2\tau + 3a_3\tau^2)t + 3a_3\tau t^2)} \tag{4.71}$$

由于 τ 为固定值,式(4.71)退化为一个 LFM 信号,其功率谱密度将呈现近似矩形的外形特征。如果信号 $s(t)$ 为 LFM 信号,此时 $a_3 = 0$,式(4.71)将退化为一个单载频信号,其功率谱密度在频域表现为一根冲击谱线,因此,通过观察调频信号在瞬时自相关后的功率谱,可以实现 LFM 和 NLFM 的调制类型细分类。

综上所述,本节提出的由粗到细的脉压雷达信号调制方式识别算法识别过程总结如下。

(1)对信号做 FFT,计算信号的功率谱。

(2)对功率谱进行多点平滑,计算 3dB 带宽和功率谱重心。

(3)设定阈值,根据 3dB 带宽将信号粗分为 PSK 信号和调频信号两类,并根据功率谱重心计算 PSK 信号的载频。

(4)使用载频估计值抵消 PSK 信号的相位偏移,然后计算时域累加瞬时自相关,根据时域波形的跳变幅值可以实现普通雷达信号、BPSK 信号和 QPSK 信号的细分类。

(5)计算调频信号的瞬时自相关,然后做 FFT 计算功率谱密度,如果是近似矩形的功率谱外形则为 NLFM 信号;如果是冲击谱线,则为 LFM 信号。

4.4.2 仿真实验与结果分析

选取 5 种典型参数脉压雷达信号进行仿真实验,参数如下。

采样频率 100MHz。普通雷达信号:载频 20MHz;BPSK 信号:码字[1 0 1 0 0 1 0],载频 20MHz;QPSK 信号:码字[0 2 1 3 0 2 0],载频 20MHz;LFM 信号:$a_0 = 0$,$a_1 = 2 \times 10^7$,$a_2 = 10^{12}$;NLFM 信号:$a_0 = 0$,$a_1 = 10^7$,$a_2 = 0.8 \times 10^{12}$,$a_3 = 0.8 \times 10^{17}$。采样点数均为 512 点,信噪比为 6dB。计算结果如图 4.8~图 4.10 所示,图 4.8 和图

4.9中(a)~(d)分别为LFM、NLFM、BPSK和QPSK所对应的波形。由于普通雷达信号在自相关以后时域波形无幅度突变,很容易被识别出来,故本节没有画出普通雷达信号的波形。

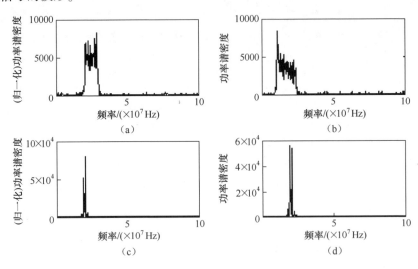

图4.8 脉压雷达信号的功率谱(SNR=6dB)

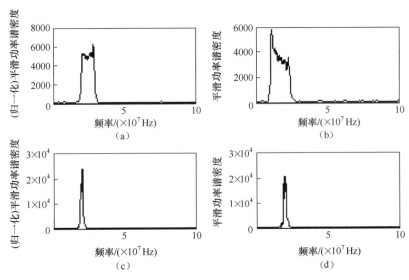

图4.9 脉压雷达信号的平滑功率谱(SNR=6dB)

通过观察平滑后的脉压雷达信号功率谱可以发现,调频信号的带宽要明显大于PSK信号的带宽,通过这一点可以很容易地实现信号的粗类型识别。图4.10(a)和图4.10(b)为BPSK和QPSK信号10次累加瞬时自相关的结果,延迟时间从2个采样点到20个采样点,步长为2,共10次,此时要注意最大延迟要小于码元周

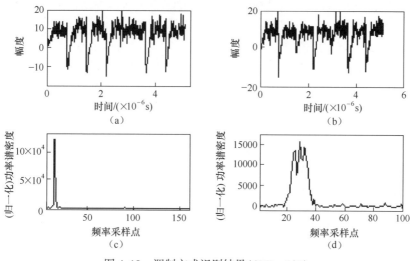

图 4.10 调制方式识别结果（SNR=6dB）

期。通过观察时域波形可得,BPSK 的相关结果的幅值只有 10 和-10,而 QPSK 的相关结果幅值有 10、0 和-10 三种,而普通雷达信号的相关结果幅值只有 10,通过这一点可以实现 PSK 信号的细分类。

图 4.10(c),图 4.10(d) 为 LFM 和 NLFM 信号一次瞬时自相关后的功率谱波形。LFM 信号瞬时自相关后将变成单载频信号,其功率谱会在 $2a_2\tau$ 处呈现冲击波形,而 NLFM 信号一次瞬时自相关后将变成 LFM 信号,其功率谱将呈现类似矩形的外形特征。通过这一点,LFM 信号和 NLFM 信号被区分开来。此时对延迟 τ 的取值要注意,τ 取值过小会使 NLFM 自相关后得到的 LFM 信号带宽过小,导致信号不容易区分,而 τ 取值过大,会使可用的采样点数变少,导致 FFT 后的频谱不够准确,此处综合考虑选取的 τ 值为 128 个采样点。

表 4.5 列出了采用平滑后测功率谱重心的方法测上述码字的 PSK 信号载频时测频误差随信噪比的变化关系,此时 PSK 信号的载频均取 5MHz,其中 FFT 点数为 512。由此可见,在较高信噪比下,此时的测频误差主要由 FFT 的频率分辨误差造成。测频误差会引起 PSK 信号自相关后时域波形跳变点幅度变小,这时可以对时域波形按照幅度极值进行归一化。通过实验发现,在测频误差小于 400kHz 的情况下,可以得到满足识别规律的跳变点幅值,所以本节的测频方法完全满足 PSK 信号类型识别的要求。

表 4.5 不同信噪比下的测频误差

信噪比/dB	-6	-3	0	3	6	9
BPSK/%	3.9	3.7	2.2	0.78	0.78	0.78
QPSK/%	5.6	4.7	3.12	2.7	2.34	0.78

图 4.11 为识别成功率与信噪比的关系曲线图,包括粗类型识别成功率与信噪比的关系、PSK 类内识别成功率与信噪比的关系(10 次累加瞬时自相关时)和调频信号类内识别成功率与信噪比的关系。信噪比从 -6dB 到 6dB,步长为 2dB,每条曲线仿真实验次数 100 次。

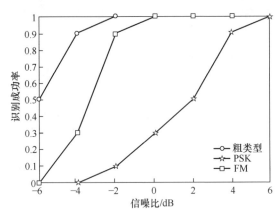

图 4.11 识别成功率与信噪比的关系

从曲线图中可以看出,粗类型识别的性能最好,FM 识别次之,PSK 识别算法的抗噪声能力最差。这是因为前面两种都使用了 FFT 算法,而 FFT 算法具有良好的抗噪声性能,而 PSK 识别时域算法的突变点很容易被噪声干扰,虽然采用了时域累积的方法在一定程度上增强了抗噪性能,但是效果有限,并没有获得根本性的性能改善,这种方法虽然有缺陷,但是它计算简单,方便有效,在 6dB 时可以达到将近 100% 的识别成功率,具有很高的工程应用价值。

本节从调制特征出发首先提出了一种由粗到细的调制方式识别方法,该方法先根据频谱带宽特征将脉压信号分为两类,之后根据类内特征进行了类内细分。仿真实验表明,该方法简便有效,具有很高的工程应用价值。

4.5 基于自适应相像系数的脉压雷达信号调制类型识别

本节将讨论一种基于统计模式识别的调制类型识别方法,该方法包括"特征提取"和"调制方式识别"两个部分。文献[157]中张葛祥根据信号频谱形状的不同,提出使用相像系数特征来对雷达辐射源信号进行特征提取。该方法在处理中需要首先对信号能量进行归一化,然后计算信号的中心频率和有效带宽,从而对带宽进行归一化处理。考虑到在信号调制类型未知的情况下,仅通过 FFT 变换很难得到信号的较为准确的中心频率和有效带宽。针对这一问题:本节通过首先对频谱幅度进行归一化;然后根据幅度归一化后的信号能量和谱峰动态自适应地构造参考信号序列,并计算其联合特征分布,同时根据提出的 3 倍协方差判别准则,实现脉压雷达信号的调制类型识别。

4.5.1 自适应相像系数特征提取算法

设有两个一维连续正值的实函数 $f(x)$ 和 $g(x)$，由柯西-施瓦茨不等式，有

$$0 \leqslant \int f(x)g(x)\mathrm{d}x \leqslant \sqrt{\int f^2(x)\mathrm{d}x} \cdot \sqrt{\int g^2(x)\mathrm{d}x} \tag{4.72}$$

进一步得

$$0 \leqslant \frac{\int f(x)g(x)\mathrm{d}x}{\sqrt{\int f^2(x)\mathrm{d}x} \cdot \sqrt{\int g^2(x)\mathrm{d}x}} \leqslant 1 \tag{4.73}$$

由此，定义 $\rho_{fg} = \dfrac{\int f(x)g(x)\mathrm{d}x}{\sqrt{\int f^2(x)\mathrm{d}x} \cdot \sqrt{\int g^2(x)\mathrm{d}x}}$ 为正值实函数 $f(x)$ 和 $g(x)$ 的相像系数。

顾名思义，相像系数就是能够表征两个函数趋势的相像程度。在上式中，相像系数 ρ_{fg} 相当于函数 $f(x)$ 在函数 $g(x)$ 上投影的归一化处理，如果将 $f(x)$ 投影到不同的函数上便会得到不同的相像系数值，以此来衡量 $f(x)$ 与不同函数波形的相像程度。

对于两个离散正值信号序列 $\{S_1(i), i=1,2,\cdots,N\}$ 和 $\{S_2(j), j=1,2,\cdots,N\}$，其相像系数可表示为

$$\rho_{12} = \frac{\sum S_1(i)S_2(j)}{\sqrt{\sum S_1^2(i)} \cdot \sqrt{\sum S_2^2(j)}} \tag{4.74}$$

具有不同脉内调制规律的脉压雷达信号的频谱形状存在较大的差异，而相像系数可以对这些频谱形状进行有效的刻画，因此可以作为区分不同脉压信号调制类型的有效特征。

从图 4.8 可以看出，PSK 信号的频谱与三角形近似，而调频信号的频谱与矩形近似。文献[159]根据这样的频谱特点，选取宽度和中心固定的矩形和三角形信号序列分别计算信号的相像系数，以此作为区分调制类型的特征。其信号预处理的过程为先将信号由时域变换到频域，对信号能量进行归一化处理，然后求出信号频谱的中心频率和有效带宽并对带宽进行归一化处理。而本书认为在信号调制类型未知的情况下，只是通过 FFT 得到的频谱计算信号的中心频率和有效带宽是很难做到的，尤其在信噪比较低的情况下。因此，本书对信号的预处理过程进行了改进，提出了使用宽度和中心随信号自适应变化的矩形和三角形信号序列来计算信号的相像系数。

新的预处理过程为信号变换到频域后：首先对频谱进行模平方运算；然后根据

频谱的最大值对平方后的频谱幅度归一化,而不是能量归一化;其次计算幅度归一化后频谱的能量,以频谱最大值点为中心,构造能量等同的等腰三角形和两倍能量的矩形信号序列;最后分别计算相像系数。

对信号做 N 点 FFT,设谱峰出现在 M 点处,根据能量等同计算的三角形底宽为 $2L$,则构造的矩形信号序列为

$$U(n) = \begin{cases} 1 & M-L \leq n \leq M+L \\ 0 & 其他 \end{cases} \quad (4.75)$$

构造的三角形信号序列为

$$T(n) = \begin{cases} \dfrac{n}{L} + \dfrac{L-M}{L} & M-L \leq n \leq M \\ \dfrac{M+L}{L} - \dfrac{n}{L} & M < n \leq M+L \\ 0 & 其他 \end{cases} \quad (4.76)$$

图 4.12 为信噪比 8dB 时,自适应矩形和三角形序列随信号构造的结果。图 4.12(a)~(c)分别为信号的幅度归一化频谱、由信号频谱构造的矩形信号序列和三角形信号序列。

综上所述,对脉压雷达信号提取相像系数特征的算法如下。

(1)对信号做 FFT,得到信号频谱,对频谱平方,然后进行幅度归一化。

(2)计算归一化频谱的能量和峰值位置,构造自适应矩形和三角形序列。

(3)分别计算信号的矩形相像系数 CR_1 和三角形相像系数 CR_2,构造联合特征矢量 $\boldsymbol{CR} = [CR_1, CR_2]$。

4.5.2 仿真实验与结果分析

验证相像系数特征对调制类型识别的有效性,需要具备以下 3 个条件。

(1)同一个信号在不同信噪比条件下,相像系数特征应该分布在某一个固定的范围内。

(2)对参数不同的同种类型信号,相像系数特征同样应该分布在某一个固定的范围内,而条件(1)中的范围应该包含在条件(2)的范围内。

(3)对不同类型的信号,它们各自的相像系数特征分布范围不应该重叠,或者很少有重叠。

满足了上述条件,本书就认为这种调制类型识别方法是有效的。

首先计算同一信号在不同信噪比下的相像系数特征分布。

实验 1:选取 5 种典型参数信号进行仿真实验,参数如下。

采样频率 100MHz。普通雷达信号(CON):载频 20MHz;BPSK 信号:7 位巴克码,载频 20MHz;QPSK 信号:16 位弗兰克码,载频 20MHz;LFM 信号:$a_0 = 0, a_1 = 2 \times 10^7, a_2 = 5 \times 10^{11}$;NLFM 信号:$a_0 = 0, a_1 = 10^7, a_2 = 8 \times 10^{11}, a_3 = 2 \times 10^{16}$。信噪

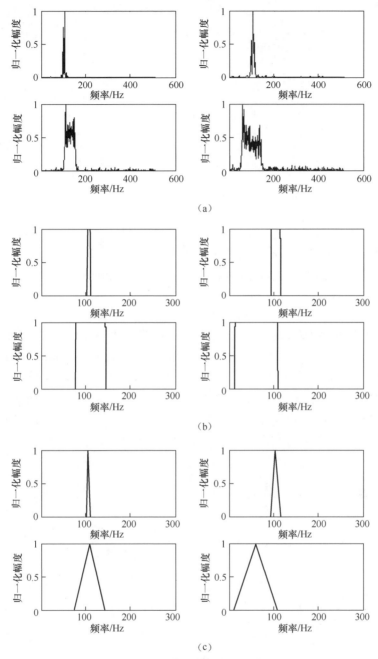

图 4.12 信号频谱及由此构造的自适应矩形和三角形

(a)幅度归一化频谱;(b)构造的矩形信号序列;(c)构造的三角形信号序列。

比为 0~20dB,每隔 1dB 计算一次相像系数联合特征。计算结果如图 4.13 所示。
然后计算参数不同的同种类型信号在某一信噪比的相像系数特征。

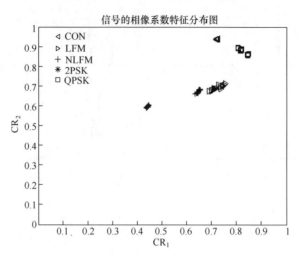

图 4.13 同一信号在不同信噪比下的相像系数特征分布

实验2：仍然选取上述5种信号进行仿真实验，参数如下。

采样频率100MHz。普通雷达信号(CON)：载频20~40MHz；BPSK信号：7位巴克码，载频20~40MHz；QPSK信号：16位弗兰克码，载频20~40MHz；LFM信号：$a_0 = 0, a_1 = 2 \times 10^7, a_2 = 0.1 \times 10^{12} \sim 1.0 \times 10^{12}$；NLFM信号：$a_0 = 0, a_1 = 10^7, a_2 = 0.5 \times 10^{12} \sim 1.0 \times 10^{12}, a_3 = 2 \times 10^{16} \sim 5 \times 10^{16}$。参数分10次均匀递增。每个参数下独立计算100次相像系数，然后进行统计平均作为最后的计算结果。选取典型信噪比10dB和5dB分别实验，结果如图4.14和图4.15所示。

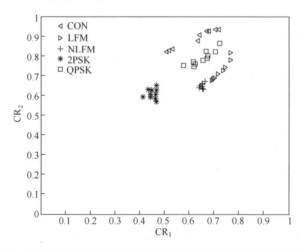

图 4.14 不同参数的同类信号在固定信噪比10dB下的相像特征分布

由实验1可以看出，同一信号在不同信噪比下各类信号的相像系数特征分布

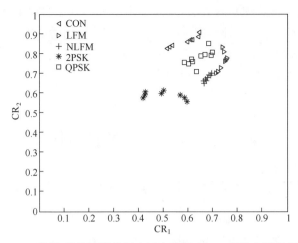

图 4.15 不同参数的同类信号在固定信噪比 5dB 下的相像特征分布

聚集性良好,相互之间没有交叉重叠;在实验 2 中,信号参数出现较大差异,特征分布聚集性变差,但是仍然满足上述条件(2)和(3)的要求。

通过实验 1 和实验 2 可以看出,相像系数特征分别满足了调制类型识别的 3 个条件。那么剩下的问题便是为每一种信号类型划分一个识别范围,当有特征分布落入这个范围时,便认为此种信号的调制类型得到了有效的识别。

下面来为这种方法建立一个判定准则。由于相像系数的联合特征分布是二维的,协方差可以作为评价识别是否成功的一个标准。由于实验 1 的情况聚集性较好,而实验 2 的结果比较发散,此处以实验 2 在 5dB 下的结果作为先验知识,计算其协方差,然后以 3 倍协方差作为评价阈值。当某一个信号的相像系数联合分布得到后,计算它们与先验均值的协方差,如果小于 3 倍协方差则认为识别有效,大于则认为无效,如果同时落入多个 3 倍协方差范围内,也视为识别失败。表 4.6 为实验 2 中 5dB 条件下,依上述判决准则的识别结果统计。表中数据包括每类信号各自的 3 倍协方差,以及在这个 3 倍协方差准则下,同类信号(10 种)被正确识别的概率 P_x,以及其他类外信号(40 种)被错误识别的概率 P_y。

表 4.6 3 倍协方差判别准则的统计评估

判别准则	CON	LFM	NLFM	BPSK	QPSK
3 倍协方差	0.0034	0.0012	0.0004	0.0025	0.0029
P_x/%	100	90	90	90	90
P_y/%	17.5	7.5	0	0	27.5

从表 4.6 中的统计结果可以看出,3 倍协方差判决准则不失为一种有效的判决准则,可以作为后续信号类型判别的标准。但是,3 倍协方差判决准则并不是最优准则,寻找更有效的判决准则将是下一步研究需要完善的重点。

本节基于统计模式识别的方法:首先提出了一种基于自适应相像系数的调制类型识别方法,该方法通过计算信号的自适应矩形和三角形相像系数特征,构造联合特征分布;然后制定了3倍协方差判决准则来识别脉压雷达信号的调制类型。通过大量的仿真实验证实,自适应相像系数特征是一种识别脉压雷达信号调制类型的有效特征。

4.6 相位编码信号的参数估计

4.6.1 基于双尺度连续小波变换的BPSK信号奇异点提取

小波分析[160,161]是一种能同时在时间域和频率域内进行局部分析的信号分析技术。分辨力可随频率变化而变化,在高频上具有较高的时间分辨力,低频上具有较高的频率分辨力。利用小波变换所具有的这种数学显微镜特点和频域带通特性,可以把所需的信号分离出来。小波变换具有检测信号奇异性和突变结构的优势,因此能更准确地得到信号上特定点的奇异信息。因为信号和噪声在小波变换上表现出截然不同的性质,所以小波分析能用在信噪分离上。BPSK信号相位的突变点发生了幅值突变,属于奇异点。因此小波分析很适合用于低信噪比下BPSK信号的识别上。

本节根据选取的两个不同尺度下BPSK信号的模值表现出的截然不同的特性,结合彼此的分析优势,辨识BPSK信号的参数特性,得到了良好的辨识效果。

1. 基本原理

(1)信号小波变换的极值点。根据小波变换的定义,信号$s(t) \in L^2(R)$的连续小波变换为

$$W_s(a,b) = \int_{-\infty}^{+\infty} s(t)\varphi_{a,b}^*(t)\mathrm{d}t = \int_{-\infty}^{+\infty} s(t)\frac{1}{\sqrt{a}}\varphi^*\left(\frac{t-b}{a}\right)\mathrm{d}t \quad (4.77)$$

式中:a为尺度因子($a>0$);b为位移参数;函数$\varphi(t)$为基本小波。

从某种意义上讲,小波变换就是求两个函数相似的运算,这种意义上的小波变换$W_s(a,b)$可以看作信号$s(t)$通过冲击响应为$\varphi(t)$的系统后的输出。设$W_s(a,b)$是函数$s(t)$的卷积型小波变换,在尺度a_0下,点(a_0,b_0)称为局部极值点,若$\dfrac{\partial W_s(a,b)}{\partial a}$在$a_0$有一过零点,则点$(a_0,b_0)$称为小波变换的模极大值点。对于属于$a_0$的某一邻域的任意点$b_0$,都有$|W_s(a,b)| \leq W_s(a_0,b_0)$。

(2)信号的奇异性与小波母函数选取。本节选用db$N$小波系,db$N$小波除了db1外,其他小波没有明确的表达式,但具有明确的转换函数平方模。为了有效地检测出信号的奇异点,必须选取合适的小波消失矩[162],即N值的选取。

如果小波$\varphi(t)$具有n阶消失矩,则对于一切正整数$k<n$,有

$$\int_{-\infty}^{+\infty} x^k \varphi(x) \mathrm{d}x = 0 \tag{4.78}$$

通常用 Lipschitz 指数 α 来描述信号的局部奇异性,因此 α 也称为奇异指数。

常用信号的奇异指数是大于零的,其小波变换模极大值随尺度的增加而增加,在较小的尺度上,模极值的个数基本相同。而噪声的奇异指数往往是小于零的,由文献[163]知白噪声的均匀 Lipschitz 指数为 $-1/2-\varepsilon(\varepsilon>0)$,其小波变换的模极大值随尺度的增加而减小。小波奇异点检测和模极大值消噪就是基于这种原理。

小波基的消失矩必须具有足够的阶数,消失矩阶数与指数 α 密切相关。如果小波函数有 N 阶消失矩,若 $\alpha>N$,小波的衰减性就不能给出信号的 Lipschitz 的正则性的任何信息,就无法有效检测奇异点。然而消失矩的阶数越大,相应的变换方程也越复杂,计算速度也越慢,所以小波消失矩阶数的选取要适当。由于求取 Lipschitz 指数的计算量比较大,文献[164]中提出采用相对简化的 Ad hoc 算法,根据此算法选取 $N=3$,当 $N>3$ 时,不但计算量加大,而且识别效果并没有明显改善。为此,提出一种采用粗定位与细定位相结合的思想,通过对信号的奇异点进行精确定位,从而进行 BPSK 信号识别。

2. 算法模型

小波函数 $\varphi_{a,b}(t)$ 可以被描述为一个带通滤波器的脉冲响应,随着 a、b 的变化,这样的一组滤波器在时间轴上滑动,信号的不同频率成分将有可能进入其通带。当有信号进入时,对小波变换系数的模起到主要作用。当信号的某个频率不但进入其通带而且其频率恰好等于滤波器组的中心频率时,将使得小波变换在此区域取得一个极大值。BPSK 信号在码元内部频率固定,在相位变化点频率发生变化,当滤波器窗落在码元内部时,此时码元内信号的小波系数模值出现极大值,明显大于突变点的模值;当滤波器窗落在突变点上时,此时的模值要远远大于码元内信号变换的模值。利用这个特性可辨识 BPSK 信号。

滤波窗在频率轴的位置主要由 a 值决定,由于比较大的 a 值对应比较小的频率,而较小的 a 值对应较大的频率,突变点的频率值要大于码元内的频率值,假设在突变点选取尺度 a_1,在码元内部选取尺度 a_2,则有 $a_1<a_2$。

为了达到最大限度辨识低信噪比信号的目的,关键是最佳 a 值的选取,所谓最佳 a 值,就是使两个模值差距最悬殊时的值。最佳 a 值可以由仿真实验得到,并可由下面的经验公式粗略估计:$a=kf_s/f_0$ [165],k 为比例系数,f_0 为信号频率,可以通过对信号平方然后做 FFT 测频的方法测得,f_s 为采样频率。当 $f_s/f_0=10$ 时,a_1 在 $k=0.1$ 附近,a_2 在 $k=0.8$ 附近。

假设一组不含噪的 BPSK 信号[1,0,1],载频 10Hz,码宽 1s,采样率 100Hz,最佳 a_1 和 a_2 通过以下步骤获得。

(1) 首先由经验公式估计 a 值的范围,本例中选取 $0.1<a<12$,如图 4.16 所示。

(2) 尺度从 0.1 到 12,对信号做连续小波变换,观察图 4.16,在 $1<a<2$ 时,信

号内的连续小波变换系数很小,而在突变点的系数较大;7<a<10时,信号内的连续小波变换系数较大,而突变点的较小。

(3) 依据(2)中的尺度范围,选取几个单一尺度,得到其模值图,分别计算码元内的模值和突变点模值的比值,当两模值差距最悬殊时选定最佳尺度,如图4.17和图4.18所示,本例中选定 $a_1 = 1.5, a_2 = 8$。

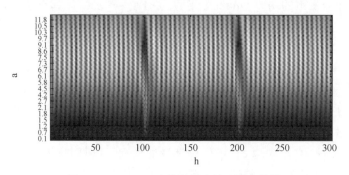

图 4.16　0.1<a<12 的信号连续小波变换图

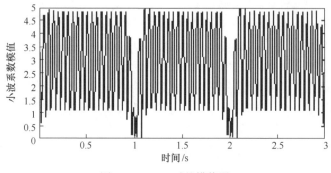

图 4.17　$a = 8$ 时的模值图

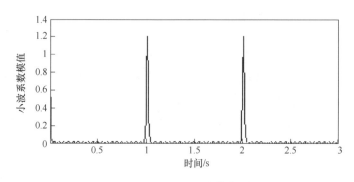

图 4.18　$a = 1.5$ 时的模值图

上述只是说明最佳 a 值的选取过程,由于需要计算多尺度下的连续小波变换,此种算法的计算量过大。为了简化运算,实际中,在 f_s/f_0 确定后,只需根据经验 k 值,确定两个尺度的范围,然后在这两个小范围内,均匀找几个单一尺度进行连续小波变换,从中选取较优尺度即可。

对于混有白噪声的低信噪比 BPSK 信号,在辨识前先对其进行阈值法消噪处理[166,167]。对于白噪声,随着小波尺度加大,它的极值点会显著减小,而信号的奇异点的模极大值却随着变大。从理论上讲,尺度越小,小波系数模极大值点与突变点位置的对应关系就越准确[163]。但是,小尺度下小波系数受到噪声的影响非常大,产生许多伪极值点,往往只凭一个尺度不能定位突变点的位置。相反,在大尺度下,对噪声进行了一定的平滑,极值点相对稳定,但由于平滑作用使其定位又产生了偏差。同时,只有在适当的尺度下各突变点引起的小波变换才能避免交叠干扰。因此,在用小波变换模极大值法判定信号的奇异点时,需要把多尺度结合起来综合观察。

基于上面的讨论,选取了一大一小两个尺度,在大尺度下,对应图 4.17,信号内的模值大于突变点的模值,而大尺度抗噪性能要好于小尺度,但是对突变点的定位比较粗糙,可是却可以识别更低信噪比下信号的突变点。在小尺度下,对应图 4.18,信号内的模值远小于突变点的模值,但是抗噪性能较差,可能会产生伪极值点,但是对突变点的定位却比较准确。由此得到这样的算法思想:结合两种尺度,用大尺度粗略找到突变点,并据此去除小尺度上的伪极值点,用小尺度上的极值点精确定位突变点。

将本节的算法总结如下。
(1) 对信号进行平方 FFT 测频,得到信号载频的估计值。
(2) 由上述算法找到最佳尺度值 a_1,a_2。
(3) 对信号进行阈值法消噪。
(4) 在尺度 a_1,a_2 下对信号进行连续小波变换,得到模值图。
(5) 由大尺度下的模值图去除小尺度下模值图的伪极值点,由小尺度下的极值点定位突变点,得到相位突变点的位置和码宽。

3. 仿真实验及结果分析

本书选用 db$N$ 小波系,N 值取 3,db$N$ 小波除了 db1 外,其他小波没有明确的表达式,db1 小波也就是通常所说的 Haar 小波,另外 Morlet 小波是最常用的小波基函数。基函数的选择对算法性能影响很大,因此本节在分析算法性能的同时,也对上述基函数的识别性能做了比较。

模型参数:BPSK 序列[1,0,1,0,1],载频 10Hz,采样率 100Hz,码宽 1s,叠加零均值,方差为 1 的高斯白噪声,$a_1=1.5,a_2=8$。仿真次数 500 次。

为了方便比较不同小波基函数下的识别性能,选取信噪比为 9dB,图中仿真结果从上到下依次为 db3 小波、Haar 小波和 Morlet 小波。比较结果如图 4.19 和图 4.20 所示。

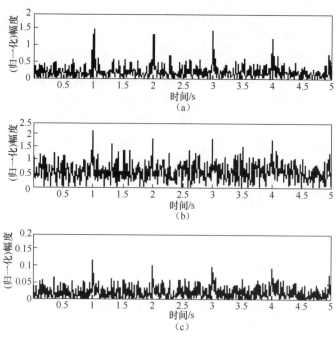

图 4.19 $a=1.5$ 时 3 个小波基函数的仿真结果

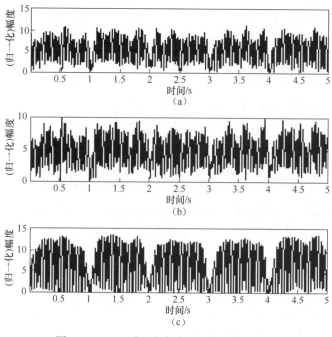

图 4.20 $a=8$ 时 3 个小波基函数的仿真结果

从比较结果可以看出以下几点。

(1) 在小尺度时,db3 小波与 Haar 小波由于同属于 dbN 小波系,其识别的突变点的峰值高度差别不大,但是 Haar 小波的抗噪能力要远弱于 db3 小波,随着信噪比的降低,Haar 小波识别的突变点很快被淹没,识别性能较差。Morlet 小波的抗噪能力与 db3 小波相当,但 db3 小波识别的突变点峰值幅度是 Morlet 小波的 10 倍以上,从这一点上,db3 小波要好于 Morlet 小波。

(2) 在大尺度时,db3 小波比 Haar 小波表现出较好的抗噪能力,而 Morlet 小波的定位误差要明显比其他两种小波大。

综合以上几点,db3 小波表现出了最优良的识别性能。因此,选用了 db3 小波。

本节使用 db3 小波进一步做更低信噪比下的仿真实验,图 4.21 所示为 3dB 时的两尺度辨识图。

从仿真结果可以看出,当信噪比较大时辨识结果非常明显,当信噪比降到 3dB 时,大尺度下的辨识结果还是可以接受的,小尺度下出现了许多伪极值点,但是利用大尺度图去除伪极值点后,仍然可以准确定位突变点。这说明了算法的有效性。

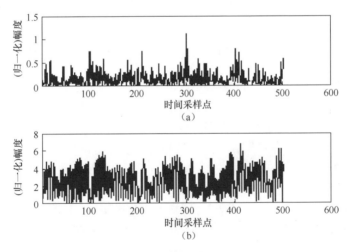

图 4.21 两尺度辨识图(SNR=3dB)

在不同的基函数下,比较了双尺度和单尺度算法的最低可检测信噪比 Min(SNR)和 9dB 时定位误差,结果如表 4.7 所列。

从仿真试验的比较结果,总结以下几点。

(1) Haar 小波的抗噪能力不如 db3 小波,Morlet 小波的检测性能与 db3 小波相当,但峰值幅度比 db3 小波小得多,因此,db3 小波是较理想的选择。

(2) 双尺度的检测信噪比取决于大尺度的检测信噪比,定位误差取决于小尺度的定位误差,小尺度的定位精度要远高于大尺度的定位精度,这一点是本算法的突出优势,因此双尺度算法结合了两个单尺度的优点。

(3) 随着信噪比的下降,小尺度出现较多的伪极值点,检测性能下降,但是正确的突变点仍然可以检测出来。大尺度仍可粗略估计突变点,但精度下降,而且检测性能也开始下降,但是由于突变点的极值必然在两幅图上同时出现,通过互相去除伪极值点,双尺度的检测性能得以提升,此时体现了双尺度结合的优势。

表 4.7 检测信噪比与定位误差性能比较

基函数	比较内容	单一 小尺度	单一 大尺度	双尺度
db3	Min(SNR)/dB	6	3	3
	定位误差/%	±1	−8~12	±1
Haar	Min(SNR)/%	9	6	6
	定位误差/%	±1	−8~12	±1
Morlet	Min(SNR)/%	6	3	3
	定位误差/%	±1	−10~14	±1

本节的方法是对含载频信号直接进行处理,缺乏很好的尺度选择方法,且低信噪比性能有限,需要进一步研究更有效的算法。

4.6.2 基于乘积性多尺度小波变换的 MPSK 信号码速率估计

要正确获得 MPSK 信号的编码规律,载频和码速率是关键参数。文献[168]用 Haar 小波检测相位跳变,然后对小波幅度做 DFT 估计 MPSK 信号的码速率;文献[169]提出采用两次小波变换的方法对多种数字信号进行码速率估计,它对中频信号进行小波变换,存在尺度盲点和抗噪声性能差等问题。这些方法都是对中频信号进行处理,在低信噪比条件下性能不佳。本节提出一种码速率估计方法:首先采用 4.4 节给出的功率谱多点平滑的方式计算功率谱重心来得到信号载频的估计值;其次将接收信号下变频至基带,对基带信号做 Haar 小波变换检测相位跳变点;然后选取多个不同尺度分别再对基带信号做 Haar 小波变换,由于信号和噪声的奇异性不同,在不同尺度下相位突变点出现的位置固定只是幅度有所变化,而噪声不仅幅度发生变化位置也发生了变化,因此对多个尺度下小波变换的模做乘积性运算,就会显著凸显突变点的位置,而噪声也得到了大大削弱;最后对乘积性的结果做 FFT,便可以得到 MPSK 信号的码速率。

1. 算法原理

由于要对基带信号做 Haar 小波变换,因此首先要估计信号的载频,要估计载频,必须把 MPSK 信号的调制信息去除。一般去除调制信息的方法是对接收的 MPSK 信号 M 次方变成正弦波。然后进行频率估计,这个过程是非线性的,信噪比损失较大,对于 QPSK 信号,四次方后信噪比至少损失 7dB,故信噪比较低时不能采用。为此,可以首先对信号频谱进行平滑;然后估计 3dB 带宽功率谱重心的方法来估计载频,此方法在 4.4 节有较详细介绍。

例如,对 16 位弗兰克码 QPSK 信号,载频 10MHz,采样率 60MHz,信噪比 -3dB,其 7 点频域平滑仿真结果如图 4.22 所示。

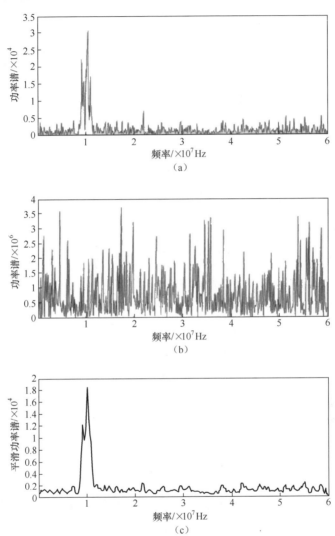

图 4.22　平滑后的 16 位弗兰克码 QPSK 信号频谱
(a) 原始信号频谱;(b) 四次方后频谱;(c) 频域平滑后的频谱。

从图 4.22 可以看出,原始信号的频谱受到噪声的污染,信号的中心频率很难进行估计;四次方之后在信号四倍载频处谱线完全被噪声淹没;而平滑之后的信号功率谱可以较准确地估计其中心频率及信号带宽。

得到信号载频的估计值以后,对信号进行下变频,将信号变换到基带,然后对基带 PSK 信号做小波变换，由于 Haar 小波具有优良的边缘检测特性，因此选用了 Haar 小波来检测 PSK 信号的相位突变点。

Haar 母小波函数定义为

$$\psi(t) = \begin{cases} 1 & -0.5 < t < 0 \\ -1 & 0 < t < 0.5 \\ 0 & \text{其他} \end{cases} \tag{4.79}$$

PSK 信号的解析表达式为

$$s(t) = Ae^{j(2\pi f_0 t + \varphi(t) + \varphi_0)} \tag{4.80}$$

式中：A 为常数；f_0 为信号载频；$\varphi(t)$ 为相位调制函数；φ_0 为初相。

信号的载频估计值为 f_0'，$\Delta f_0 = f_0' - f_0$ 为载频估计误差。信号 $s(t)$ 的小波变换为

$$\text{CWT}(a,\tau) = \frac{1}{\sqrt{a}} \int s(t) \psi^* \left(\frac{t-\tau}{a} \right) dt \tag{4.81}$$

式中：$\psi(t)$ 为母小波函数；a 为伸缩尺度；τ 为平移因子。

当 Haar 小波尺度小于码元宽度 T_c，且在一个码元周期内时，此时有

$$\text{CWT}(a,\tau) = \frac{1}{\sqrt{a}} \int_{-a/2}^{0} Ae^{j(2\pi\Delta f(t+\tau)+\varphi_0+\varphi)} dt - \frac{1}{\sqrt{a}} \int_{0}^{a/2} Ae^{j(2\pi\Delta f(t+\tau)+\varphi_0+\varphi)} dt$$

$$\tag{4.82}$$

式中：φ 为该码元周期内的相位。

取幅度的平方：

$$|\text{CWT}(a,\tau)|^2 = \frac{4A^2}{a\pi^2\Delta f^2} \sin^4\left(\frac{\pi\Delta fa}{2}\right) \tag{4.83}$$

当 Haar 小波变换区间包含一个相位突变点时，此时有

$$\text{CWT}(a,\tau) = \frac{1}{\sqrt{a}} \int_{-a/2}^{d} Ae^{j(2\pi\Delta f(t+\tau)+\varphi_0+\varphi)} dt$$

$$+ \frac{1}{\sqrt{a}} \int_{d}^{0} Ae^{j(2\pi\Delta f(t+\tau)+\varphi_0+\varphi+\beta)} dt - \frac{1}{\sqrt{a}} \int_{0}^{a/2} Ae^{j(2\pi\Delta f(t+\tau)+\varphi_0+\varphi+\beta)} dt \tag{4.84}$$

式中：β 为相邻码元相位的改变量；d 为跳变点与小波母函数中心的距离。

取幅度的平方：

$$|\text{CWT}(a,\tau)|^2 = \frac{4A^2}{a\pi^2\Delta f^2} \left(\sin\frac{\beta}{2} - \sin\frac{\beta}{2}\cos(2\pi\Delta fd) \right)^2$$

$$+ \frac{4A^2}{a\pi^2\Delta f^2} \left(\sin\frac{\beta}{2}\cos(2\pi\Delta fd) + 2\sin\left(\frac{\pi\Delta fa}{2} + \frac{\beta}{2}\right) \sin\left(\frac{\pi\Delta fa}{2}\right) \right)^2 \tag{4.85}$$

从式(4.83)和式(4.85)可以看出，当 Haar 小波位于一个码元周期内时，信号的小波变换幅度是常量；当 Haar 小波位于相位跳变处时，幅度发生变化，也就是说小波变化幅度的变化和信号的相位跳变点有直接的关系，小波变换的模平方包含

了PSK信号码速率的周期信息。

图4.23为测频误差为0时,无噪情况下16位弗兰克码QPSK信号在3个不同尺度下(尺度选取分别为10,15,20)的Haar小波变换模值图。

由图4.23可以看出,在不同尺度下均能在正确的位置检测到突变点,只是突变点的幅度随尺度的变大而变大,同时尖锐度随之变小。由此可见,尺度的选取对估计的性能是有影响的。对含噪信号来说,大尺度可以更好地抑制噪声,而小尺度可以得到更准确的估计值,这一点在4.6.1节已经做了说明。同时,由于信号和噪声的奇异性不同,在不同尺度下,信号相位突变点出现的位置固定且只是幅度有所变化,而噪声不仅幅度发生变化位置也发生了变化。因此,本节对多个尺度下小波变换的结果做乘积性运算,就会显著凸显突变点的位置,而噪声也得到了大大削弱。最后对乘积性的结果做FFT,便可以得到MPSK信号的码速率。图4.24为图4.23乘积性3尺度小波变换的结果,图4.25为对乘积的结果做FFT的结果,非零点的第一个峰值即为码速率的估计结果。

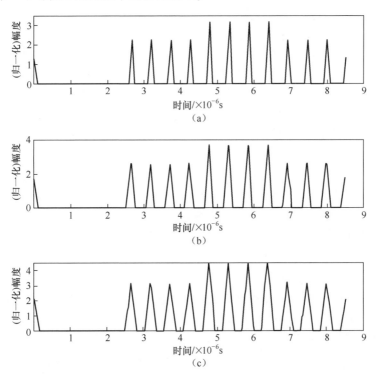

图4.23 QPSK信号在3个不同尺度下的Haar小波变换模值图
(a)尺度为10时小波变换的模;(b)尺度为15时小波变换的模;(c)尺度为20时小波变换的模。

由于本节所述的算法首先是要对信号去载频,不考虑载频对尺度选取的影响,小波尺度的选取与码元宽度 T_c 或者说码速率有很大关系,但是在小波尺度与码速率之间并没有一个准确的定量关系。通过仿真实验可得,当小波尺度在 $[0.15T_c, T_c]$

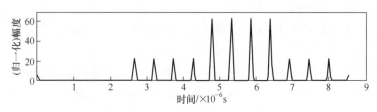

图 4.24 乘积性 3 尺度小波变换的结果

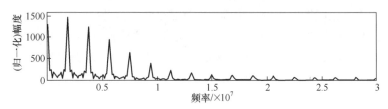

图 4.25 FFT 运算估计码速率

之间时,可以对突变点进行有效估计。但是在实际应用中,码速率是未知的,无法根据码速率来选取小波尺度,参考文献[170]认为,对于相位编码信号,信号的带宽近似等于码速率,通过测信号的 3dB 带宽作为码速率的粗估计,然后选取小波尺度。

综上所述,采用乘积性多尺度小波变换实现 PSK 信号参数估计的算法步骤如下。

(1) 对信号做 FFT,首先对信号频谱进行平滑;然后估计 3dB 带宽功率谱重心的方法来估计载频,同时得到信号的 3dB 带宽作为码速率的粗估计值。

(2) 由估计的载频对信号进行下变频,对信号去载频。

(3) 根据码速率的粗估计值选取 3 个不同尺度分别对去载频信号做 Haar 小波变换。

(4) 对 3 次小波变换的结果做乘积性运算。

(5) 对乘积性运算的结果做 FFT,取非零位置的第一个最大峰值点作为码速率的估计结果。

2. 算法仿真与分析

实验 1:BPSK 信号,13 位巴克码,码字[1111100110101]。信噪比分别为 3dB 和 -3dB,子码宽度 32 个采样点,即码速率为 1.875M/s,载频 5MHz,采样率 60MHz,设采样间隔为 T_s,选取小波尺度为 $[10T_s, 15T_s, 20T_s]$。其变换后估计结果如图 4.26、图 4.27 所示。

实验 2:QPSK 信号,16 位弗兰克码,码字[0000012302020321]。信噪比分别为 3dB 和 -3dB,子码宽度 32 个采样点,即码速率为 1.875M/s,载频 5MHz,采样率 60MHz。尺度选取同实验 1。其变换后估计结果如图 4.28、图 4.29 所示。

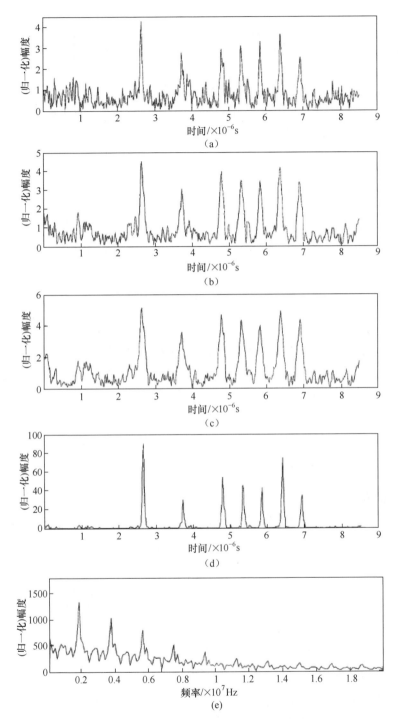

图 4.26 3dB 时 BPSK 信号的乘积性多尺度小波变换估计结果
(a) 尺度为 10 时小波变换的模;(b) 尺度为 15 时小波变换的模;(c) 尺度为 20 时小波变换的模;
(d) 乘积性 3 尺度小波变换的结果;(e) FFT 运算估计码速率。

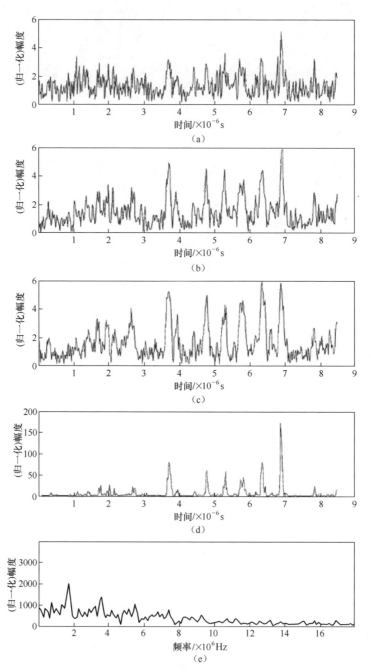

图 4.27 -3dB 时 BPSK 信号的乘积性多尺度小波变换估计结果
(a) 尺度为 10 时小波变换的模;(b) 尺度为 15 时小波变换的模;(c) 尺度为 20 时小波变换的模;
(d) 乘积性 3 尺度小波变换的结果;(e) FFT 运算估计码速率。

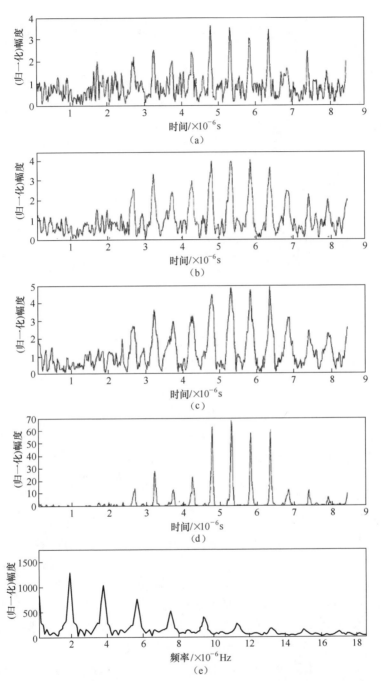

图 4.28 3dB 时 QPSK 信号的乘积性多尺度小波变换估计结果
(a) 尺度为 10 时小波变换的模;(b) 尺度为 15 时小波变换的模;(c) 尺度为 20 时小波变换的模;
(d) 乘积性三尺度小波变换的结果;(e) FFT 运算估计码速率。

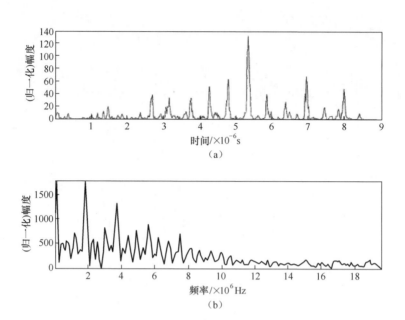

图 4.29 -3dB 时 QPSK 信号的乘积性多尺度小波变换估计结果
(a) 乘积性 3 尺度小波变换的结果；(b) FFT 运算估计码速率。

通过实验可以发现,大尺度的抑噪性能明显要好于小尺度,但是大尺度的峰值尖锐度不如小尺度。尺度虽然不同,但是突变点的位置却是固定的,而且由于尺度不同,每次参与运算的噪声不同,因此采用乘积性处理后,噪声被大大削弱,相位突变点很明显地显现出来,尤其在较低信噪比下,如-3dB,单一尺度受噪声影响太大,已经无法正确识别突变点,但是乘积性的结果仍然效果明显。但是,通过乘积性处理后往往会造成峰值间的幅度差异过大,这是由于峰值幅度被噪声影响,乘积性将这种影响放大的缘故,这样的结果导致某些突变点幅值过小而无法识别。但是,FFT 估计码速率的结果仍然是准确的,体现了码速率估计算法良好的性能。本节的乘积性多尺度小波变换 PSK 信号参数估计算法,估计突变点时信噪比性能可以达到 0dB,估计码速率时信噪比性能可以达到-6dB。

3. 载频估计误差和尺度选取对性能的影响

参考文献[171]以残留载频和尺度的乘积 $r = 2\pi\Delta f a$ 为变量,研究了残留载频对算法性能的影响,认为当 r 较小时($r<1$),随着小波中心趋近相位突变点,小波变换模会增大,并在相位突变时刻达到最大值。而当 r 较大时,小波变换模值出现减小趋势,故不能有效提取相位突变时刻。又由前面的讨论结果 $0.15T_c \leqslant a \leqslant T_c$,设 $a = kT_c(0.15 \leqslant k \leqslant 1)$,码速率 $R_c = 1/T_c$,得

$$2\pi\Delta f k T_c < 1 \tag{4.86}$$

则

$$\Delta f < \frac{1}{2\pi k} \cdot \frac{1}{T_c} = \frac{1}{2\pi k} \cdot R_c \tag{4.87}$$

如在上面的仿真实验中，$R_c = 1.875 \text{M/s}$，如果 $a = 0.5 T_c$，则载频残留误差应该小于 0.6MHz。

实验中对载频为 5MHz 的 13 位巴克码 BPSK 信号和 16 位弗兰克码 QPSK 信号在信噪比 -6dB 下采用上述的粗测频方法进行多次测频时的载频估计的误差均在 0.3MHz 以内，故该测频方法满足算法对载频估计误差的要求。

4.7 基于三次相位函数的多项式相位信号的参数估计

参考文献[227,228]中，P. O'Shea 提出了三次相位函数（cubic phase function，CPF）法。它只需通过二阶非线性变换在信号参数空间形成最大值来估计 LFM 信号参数，并能够在较低信噪比下（0dB 以下）估计信号参数。虽然三次相位函数在估计调频信号时具有高精度和良好的低信噪比能力，但是其多分量处理能力不足，需要进一步改进三次相位函数估计对多分量多项式相位信号的处理能力。所以，本节提出了用于多分量线性调频信号的加权平均三次相位函数，它利用信号自项和交叉项对时间不同的依赖性，来抑制交叉项或伪峰的影响，从而实现低信噪比下多分量线性调频信号的参数估计。本节首先进一步推导了三次相位函数的 FFT 快速算法；然后采用了舍入最近样点的方法改进算法，在大大降低运算量的同时使其可以应用于实际的离散采样系统；最后，讨论了三次相位函数在 NLFM 信号参数估计方面的应用。

4.7.1 CPF 估计 LFM 信号参数原理

1. 信号自项分析

对于信号 $s(t)$，其三次相位函数定义为

$$\text{CPF}(t,k) = \int_0^{+\infty} s(t+\tau)s(t-\tau) e^{-j\tau^2} d\tau \tag{4.88}$$

式中：k 为信号的调频斜率。

故单分量线性调频信号 $s(t) = A e^{j(a_1 t + a_2 t^2)}$ 的三次相位函数为

$$\text{CPF}(t,k) = A^2 \xi(t) \int_0^{+\infty} e^{j(2a_2 - k)\tau^2} d\tau$$

$$= \begin{cases} A^2 \xi(t) \sqrt{\dfrac{\pi}{8|2a_2 - k|}} (1+j) & 2a_2 > k \\ A^2 \xi(t) \sqrt{\dfrac{\pi}{8|2a_2 - k|}} (1-j) & 2a_2 < k \end{cases} \tag{4.89}$$

式中：$\xi(t) = e^{j2(a_1 t + a_2 t^2)}$。

由式(4.89)可见,三次相位函数必将沿着调频斜率形成最大值。

离散情况下,设信号采样点数为 N,N 为奇数,信号的三次相位函数表示为

$$\mathrm{CPF}(n,k) = \sum_{m=0}^{(N-1)/2} s(n+m)s(n-m)\mathrm{e}^{-jkm^2} \qquad (4.90)$$

式中: $-(N-1)/2 \leq n \leq (N-1)/2$。

这样,m 的取值可以保证所有的 N 个采样点均能参与运算。

2. 多分量信号交叉项分析

首先考虑双分量线性调频信号 $x(n) = A_1 \mathrm{e}^{j(a_{11}n+a_{12}n^2)} + A_2 \mathrm{e}^{j(a_{21}n+a_{22}n^2)}$,将其代入三次相位函数,可得

$$\begin{aligned}
\mathrm{CPF}(n,k) = & A_1^2 \mathrm{e}^{j2(a_{11}n+a_{12}n^2)} \int_0^{+\infty} \mathrm{e}^{j(2a_{12}-k)\tau^2} \mathrm{d}\tau + A_2^2 \mathrm{e}^{j2(a_{21}n+a_{22}n^2)} \int_0^{+\infty} \mathrm{e}^{j(2a_{22}-k)\tau^2} \mathrm{d}\tau \\
& + A_1 A_2 \xi(n) \int_0^{+\infty} \mathrm{e}^{j(a_{12}+a_{22}-k)\tau^2} \mathrm{e}^{j((a_{11}-a_{21})+2(a_{12}-a_{22})n)\tau} \mathrm{d}\tau \\
& + A_1 A_2 \xi(n) \int_0^{+\infty} \mathrm{e}^{j(a_{12}+a_{22}-k)\tau^2} \mathrm{e}^{j((a_{21}-a_{11})+2(a_{22}-a_{12})n)\tau} \mathrm{d}\tau
\end{aligned} \qquad (4.91)$$

式中: $\xi(n) = \mathrm{e}^{j((a_{11}+a_{21})n+(a_{12}+a_{22})n^2)}$。

由式(4.91)可以看出,等号右边第一项和第二项分别对应两个信号分量的自项,其峰值分别出现在 $2a_{12}$ 和 $2a_{22}$;等号右边第三项和第四项则对应信号间的交叉项,因其积分项与时间成线性关系,所以其位置随时间的变化而移动。

若信号分量的相位系数满足以下关系:

$$(a_{21} - a_{11}) + 2(a_{22} - a_{12})n = 0 \qquad (4.92)$$

两个交叉项将形成伪峰,其中 n 是伪峰的时间位置。三次相位函数将在 $k=a_{12}+a_{22}$ 出现峰值。

将上述讨论推广到更多分量的情况(信号数量 $M>2$),得到如下结论。

(1) 分量越多,交叉项越多,且交叉项的个数为 $M^2 - M$。

(2) 当任意两个分量满足式(4.92)类似的时间关系时,交叉项将形成伪峰。

3. 加权平均三次相位函数估计算法

由于多分量情况下,交叉项需要满足一定的条件才会形成伪峰,而信号自项的峰值与时间无关,均出现在调频斜率 k 对应的位置。因此,可以在时间-调频斜率平面上搜索谱峰,谱峰对应的位置即信号的调频斜率。为了消除三次相位函数交叉项和伪峰的干扰,本节利用自项和交叉项对时间的不同依赖性,提出了加权平均三次相位函数,来估计多分量线性调频信号的参数。

对整个采样信号取 N 个不同的时间点,分别计算各个不同时间点信号对应的三次相位函数,然后加权平均:

$$\mathrm{MCPF} = \frac{1}{N} \sum_{1}^{N} \mathrm{CPF}(n,k) \qquad (4.93)$$

在加权平均三次相位函数中,N 个不同时间点的选择是为了错开交叉项及伪

峰,而自项形成的峰值与时间无关,因此自项形成的峰值得以相加增强,而交叉项被分散削弱。可以看出,N 值越大,交叉项的抑制越好,效果越明显,但会增加计算量。为了在保证参数识别的性能的前提下,不过大增加计算量,通常选择 N 值在 5。

针对多分量信号,这里先假定信号幅度相等或近似相等,参数估计步骤如下。

(1) 选取时间点,分别计算各个不同时间点信号对应的三次相位函数,然后加权平均,选择阈值,滤除干扰和伪峰,得到峰值点对应的瞬时频率率值,即为各分量信号的调频斜率。

(2) 采用解线调的方法: $x(n) = x(n)e^{jkn^2}$,将信号转变成正弦信号和线性调频信号的和。

(3) 对信号做傅里叶变换,由于线性调频信号的功率谱是近似矩形而正弦信号的频谱是冲击谱线,因此可以很容易求得正弦分量的频率值,即可估计出此线性调频信号分量的初始频率,另外根据谱峰值可以得到该信号的幅度。

(4) 重复步骤(2)~(3),直至估计出所有信号的参数。

对于强弱信号的多分量参数估计方法:首先使用上述方法估计最强分量的参数;然后根据"CLEAN"的思想[229],将此强分量从信号中去除;最后估计次强分量,将其去除,以此类推。如果不知道确切的信号数目,可以根据剩余信号的能量,决定是否继续。这种方法可以大大提高信号的谱分辨力,但是参数估计的误差会传播给后续的参数估计,影响后续估计的精度。

4. 三次相位函数的快速实现算法

根据三次相位函数的表达式,其 FFT 快速实现算法推导如下:

$$\text{CPF}(t,k) = \int_0^{+\infty} s(t+\tau)s(t-\tau)e^{-jk\tau^2}d\tau = \int_0^{+\infty} \frac{1}{2\tau}s(t+\tau)s(t-\tau)e^{-jk\tau^2}d\tau^2 \quad (4.94)$$

令 $m = \tau^2$,则 $\tau = \sqrt{m} > 0$,式(4.94)变为

$$\text{CPF}(t,k) = \int_0^{+\infty} \frac{1}{2\sqrt{m}}s(t+\sqrt{m})s(t-\sqrt{m})e^{-jkm}dm = \int_0^{+\infty} f(m)e^{-jkm}dm \quad (4.95)$$

式中: $f(m) = \frac{1}{2\sqrt{m}}s(t+\sqrt{m})s(t-\sqrt{m})$,由此便得到了 CPF 的 FFT 快速算法。

然而,式(4.95)并不能直接应用于实际的离散采样系统,这是因为上述 FFT 算法应该在均匀采样系统中进行,即 m 应为均匀采样间隔或其整数倍,而 $\sqrt{m}$ 却很难对应采样间隔的整数倍,导致计算式中无法取到实际的采样点。为了克服这个缺点,采用对 $\sqrt{m}$ 四舍五入取整的方法,使其能取到最近的采样点,称其为舍入快速算法。

同时,式(4.95)有一个约束条件,即 $\sqrt{m} < m$,否则会超出采样时间,而得到

无效的采样点,这就要求 $m \geq 1$,即要求采样时间要大于 1s,因此这种方法不适用于持续时间不足 1s 的信号,这一点也限制了此法的应用。

5. 仿真实验

实验 1:舍入快速算法与理论算法的运算结果比较。

仿真参数:LFM 信号,初始频率 10,调频斜率 100,采样率 100,采样点数 512 点。时间中心取 $t = 2.57$,为整个采样时间的中心。图 4.30(a)为理论 FFT 算法的仿真结果,图 4.30(b)为舍入 FFT 算法的仿真结果。

通过仿真可以看出,舍入误差使整体的性能有所下降,但是在调频斜率处的峰值精度和幅度并没有明显的降低,可见舍入算法仍然具有良好的估计性能。

由式(4.88)直接计算信号三次相位函数的运算量是 $O(N^2)$。类似离散傅里叶变换(DFT)运用子带分解技术而得到 FFT 大大节省运算量一样,三次相位函数的 FFT 快速算法可以将计算量减少到 $O(N\log N)$,运算量大大减少。

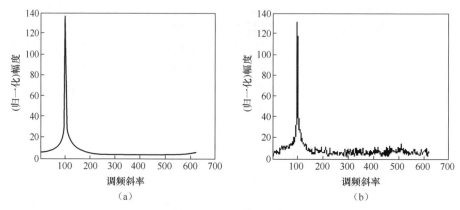

图 4.30 FFT 算法比较
(a)理论 FFT 算法的仿真结果;(b)舍入 FFT 算法的仿真结果。

实验 2:首先验证加权平均三次相位函数算法的有效性。在无噪条件下,假设线性调频信号参数如下:$s(n) = e^{j(0.2n+0.5\times 0.003n^2)} + e^{j(0.2-0.5\times 0.006n^2)}$。采样 513 点,根据伪峰出现的条件:$(a_{21} - a_{11}) + 2(a_{22} - a_{12})n = 0$,由于 $a_{11} = 2_{21}$,所以当 $n = 0$ 时,上式成立,伪峰将出现在 $a_{12} + a_{22} = -0.0015$ 处。为了进一步体现算法的有效性,将伪峰出现时刻的时间点 0 选入,选取 5 个时间点,本例中选择 $N = [-100, -50, 0, 50, 100]$。图 4.31 所示为 $n = 0$ 时信号的三次相位函数,自项峰值及伪峰均在正确的位置出现,且伪峰幅值为自项峰值幅度的 2 倍。图 4.32 所示为 5 次加权平均三次相位函数,此时自项峰值幅度为伪峰幅度的 2.5 倍,选取合适的阈值即可滤除伪峰,提取两个信号的调频斜率。

实验 3:下面验证加权平均算法在低信噪比下的性能。信号参数设置如实验 2。图 4.33 所示为信噪比为 -6dB 时,$n = 0$ 时信号的三次相位函数,从图中可以看出,此时传统三次相位函数已经无法辨识自项峰值;而图 4.34 中加权平均的相位

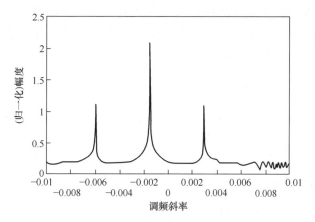

图 4.31 $n=0$ 时信号的三次相位函数

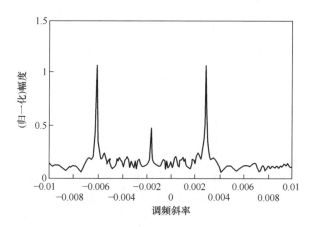

图 4.32 信号 5 次加权平均三次相位函数

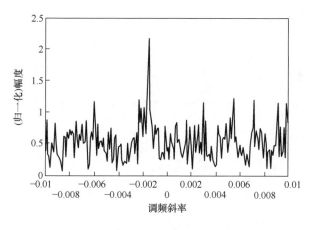

图 4.33 $n=0$ 时信号的三次相位函数(SNR=-6dB)

函数则可以较为清晰地辨别出峰值,体现了本算法的优势。通过仿真可知,本书算法的辨识极限是-10dB,如图 4.35 所示,此时噪声幅度大大增加,辨识成功率已经大大降低,但仍可以辨别出峰值。

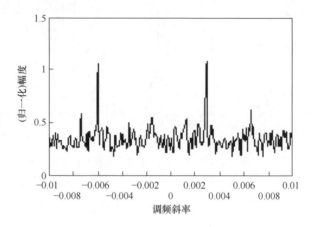

图 4.34　信号 5 次加权平均三次相位函数(SNR=-6dB)

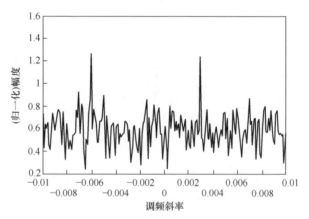

图 4.35　信号 5 次加权平均三次相位函数(SNR=-10dB)

4.7.2　CPF 估计 NLFM 信号参数原理

单分量三阶 PPS $s(t)=A\mathrm{e}^{\mathrm{j}(a_1 t + a_2 t^2 + a_3 t^3)}$ 的三次相位函数为

$$\mathrm{CPF}(t,k)=A^2\xi(t)\int_0^{+\infty}\mathrm{e}^{\mathrm{j}((2a_2+6a_3 n)-k)\tau^2}\mathrm{d}\tau$$

$$=\begin{cases}A^2\xi(t)\sqrt{\dfrac{\pi}{8|2a_2+6a_3 t-k|}}(1+j) & 2a_2+6a_3 t>k \\ A^2\xi(t)\sqrt{\dfrac{\pi}{8|2a_2+6a_3 t-k|}}(1-j) & 2a_2+6a_3 t<k\end{cases} \quad (4.96)$$

式中：$\xi(t) = e^{j2(a_1 t + a_2 t^2 + a_3 t^3)}$。由式(4.96)可见，三次相位函数必将沿着瞬时频率率 $k = 2a_2 + 6a_3 t$ 形成最大值。

考虑两分量 NLFM 信号，$x(t) = A_1 e^{j(a_{11} t + a_{12} t^2 + a_{13} t^3)} + A_2 e^{j(a_{21} t + a_{22} t^2 + a_{23} t^3)}$ 将其代入三次相位函数，信号自项对应于：

$$A_i e^{j2(a_{i1} t + a_{i2} t^2 + a_{i3} t^3)} \int e^{j(2a_{i2} + 6a_{i3} - \Omega)\tau^2} d\tau \quad i = 1, 2 \tag{4.97}$$

由式(4.97)可见，每个自项都在各自瞬时频率 $\Omega = 2a_{i2} + 6a_{i3} t$ 上形成峰值。交叉项为

$$A_1 A_2 z(t) \int e^{j(((a_{11} - a_{21}) + 2(a_{12} - a_{22})t + 3(a_{13} - a_{23})t^2)\tau + ((a_{12} + a_{22}) + 3(a_{13} + a_{23})t - \Omega)\tau^2 + (a_{13} - a_{23})\tau^3)} d\tau$$

$$A_1 A_2 z(t) \int e^{j(-((a_{11} - a_{21}) + 2(a_{12} - a_{22})t + 3(a_{13} - a_{23})t^2)\tau + ((a_{12} + a_{22}) + 3(a_{13} + a_{23})t - \Omega)\tau^2 - (a_{13} - a_{23})\tau^3)} d\tau$$

$$\tag{4.98}$$

式中：$z(t) = e^{j((a_{11} + a_{21})t + (a_{12} + a_{22})t^2 + (a_{13} + a_{23})t^3)}$。

$$\begin{cases} (a_{11} - a_{12}) + 2(a_{12} - a_{22})t = 0 \\ a_{13} - a_{23} = 0 \end{cases} \tag{4.99}$$

当时，合并为一伪峰：

$$A_1 A_2 z(t) e^{j(((a_{12} + a_{22}) + 3(a_{13} + a_{23})t)\tau^2)} \tag{4.100}$$

伪峰的位置满足如下关系时有

$$\Omega = (a_{12} + a_{22}) + 3(a_{13} + a_{23})t \tag{4.101}$$

更为一般的是，当

$$(a_{11} - a_{21}) + 2(a_{12} - a_{22})t + 3(a_{13} - a_{23})t^2 = 0 \tag{4.102}$$

交叉项将退化为

$$A_1 A_2 z(t) \int e^{j(((a_{12} + a_{22}) + 3(a_{13} + a_{23})t)\tau^2 + (a_{13} - a_{23})\tau^3)} d\tau$$

$$A_1 A_2 z(t) \int e^{j(((a_{12} + a_{22}) + 3(a_{13} + a_{23})t)\tau^2 - (a_{13} - a_{23})\tau^3)} d\tau \tag{4.103}$$

同时注意到，为了防止参数估计的模糊，要求

$$|a_1| \leq \pi, |a_2| \leq \frac{\pi}{N}, |a_3| \leq \frac{3\pi}{2N^2} \tag{4.104}$$

所以，$(a_{23} - a_{13})\tau^3$ 相对 $[(a_{12} + a_{22}) + 3(a_{13} + a_{23})t]\tau^2$ 为主要部分，因此，式(4.103)可近似等效于：

$$A_1 A_2 z(t) e^{j((a_{12} + a_{22}) + 3(a_{13} + a_{23})t)\tau^2} \tag{4.105}$$

由于采用了相位近似方法，所以该伪峰往往是扩散在一定时间范围之内，而非一个时间点上。

由于 NLFM 的三次相位函数沿着瞬时频率率 $k = 2a_2 + 6a_3 t$ 形成最大值，是与时间有关的函数，因此对于多分量 LFM 信号参数估计的方法不能直接应用于 NLFM 信号的参数估计。对于单分量 NLFM 信号，首先选取两个不同的时间点来

分别计算三次相位函数,由此可以估计出 a_2 和 a_3;然后使用这两个估计值对信号解线调,将信号转化成正弦信号;最后对所得信号做 FFT 就可估计 a_1。

因此,对单分量的 PPS,其参数估计算法步骤如下。

(1) 选取两个不同的时间中点 n_1 和 n_2,计算信号的三次相位函数,得到 k 轴峰值点对应值 k_1 和 k_2,则如下关系成立:

$$\begin{cases} k_1 = 2a_2 + 6a_3 n_1 \\ k_2 = 2a_2 + 6a_3 n_2 \end{cases} \tag{4.106}$$

(2) 解式(4.106),即可求得 a_2 和 a_3 的估计值,采用解线调的方法:$x(n) = x(n)\mathrm{e}^{-\mathrm{j}(a_2 t^2 + a_3 t^3)}$,将信号转变成正弦信号。

(3) 对信号做傅里叶变换,得到 a_1 的估计值。

4.8 其他脉内调制特征分析方法

除前面介绍的脉内调制特征分析方法外,还有时域倒谱法、谱相关法、调制域分析法、数字中频法、时频原子特征[3,82]、基于 FRFT 的脉内调制特征分析[172]、基于奇异值熵和分形维数的雷达信号脉内调制识别、基于卷积神经网络的雷达信号脉内调制识别[173]等。由于脉内调制特征分析识别的方法很多,目前没有一种方法可以适应所有需求,因此目前都是根据实际需求选择适合的一种方法或多种方法组合来进行脉内调制特征分析与识别。受篇幅的限制,本书不对其他方法进行介绍,读者可阅读相应的文献[152,174-177]。

第5章 基于盲源分离的信号分选方法

5.1 引　　言

目前,电子对抗信号环境高度密集,时域同时到达信号越来越多。低截获概率雷达信号的广泛使用使得被动雷达寻的器接收机接收到的信号出现宽脉冲覆盖窄脉冲的情况越来越严重。而被动雷达寻的器的传统分选模型无法处理同时到达信号,也无法处理宽脉冲覆盖窄脉冲的复杂信号,也即无法胜任当前信号环境下的雷达信号分选。在这种信号环境下,空间未知线性混叠信号的分离是摆在信号分选面前最为严峻的问题。BSS 技术可以较好地解决复杂环境背景下信号分离的问题[179-181],它无须学习样本的选取,只需根据接收信号进行处理就可以恢复源信号,它对同时到达信号的处理优势特别明显。

当观测信号个数分别多于、等于、少于源信号个数时,BSS 模型分别称为超定、正定、欠定盲源分离。现有 BSS 算法如独立分量分析算法通常假定观测信号个数不少于源信号个数,该类算法的发展相对成熟,但实际中经常会出现欠定盲源分离问题。目前,解决欠定盲源分离问题通常基于"两步法"思路,即首先根据观测信号估计得到混合矩阵,然后结合估计的混合矩阵,通过优化算法实现源信号的分离。"两步法"思路使得欠定盲源分离问题的研究过程得到简化,极大地推动了欠定盲源分离算法的发展[182]。

本章介绍将 BSS 技术引入雷达信号分选领域用于分离时域线性混叠信号。①将快速独立分量分析(fast independent component analysis,Fast ICA)算法用于雷达信号分选,为后续进一步深入研究基于 BSS 的雷达信号分选做探索性研究。②结合全局最优 BSS 算法,提出了基于伪信噪比最大化的 BSS 算法,该算法建立基于源信号和噪声信号协方差矩阵的伪信噪比目标函数,优化目标函数通过广义特征值求解实现,它是一种全局优化算法,信源独立就可以保证算法有解,求解分离矩阵比较有保障,并且具有较低的计算复杂度。③针对 BSS 开关算法无法有效分离多源信号的缺陷,提出一种 BSS 拟开关算法,它用峭度作为判断函数来自适应选择加权相应的激活函数,该算法能够更加有效地分离空间未知多源线性混叠信号。针对欠定盲源分离问题,介绍了稀疏分量分析法,对其"两步法"中混合矩阵估计、BSS 信号恢复进行了研究,重点叙述了基于改进谱聚类的混合矩阵估计方法、基于压缩感知的源信号恢复方法,并进行了大量仿真实验。

本章的 BSS 算法研究始于雷达信号分选领域,对通信信号和复杂雷达信号的分离进行了尝试性研究,并取得较好的分离效果,对复杂信号环境下的信号分离具有重要的现实意义和应用价值。

5.2 盲信号处理基础

盲信号处理(blind signal processing,BSP)是对源信号和传输通道几乎没有可利用信息的情况下,仅从观测到的混合信号中提取恢复源信号或进行系统辨识的一种信号处理方法。它是信号处理中一个传统而又极具挑战性的问题。这里的"盲"有两重含义:源信号是不可观测的、混合系统特性事先未知。这个问题一诞生,很快就引起了信号处理学界和神经网络学界的广泛兴趣。特别是近20年来,理论研究和实际应用两方面都获得了长足的发展。

5.2.1 盲源分离数学模型

BSP 的原理框图如图 5.1 所示,$s = (s_1, s_2, \cdots, s_n)^T$ 是未知源信号向量,$x = (x_1, x_2, \cdots, x_m)^T$ 是混合信号向量(或观测信号、传感器检测信号),$n = (n_1, n_2, \cdots, n_m)^T$ 是噪声信号向量(这里仅考虑加性噪声),输出 $y = (y_1, y_2, \cdots, y_n)^T$ 是待求的分离信号向量(或源信号 s 的估计),$H = (h_{ij})_{m \times n}$ 是未知混合矩阵(或源信号传输通道混合特性矩阵),$W = (w_{ij})_{n \times m}$ 是待求的分离矩阵。在图 5.1 中,源信号个数、有用源信号分量和无用源信号分量、源信号特性、源信号传输特性、源信号传输混合通道特性、噪声特性等都是未知的,观测信号 x 是传感器检测信号,被认为是已知量。x 中含有未知(或盲的)源信号和未知混合系统的特性。处理具有盲特性的信号 x,以估计出源信号(或分离出源信号或恢复源信号)或辨识出混合系统特性(估计出混合矩阵)就是 BSP 的任务。由于各个领域实际检测信号都可以视为混合信号 x,大量的信号处理任务是寻求源信号的最佳估计,因此,盲处理应用范围很宽,几乎涉及各个领域。由于盲处理仅利用观测信号和很少的先验知识,可采用各种方法,因此其理论方法较复杂,涉及的基础知识较广。由于源信号特性差异、混合方式不同、混合系统特性时变、噪声特性不同、源信号个数动态变化、实际检测信号特性不同等原因,已有的各种盲处理方法都有一定的适用范围。

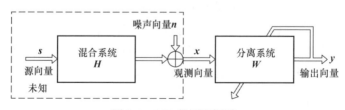

图 5.1 BSP 的原理框图

由上面的简述可知,BSP 的实质及主要任务就是对于未知混合系统在其输入信号完全未知或仅有少量先验知识的情况下,仅由系统的输出信号(混合信号)来重构输入信号或进行系统辨识。如果盲处理中,用到了源信号和传输通道等先验知识,实际并不全盲,也称为"半盲处理"。实际中,对于工程问题,应用一些先验知识往往可简化盲处理方法或提高处理效率和效果,因此充分利用先验知识也应受到重视。

按照BSP的目的可以将其分为盲辨识和盲源分离两大类。盲辨识的目的是求得传输通道混合矩阵;BSS的目的是求源信号的最佳估计。BSS指的是在源信号、传输通道特性未知的情况下,仅由观测信号和源信号的一些先验知识(如概率密度)估计出源信号各个分量的过程。当BSS的各分量相互独立时,就称为独立分量分析,它是针对独立源信号混合的各分量分离问题提出的,即ICA是BSS的一种特殊情况[179, 181, 183, 184]。除ICA外,稀疏分量分析(sparse component analysis,SCA)也是一种重要的BSS方法。当BSS是逐个分离并紧缩实现时称为盲信号抽取(blind signal extraction,BSE),它是指从观测信号向量中逐个地分离出感兴趣的源信号分量。

当$m \geq n$时,即观测信号数量大于等于源信号数量,此时为超定或正定盲源分离,ICA方法可有效进行BSS;当$m<n$时,即观测信号数量小于源信号数量,此时为欠定盲源分离,这种条件下ICA方法无法有效进行BSS,而SCA方法却可以实现BSS。

当研究其中欠定盲源分离(underdetermined blind source separation,UBSS)问题时,$m<n$,依据图5.1中假设可以表示UBSS欠定瞬时混合模型为

$$x(t) = Hs(t) \tag{5.1}$$

稀疏域中,任何两个源都不能完全重叠,因为没有SSPS的两个信号来完成混合矩阵估计。在BSS环境下,多个信源的稀疏性具有新的含义,即不同的信源占用不同的稀疏域带宽。

根据是否存在信号反射以及是否考虑源信号到达不同阵元的时间,将线性混合模型分为线性瞬时混合、线性延迟混合以及线性卷积混合3类。非线性混合模型的处理方法至今仍不够成熟,处理起来比较困难,主要是由于处理时需要得到非线性混合矩阵的逆矩阵,采用目前的数学方法处理起来很难实现。在线性混合模型中,根据观测信号数目与源信号数目的不同,可以将BSS分为正定盲源分离(normal blind source separation,NBSS)、欠定盲源分离以及超定盲源分离(overdetermined blind source separation,OBSS)3种情况。本章前半部分对正定盲源分离进行研究(超定盲源分离也可用ICA方法求解);后半部分对欠定盲源分离问题进行研究。本章主要研究线性瞬时混合模型,下面对三种混合模型的应用场合与数学模型进行讨论。

1. 线性瞬时混合模型

当处理信号模型时只依据信号幅度的衰减而不考虑各个源信号到达阵元的时

间延迟时,此模型即为线性瞬时混合模型。线性瞬时混合模型是最简单的线性混合,主要应用于医学信号等忽略时间延迟的分离,一般情况下处理时不考虑噪声等的干扰。此模型下每个信号发射源互相独立,这便可以假设各路源信号也互相独立[185]。假设混合系统中输入 n 路源信号,输出 m 路观测信号时,则可以认为接收到的观测信号为 n 路信号的线性叠加。此时,第 i 路观测信号的数学表达式为

$$x_i(t) = \sum_{k=1}^{n} h_{ik} s_k(t) \quad 1 \leq i \leq m \tag{5.2}$$

式中: $x_i(t)$ 为第 i 路观测信号; h_{ik} 为信道混合系数; $s_k(t)$ 为第 k 个源信号。将瞬时混合模型用向量形式表示,则可令 $m \times n$ 阶混合矩阵 $\boldsymbol{H} = [\boldsymbol{h}_1, \boldsymbol{h}_2, \cdots, \boldsymbol{h}_n]$ 为线性混合矩阵, h_{ik} 为混合矩阵 $\boldsymbol{H}$ 的第 (i,k) 个元素:

$$\boldsymbol{H} = \begin{bmatrix} h_{11} & h_{12} & \cdots & h_{1n} \\ h_{21} & h_{22} & \cdots & h_{2n} \\ \vdots & \vdots & & \vdots \\ h_{m1} & h_{m2} & \cdots & h_{mn} \end{bmatrix} \tag{5.3}$$

在实际中,混合系统会受到空间信道产生的噪声的影响,当考虑噪声影响时,式(5.1)变为

$$\boldsymbol{x}(t) = \boldsymbol{H}\boldsymbol{s}(t) + \boldsymbol{n}(t) \tag{5.4}$$

式中: $\boldsymbol{n}(t) = [n_1(t), n_2(t), \cdots, n_m(t)]^T$ 为空间信道中产生的加性高斯白噪声。

2. 线性延迟混合模型

当考虑源信号到达各个接收阵元的时间延迟时,此模型即为线性延迟混合模型。线性延迟混合模型目前在无线通信系统等需要考虑时间延迟的分离场合应用较广[186]。当不考虑噪声等的干扰时;第 i 路观测信号的数学表达式为

$$x_i(t) = \sum_{k=1}^{n} h_{ik} s_k(t - \tau_{ik}) \quad 1 \leq i \leq m \tag{5.5}$$

式中: $x_i(t)$ 为第 i 路观测信号; $s_k(t)$ 为第 k 个源信号; τ_{ik} 为第 k 个源信号到第 i 个阵元的时间延迟。

由于式(5.5)不能直接写成矩阵向量相乘的形式,可对观测信号 $x_i(t)$ 进行傅里叶变换,可得

$$X_i(f) = \sum_{k=1}^{n} h_{ik} S_k(f) e^{-j2\pi f \tau_{ik}} \tag{5.6}$$

则将线性延迟混合模型用向量形式表示为

$$\boldsymbol{X}(f) = \boldsymbol{H}(f) \boldsymbol{S}(f) \tag{5.7}$$

式中: $\boldsymbol{X}(f) = [X_1(f), X_2(f), \cdots, X_m(f)]^T$; $\boldsymbol{S}(f) = [S_1(f), S_2(f), \cdots, S_n(f)]^T$; $\boldsymbol{H}(f) \in C^{m \times n}$ 为混合矩阵。

3. 线性卷积混合模型

当处理信号模型时考虑各个源信号通过不同的传输路径到达各个接收阵元的

时间延迟时,此模型即为线性卷积混合模型,线性卷积混合适用于包含多径响应的无线电信号的分离等场合[187]。假设混合系统中输入 n 路源信号,输出 m 路观测信号,当不考虑噪声等的干扰时,第 i 路观测信号的数学表达式为

$$x_i(t) = \sum_{k=1}^{n} \sum_{p=1}^{P} h_{ik}^p s_k(t - \tau_{ik}^p) \quad l \leq i \leq m \tag{5.8}$$

式中:h_{ik}^p 为第 k 个源信号通过第 p 条路径到达第 i 个阵元时的混合系数;τ_{ik}^p 为第 k 个源信号通过第 p 条路径到达第 i 个阵元时的时间延迟。信号模型可以采用卷积形式表示为

$$x_i(t) = \sum_{k=1}^{n} h_{ik}^* s_k(t) = \sum_{k=1}^{n} \sum_{p=1}^{P} h_{ik}^p(\tau) s_k(t - \tau_{ik}^p) \quad 1 \leq i \leq m \tag{5.9}$$

式中:* 为卷积运算;$h_{ik}^p(\tau)$ 为第 k 个源信号通过第 p 条路径在第 i 个阵元时的冲激响应,可以将其等效为一个 p 阶的 FIR 滤波器,依据式(5.9)可以将线性延迟混合看作路径 $p=1$ 时的线性卷积混合[188]。

5.2.2 独立分量分析

1. 独立分量分析

可以用数学语言来描述独立分量分析(ICA)问题,设 $x = (x_1, x_2, \cdots, x_m)^T$ 为 m 维零均值随机观测信号向量,它是由 n 个未知的零均值独立源信号 $s = (s_1, s_2, \cdots, s_n)^T$ 线性混合而成的,这种线性混合模型可表示为:$x = Hs$。其中,$H = [h_1, h_2, \cdots, h_n]$ 为 $m \times n$ 阶满秩源信号混合矩阵;$h_j(j = 1, 2, \cdots, n)$ 为混合矩阵的 m 维列向量。每个混合信号 $x_i(t)(i = 1, 2, \cdots, m)$ 都可以是一个随机信号,其每个观测值 $x_i(t)$ 是在 t 时刻对随机信号 x_i 的一次抽样。可以看出,t 时刻的各观测数据 $x_i(t)$ 是由 t 时刻各独立源信号 $s_j(t)$ 的值经不同 h_{ij} 线性加权得到的。

上述就是 ICA 的信号混合模型,由于独立分量 s_j 不能直接观测到,具有隐藏特性,因此也称为"隐藏变量"。由于混合矩阵也是未知矩阵,ICA 问题唯一可利用的信息只有观测到的传感器检测信号向量 x。若无任何其他可利用信息,仅要由 x 估计出 s 和 H,ICA 问题的解必为多解。为使 ICA 问题有确定的解,就必须有一些符合工程应用的假设和约束条件或称为先验知识。求解 ICA 问题的假设条件如下:

(1)各源信号都是零均值实随机信号,且在任意时刻均相互统计独立。

(2)源信号数目 n 与观测信号数目 m 相等($n=m$)(或小于,即 $n \leq m$,这里只讨论正定盲源分离),混合阵 H 是一个实际可实现的 $n \times n$ 阶未知的方矩阵,H 满秩且逆矩阵 H^{-1} 存在。

(3)只允许一个源信号 s_j 的概率分布函数(probability density function,PDF)是高斯函数。这是由于两个统计独立的白色高斯信号混合后还是白色高斯信号,而高斯分布信号的统计特性用唯一的方差参数就可确定,不涉及高阶统计函数,它们的独立性等同于互不相关。可以证明,有任意变换 $y = Wx$(W 为分离变换矩阵,

即 $WW^T = I$)分离得到的结果都不会改变高斯向量的二阶不相关性,即总是符合统计独立要求的。显然,这种结果与源信号不可能总是一致的。因此,若服从高斯分布的源信号超过一个,则 ICA 问题的各源信号不可分。

(4) 各传感器引入的噪声很小,可忽略不计。这是由于信息最大化方法中,输出端的互信息量只有在低噪声条件下才可能被最小化。对于噪声较大的情况,可将噪声本身也看作一个源信号,对它与其他"真正的"源信号的混合信号进行盲分离处理,从而使算法具有更广泛的适用范围和更强的稳健性。

(5) 求解 ICA 问题,需对各个源信号的 PDF 有一些先验知识。例如,自然界的语音和某些音乐信号具有超高斯特性,如拉普拉斯分布;图像信号大多具有亚高斯特性,如均匀分布;许多噪声则具有高斯特性。另外,当 s_j 为很多随机信号之和时,其概率密度函数 $p_j(s_j)$ 也趋近于高斯分布函数,数理统计理论的中心极限定理也说明了这个特性。

为了在混合矩阵 H 和源信号 s 均未知的情况下,仅利用传感器检测到的信号 x(简称传感器信号或混合信号)和 ICA 各个假设条件,尽可能真实地分离出源信号 s,可构建一个分离矩阵(或称解混矩阵)$W = (w_{ij})_{n \times n}$,那么 x 经过分离矩阵 W 变换后,得到 n 维输出列向量 $y = (y_1, y_2, \cdots, y_n)^T$。这样,ICA 问题的求解(或解混模型)就可表示为 $y(t) = Wx(t) = WHs(t) = Gs(t)$。其中,$G$ 为全局传输矩阵(或全局系统矩阵)。若通过学习使 $G = I$(I 为 $n \times n$ 阶单位矩阵),则 $y(t) = s(t)$,从而达到分离(恢复或估计)出源信号的目的。

2. 预处理及算法性能评价准则

在对混合信号进行盲分离以前,通常都要先进行一些预处理。最常用的预处理过程有两个:一是去均值;二是白化处理。

在大多数盲分离算法中,都假设信号源的各个分量是均值为零的随机变量,因此为了使实际的盲分离问题能够符合所提出的数学模型,必须在分离之前预先去除信号的均值。

所谓随机向量 x 的白化,就是通过一定的线性变换 $T: \tilde{x} = Tx$,使得变换后的随机向量 $\tilde{x}$ 的相关矩阵满足 $R_{\tilde{x}} = E[\tilde{x}\tilde{x}^H] = I$,使得 $\tilde{x}$ 各个分量满足 $E[\tilde{x}_i \tilde{x}_j] = \delta_{ij}$,$\delta_{ij}$ 为 Kronecker delta(克罗内克 δ)函数。对混合信号的预白化实际上是去除信号各个分量之间的相关性,使得白化后信号分量之间二阶统计独立,T 也称为白化矩阵。白化虽然不能保证实现信号源的盲分离,但能够简化或改善盲分离算法的性能。

白化的方法基本上有两类:一类是利用混合信号相关矩阵的特征值分解实现的;另一类则是通过迭代算法对混合信号进行线性变换实现的。由于矩阵奇异值分解的数值算法比特征值分解数值算法具有更好的稳定性[189],所以本章用混合信号相关矩阵的奇异值分解来求白化矩阵。

通过预处理,可以消除各个原始通道信号间的二阶相关性,使预处理后的混合信号的各个分量间二阶统计独立。此外,它还能够简化盲信源分离算法以改善算法的性能,是盲信源分离不可或缺的部分。

为了评估每种算法的性能,通常需用相应的性能指标,这里给出较精确检验解混算法性能的相似系数、性能指数两种性能指标的定义[189,190]。

(1) 相似系数。相似系数是描述估计信号与源信号相似性的参数,其定义为

$$\zeta_{ij} = \zeta(\pmb{y}_i, \pmb{s}_j) = \left| \sum_{t=1}^{M} \pmb{y}_i(t) \pmb{s}_j(t) \right| \bigg/ \sqrt{\sum_{t=1}^{M} \pmb{y}_i^2(t) \sum_{t=1}^{M} \pmb{s}_j^2(t)} \quad (5.10)$$

当 $\pmb{y}_i = c\pmb{s}_j$(c 为常数)时,$\zeta_{ij} = 1$;当 $\pmb{y}_i$ 与 $\pmb{s}_j$ 相互独立时,$\zeta_{ij} = 0$。由式(5.10)可知相似系数抵消了 BSS 结果在幅值尺度上存在的差异,从而避免了幅值尺度不确定性的影响。当由相似系数构成的相似系数矩阵每行每列都有且仅有一个元素接近于1,其他元素都接近于0,则认为分离算法效果比较理想。

(2) 性能指数(performance index,PI)。其定义为

$$PI = \frac{1}{n(n-1)} \sum_{i=1}^{n} \left[\left(\sum_{k=1}^{n} \frac{|g_{ik}|}{\max_j |g_{ij}|} - 1 \right) - \left(\sum_{k=1}^{n} \frac{|g_{ki}|}{\max_j |g_{ji}|} - 1 \right) \right] \quad (5.11)$$

式中:g_{ij} 为全局传输矩阵 $\pmb{G}$ 的元素;$\max_j |g_{ij}|$ 为 $\pmb{G}$ 的第 i 行元素绝对值中的最大值;$\max_j |g_{ji}|$ 为第 i 列元素绝对值中的最大值。

分离出的信号 $\pmb{y}(t)$ 与源信号 $\pmb{s}(t)$ 波形完全相同时,PI = 0。实际应用中,当 PI 达到 10^{-2} 时就说明该算法具有极佳的分离性能。

5.2.3 稀疏分量分析

稀疏分量分析利用信号分量的稀疏特性作为约束条件,分离出源信号,在 BSS 中应用更为广泛。在实际观测到的信号中,如果信号中只有少量采样值取值较大,绝大部分采样值为零或趋近于零,这样的信号称为稀疏信号[191]。欠定盲源分离是更符合实际情况的,相较于正定与超定盲源分离问题,信号的欠定盲源分离由于混合矩阵为欠定矩阵,无法直接求逆从而实现信号的分离,实现起来较为困难。稀疏分量分析相较于独立分量分析更适用于欠定盲源分离问题,其目的是求得一个合理的混合矩阵 $\pmb{H}$,使得 $\pmb{s}$ 中的元素在达到最大稀疏的同时能够准确分离出源信号。

可以对信号的稀疏程度做一个度量,欠定盲源信号的分离相较于超定、正定情况下的信号分离更难实现。在此采用稀疏分量分析的方法来处理,可以将各信号分量的稀疏性当作分离过程中的补充条件,实现欠定雷达信号的分离。当信号足够稀疏时无须变换,可以直接进行信号的分离。

实践中,信号的稀疏程度可以通过联合广义高斯分布对其进行定量分析。其中,广义高斯信号可以表示为

$$p(\mu, \alpha, \beta) = \frac{\alpha}{2\beta \Gamma(1/\alpha)} e^{-\left|\frac{\mu}{\beta}\right|^\alpha} \quad \alpha > 0, \beta > 0 \quad (5.12)$$

式中：α 为形状参数；β 为尺度参数，表示分布函数峰值的宽度。

稀疏成分分析的主要过程如下。

(1) 实际中信号在时域不稀疏，将其某个稀疏域信号进行稀疏变换，可以通过增强信号稀疏性的方法将信号稀疏化。

(2) 采用估计算法估计出混合矩阵，由于信号的方向性在稀疏域上增强，在此可以选择聚类算法[192]估计出混合矩阵 H。

(3) 估计出加权系数，可依据加权系数的特性与先验知识的条件，基于贝叶斯分析算法估计出加权系数。

(4) 重构出源信号，利用估计出的混合矩阵 H，稀疏特性中的稀疏基分离出源信号。

在稀疏理论研究方面仍存在很多问题未得到完善解决，信号的稀疏衡量度是需要重点关注的方面，其中最重要的问题是对信号稀疏的定义与衡量，稀疏程度可以通过 L0 范数、小波变换以及 FFT 变换等方法来衡量。目前，典型的 SCA 算法有超直线聚类法、超平面聚类法以及势函数法，其中势函数法应用较为广泛。

常见的雷达信号在时频域上具有稀疏性的特征，即第 i 个源信号在时频点 (t,f) 产生作用，该点处的其他源信号在此点的值为零。基于这个条件雷达观测信号可以表示为

$$\boldsymbol{x}(t,f) = \begin{bmatrix} \boldsymbol{x}_1(t,f) \\ \boldsymbol{x}_1(t,f) \\ \vdots \\ \boldsymbol{x}_m(t,f) \end{bmatrix} = \begin{bmatrix} h_{1i} \\ h_{2i} \\ \vdots \\ h_{mi} \end{bmatrix} s_i(t,f) \quad i = 1,2,\cdots,n \quad (5.13)$$

式中：$h_i = [h_{1i}, h_{2i}, \cdots, h_{mi}]^\mathrm{T}$ 为混合矩阵 H 第 i 个列向量；$x(t,f)$ 为观测向量。

当观测信号的数目超过 3 个，观测信号分布呈一条直线时，即为超直线法。此时直线方程为

$$\frac{\boldsymbol{x}_1}{h_{1i}} = \frac{\boldsymbol{x}_1}{h_{2i}} = \cdots = \frac{\boldsymbol{x}_m}{h_{mi}} \quad (5.14)$$

下面介绍势函数法的主要过程。

当有两个观测信号时，势函数在时频域中可以定义为

$$\Phi(\theta,\lambda) = \sum_t \sum_f l(t,f)\phi[\lambda(\theta - \theta_x(t,f))] \quad (5.15)$$

式中：θ 为聚类中心，其取值范围为 $[0,2\pi]$；$\theta_x(t,f) = \arctan\dfrac{\boldsymbol{x}_1(t,f)}{\boldsymbol{x}_2(t,f)}$；$l(t,f) = \sqrt{\boldsymbol{x}_1^2(t,f) + \boldsymbol{x}_2^2(t,f)}$ 为权重；λ 为尺度因子。$\phi(\alpha)$ 定义为

$$\phi(\alpha) = \begin{cases} 1 - \dfrac{4\alpha}{\pi} & |\alpha| \leq \dfrac{4}{\pi} \\ 0 & |\alpha| > \dfrac{4}{\pi} \end{cases} \quad (5.16)$$

在[0,2π]中函数具有不同聚类中心的多个极值点,由于源信号的个数可以通过极值点的个数反映,故而势函数法也能够估计源信号的数目。

5.3 基于 Fast ICA 的雷达信号分选算法研究

本节将 Fast ICA 算法应用到雷达信号分选中,提出基于 Fast ICA 的雷达信号分选算法,同时讨论了采样时间与迭代次数和相似系数的关系。仿真实验结果表明该算法可以很好地分离各种不同调制脉冲雷达信号及连续波雷达信号,对传统分选方法难以分选的 PRI 随机雷达信号也十分有效。

5.3.1 盲信号抽取分选算法

1. BSE 方法及其特点

BSE 方法是一种依据无约束优化准则[190],从线性混合信号中抽取单源信号的学习算法。当不断重复抽取时,就能逐个抽取所有的源信号。为了避免已被抽取的源信号在下一个抽取过程中被再次抽取,利用一种无约束优化准则可导出从混合信号中提取已经抽取信号的学习算法。若 m 个混合信号 $x_j(t)$ 是 n 个未知、零均值、统计独立源信号 $s_i(t)$ 的线性组合:

$$x_j(t) = \sum_{i=1}^{n} h_{ji} s_i(t) \quad i = 1,2,\cdots,n \tag{5.17}$$

其矩阵形式为

$$x(t) = Hs(t) \tag{5.18}$$

式中:$x(t)$ 为天线阵元检测到的信号向量;$s(t)$ 为零均值、统计独立的未知源信号向量;H 为列满秩的 $m×n$ 阶未知混合矩阵。

求解上式的源信号主要有两种方法:第一种是同时分离出所有源信号;第二种方法是逐个序贯地抽取出各个信号。

BSE 分两步进行:第一步,用一个处理单元抽取具有特定随机特性的一个独立信号;第二步,用紧缩技术从混合信号中剔除已抽取的源信号,以便有效实施再次BSE。为提高这两个步骤的学习效率,主要是收敛速度,一般在抽取之前先进行白化处理,消除混合信号的二阶相关性。

2. 雷达信号分选的 Fast ICA 算法

Fast ICA[193-195] 由于比批处理甚至自适应处理具有更快的收敛速度,因此而得名。这里将这一算法用于雷达信号分选中,深入研究它在具体应用中的问题,为进一步研究基于 BSS 的信号分选算法做铺垫。

混合—解混过程简图如图 5.2 所示。一般采用两步法进行解混[196]:第一步"球化"是使输出 $z(t)$ 的各分量 $z_i(t)$ 的方差为 1,而且互不相关;第二步"正交变换",一方面使输出 y_i 的方差保持为 1,同时使各 y_i 尽可能互相独立,由于 $z_i(t)$ 已经满足独立性对二阶统计量的要求,因此进行第二步时只要考虑三阶以上的统计量(通常为三阶和四阶),使得算法得以简化。输出 $y(t)$ 只是 $s(t)$ 的近似,而且在排列次序和幅度上都允许不同。

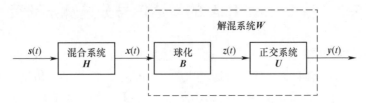

图 5.2　混合—解混过程简图

采用负熵最大化的 ICA 算法步骤如下[196]。

(1) 首先将观测向量 x 去均值,变成零均值向量;然后再加以球化(白化)得 z,即将去均值后的观测向量进行线性变换,得到 z,z 中的各分量 z_i 互不相关,且具有单位方差。

(2) 任意选择 u_i 的初值 $u_i(0)$,要求 $\|u_i(0)\|_2 = 1$。

(3) 令 $u_i(k+1) = E\{zf[u_i^T(k)z]\} - E\{f'[u_i^T(k)z]u_i(k)\}$。其中,$f$ 是作为判据的非多项式函数,常见函数有 $\tanh a_1 y, ye^{y^2/2}, y^3$。总集均值可用时间均值代替。

(4) 归一化:$\dfrac{u_i(k+1)}{\|u_i(k+1)\|_2} \to u_i(k+1)$。

(5) 如未收敛,返回到步骤(3)。

由于雷达信号分选面对的是多个信源之间的分离与选择,多个独立分量逐次提取的算法采用负熵固定点算法的逐步提取[196]。

(1) 同基于负熵最大化的 ICA 算法步骤(1)。

(2) 设 m 为待提取独立分量的数目,令 $p=1$。

(3) 同基于负熵最大化的 ICA 算法步骤(2)。

(4) 迭代:$u_p(k+1) = E\{zf[u_p^T(k)z]\} - E\{f'[u_p^T(k)z]u_p(k)\}$。

(5) 正交化:$u_p(k+1) - \sum\limits_{j=1}^{p-1} <u_p(k+1), u_j> u_j \to u_p(k+1)$。

(6) 归一化:公式同基于负熵最大化的 ICA 算法步骤(4)。

(7) 如 u_p 未收敛,回到步骤(4)。

(8) 令 p 加 1,如 $p \le m$,则回到步骤(3),否则工作完成。

上述 $<\cdot,\cdot>$ 表示内积,$\|\cdot\|_2$ 表示求二维范数。

5.3.2　仿真实验与结果分析

现代雷达信号复杂多变,本节主要讨论几种特殊雷达信号、普通雷达信号及白噪声混合后的分离情况:仿真实验分两种情况:实验 1 侧重于不同的调制方式下的雷达信号的分离;实验2侧重于不同的PRI或随机的PRI和不同PW的雷达信号的分离。

1. 不同调制方式下的捷变频雷达信号分离

实验1:选取4个不同调制方式的捷变频雷达信号,分别是非线性调频脉冲信号、线性调频脉冲信号、二项编码信号、捷变频雷达脉冲信号,其中每种方式下的脉宽、重复周期是固定的,而脉冲的频率是捷变频的,捷变频范围为255~720MHz,相邻频点相距15MHz,共32个频点。采样率2GHz(防止频谱混叠,采样频率选取大于最大频率的两倍),采样点数为320000,噪声选取高斯白噪声,信噪比为-5dB。混合矩阵 H 是由Matlab的rand(·)函数产生的一个5×5均匀分布的随机方阵。图5.3(a)~(e)所示的5个信号源参数设置如下。

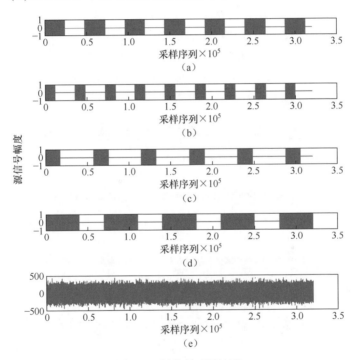

图5.3 源信号时域波形

(1) LFM:PW=12μs,PRI=24μs,脉内信号为 $\cos(2\pi(f_0 t + a_1 t^2/2))$,其中 f_0 为捷变频,$a_1 = 1.25 \times 10^{12} \text{Hz/s}$。

(2) 捷变频:PW=6μs,PRI=18μs。

(3) BPSK:选取11位巴克码的编码方式,也即{1,1,1,0,0,0,1,0,0,1,0},PW=8.8μs,PRI=20.8μs,每个码元持续0.8μs,脉内信号为 $\cos(2\pi)(f_0 t + \varphi_i)$,码元1时 φ_i 取0,码元0时 φ_i 取 π。

(4) NLFM:PW=20μs,PRI=35μs,脉内信号为 $\cos(2\pi(f_0 t + a_1 t^2/2 +$

$a_2 t^3/3))$,其中 f_0 为频率,$a_1 = 5 \times 10^{11}$ Hz/s,$a_2 = 10^{16}$ Hz/s² (为方便观察仿真视图 PRI 取得较实际的 PRI 小)。

(5) 高斯白噪声。

本次样本实验中,混合矩阵为

$$H = \begin{bmatrix} 0.4245 & 0.9139 & 0.4361 & 0.2862 & 0.9620 \\ 0.4159 & 0.8360 & 0.2243 & 0.2841 & 0.3065 \\ 0.3882 & 0.8681 & 0.0132 & 0.3271 & 0.7789 \\ 0.8555 & 0.7756 & 0.3760 & 0.4762 & 0.8953 \\ 0.8230 & 0.4319 & 0.8386 & 0.2260 & 0.2537 \end{bmatrix}$$

接收的 5 通道的中频混合信号时域波形如图 5.4 所示,抽取出的 5 通道的分离信号时域波形如图 5.5 所示。从图 5.4 混合信号时域波形中可以看出,信噪比为 −5dB 时,信号几乎全部淹没在白噪声中,得到的各通道包络几乎是相同的,也就是说中频信号经检波整形后得到的视频信号几乎是相同的,如果利用 BSE 在视频段进行盲分离是无法实现的。而各个通道中频信号的细节信息不同,BSE 技术可以根据各信源的独立性实现各信号的分离。

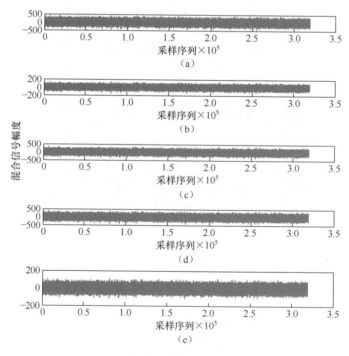

图 5.4 混合信号时域波形

从图 5.3 和图 5.5 可以定性看出,分离信号和源信号非常相近,只是恢复出的信号与源信号的排列顺序不一致,而且某些信号的幅度与其对应的源信号也有所

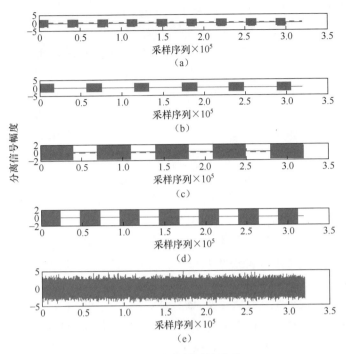

图 5.5 分离信号时域波形

不同。通常把分离信号幅值及顺序的不确定性称为 BSS 问题的不确定性，这些不确定性对很多实际问题来说通常并不重要，因为分离出来的源信号很容易依据工程背景和先验知识确定。虽然存在不确定，但得到以波形携带信息的源信号，对分析实际工程问题是很关键的一步，这是盲处理的魅力所在。

本次样本实验中得到的分离矩阵为

$$W = \begin{bmatrix} 1.812 & -0.090 & -8.843 & 6.871 & -3.860 \\ 7.624 & 6.119 & -16.103 & 5.047 & -4.675 \\ -10.122 & -19.838 & 40.411 & -23.260 & 20.363 \\ -8.810 & -9.527 & 20.393 & -7.955 & 10.380 \\ 0.074 & 0.082 & -0.165 & 0.046 & -0.079 \end{bmatrix}$$

本次样本实验中源信号与分离信号之间的相似系数矩阵为

$$\xi = \begin{bmatrix} 0.0000 & 0.0017 & 0.0000 & 0.9999 & 0.0118 \\ 1.0000 & 0.0000 & 0.0001 & 0.0000 & 0.0001 \\ 0.0000 & 1.0000 & 0.0001 & 0.0002 & 0.0006 \\ 0.0000 & 0.0000 & 1.0000 & 0.0001 & 0.0030 \\ 0.0017 & 0.0000 & 0.0028 & 0.0120 & 0.9999 \end{bmatrix}$$

相似系数矩阵每行每列只有一个数为 1 或接近于 1，其他都为 0 或接近于 0。相似系数矩阵的第 1 行第 4 列为 0.9999，说明图 5.3 中源信号的第 1 个通道信号经分离后得到的估计信号在第 4 个通道(图 5.3 和图 5.5),依此类推。由此可见,分离得到的信号几乎完整地保持了源信号的所有信息。

从图 5.5 分离得到的高斯白噪声与源高斯白噪声的相似系数为 0.9999 可以看出,如果把高斯白噪声看作连续波雷达信号,那么可以认为该分离算法也适用于连续波雷达信号的分离。换个角度可以说该方法能够有效地提取高斯白噪声,这样不仅提高信噪比,还保留了噪声信息。因为算法是根据信源的独立性来收敛的,噪声对于真正的信源来说也是一个独立源。传统抑制噪声的方法都是将噪声滤除,提高信噪比的同时也丢失了噪声信息,然而有时噪声中也包含了一些有用信息,因此该算法更加有实际意义。

雷达信号的识别一直是雷达对抗的研究热点,但是如图 5.4 所示,信噪比比较小时,接收信号几乎完全淹没在背景噪声中,即使进入信号识别模块进行识别,识别效果也不好。而混合信号如果经 BSE 分离后,各通道得到的分离信号比较理想,可以直接进入识别模块进行识别。

2. 随机 PRI 的捷变频雷达信号分离

实验 2:选取 3 个捷变频雷达信号源,分别是 PW、PRI 都固定的捷变频雷达信号;帧周期固定,帧内 PW、PRI 随机排列的参差雷达信号;PW 固定、PRI 随机设定的雷达信号。捷变频规律和实验 1 一致。采样率 2GHz,采样点 400000。噪声选取高斯白噪声,信号幅度为 1V,噪声幅度为 100V。源信号参数设置如下。

(1) PW = 10μs,PRI = 30μs。

(2) PW = {6,8,20,10,15} μs,PRI−PW = {8.4,9.7,11.8,12.7,14.2} μs,5 个子 PW 及其低电平间隔在每帧出现顺序随机,但每帧都有这 5 个值。

(3) PW = 12μs,PRI = {47,66,44,50,54,59,62} μs。

(4) 高斯白噪声。

如图 5.6 ~ 图 5.8 所示为其中一次样本实验的实验仿真图,在本次样本实验中,得到的分离矩阵为

$$W = \begin{bmatrix} -2.8815 & -10.2711 & 5.9806 & 6.2092 \\ 6.4125 & -0.3398 & -8.5098 & 2.8948 \\ -4.5191 & -4.8370 & 4.1767 & 5.1737 \\ 0.1209 & 0.1097 & -0.1454 & -0.0927 \end{bmatrix}$$

源信号与分离信号之间的相似系数矩阵为

$$\xi = \begin{bmatrix} 0.9980 & 0.0001 & 0.0000 & 0.0010 \\ 0.0448 & 0.0000 & 0.9988 & 0.0207 \\ 0.0001 & 0.9980 & 0.0000 & 0.0012 \\ 0.0008 & 0.0035 & 0.0202 & 0.9998 \end{bmatrix}$$

与前面类似,实验 2 中得到的相似系数矩阵的每行每列只有一个数为 1 或接近 1,其他都为 0 或接近 0,说明该算法对 PRI 随机排列的脉冲雷达信号具有很好

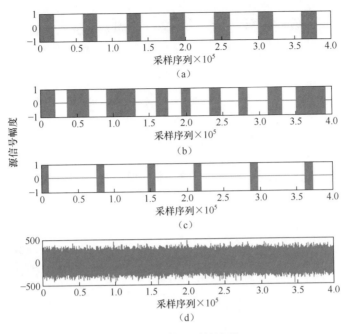

图 5.6 源信号时域波形

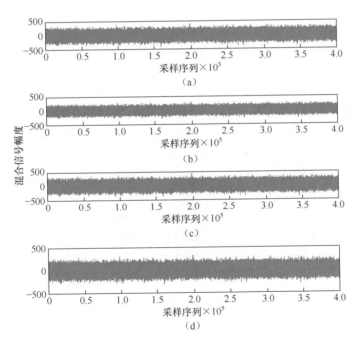

图 5.7 混合信号时域波形

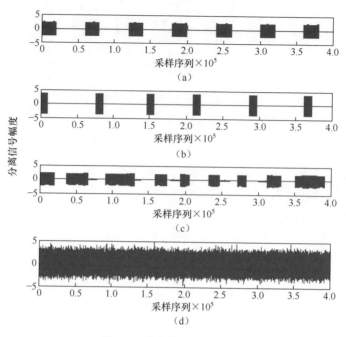

图 5.8 分离信号时域波形

的分离效果。这一点是基于 BSS 的信号分选算法区别于传统分选算法的最明显优势,也是普遍优势。

3. 采样时间的选取及微弱信号分离验证

工程实际中,采样时间的选取是分选工作的一个重要参数。在大量的仿真实验中,发现采样时间直接影响算法的迭代次数及其相似系数矩阵。下面以实验 1 为例研究采样时间如何合理选取的问题。在信噪比为 $-5dB$ 时,采样时间与迭代次数关系如图 5.9(a)所示,采样时间与相似系数关系如图 5.9(b)所示。实验中最大 PRI 为 $35\mu s$,从图 5.9(a)来看,采样时间大于等于最大 PRI 的 5 倍时,迭代次数相对就比较稳定,相似系数均值接近 1,分离效果最好。从它们三者的关系也证明了该方法的有效性和可行性。

为验证该算法在低信噪比下可以实现各个信号的分离,本节在相同的混合矩阵、相同的采样时间($175\mu s$)、不同的信噪比($-60dB \sim -5dB$)条件下做了信号分离的仿真实验,发现分离时的迭代次数和相似系数在上述实验条件下几乎是相等的,这就说明 Fast ICA 分离信号在满足一定假设条件下可以把微弱信号分离出来。因为算法是根据信源的独立性来收敛的,只要迭代次数足够,基本就可以保证有解,这也是 BSS 算法的一亮点。

仿真实验成功地分离了多种不同调制的雷达信号以及传统分选最难以分选的 PRI 随机变化的雷达信号;同时本节还研究了采样时间与迭代次数、相似系数之间

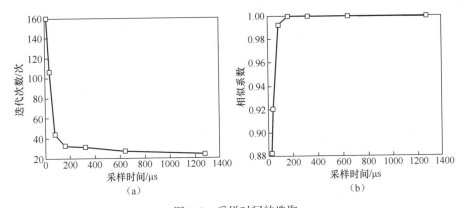

图 5.9 采样时间的选取
(a)采样时间与迭代次数的关系；(b)采样时间与相似系数的关系。

的关系,证明了该方法的有效性和可行性。当采样时间大于等于最大 PRI 的 5 倍时,迭代次数相对就比较稳定,相似系数均值接近 1,分离效果最好。

仿真实验同时也表明,在强高斯白噪声背景下该方法能有效地从观测信号中提取感兴趣的信号,且在一定程度上克服了常规分选方法对噪声敏感的缺陷,能实现对微弱信号的提取。这得益于该 BSS 算法将噪声源作为一个独立源信号分析的思路,只要各信源之间保持独立性就可以保证算法有解。

5.4 基于伪信噪比最大化的盲源分离算法

目前已提出的盲分离算法中,如信息最大化(information maximum,Informax)算法、互信息最小(minimal mutual information,MMI)算法、最大似然(maximum likelihood,ML)算法等,这些都是建立在优化规则目标函数的极值基础上,在优化过程中需要进行大量地迭代,计算复杂度比较高。文献[197]提出了一种基于时域预测的盲分离算法,该算法目标函数的优化过程最后演变为求解广义特征值,算法不需要迭代算法,计算复杂度低。但是,实际模拟发现这种时域预测不一定总是正确的。文献[198]在文献[197]的基础上给出了一种全局最优的盲分离算法。为了充分利用广义特征值,文献[199]给出了 BSS 通用的学习框架,并给出 BSS 通用代价函数的数学表达式。文献[200]结合文献[199]提出了一种基于新代价函数的病态混叠 BSS 算法。

受上述文献的启发,本节提出了一种基于伪信噪比最大化的盲分离算法,它从独立信号完全分离时信噪比最大出发,用单位对称滑动加权向量平滑估计信号作为源信号,建立伪信噪比目标函数,同样把求优过程转换为广义特征值求解,最后由广义特征值构成的特征向量矩阵就是分离矩阵。该算法也是一种全局最优的盲分离算法,具有较低的计算复杂度。实验仿真结果证明,该算法能够有效地分离线性混叠的各类雷达脉冲信号及连续波信号。

5.4.1 建立目标函数及分离算法推导

设 $s(n)$ 为 N 维源信号向量，$x(n)$ 为 N 维混合信号向量，H 为 $N×N$ 阶线性瞬时混合矩阵。信号的混合模型可表示为 $x(n) = Hs(n)$。BSS 就是利用观测信号和源信号的概率分布知识来恢复出 $s(n)$，即寻找一个 $N×N$ 阶分离矩阵 W，使得输出 $y(n) = Wx(n) = WHs(n) = Gs(n)$ 为 $s(n)$ 的一个估计，$y(n)$ 为估计信号或分离信号，G 为全局变换矩阵。

通常将源信号 s 与其分离得到的估计信号 y 的误差 $e = s - y$ 作为噪声信号，则信噪比函数 $F_1(s,y)$ 可以表示为

$$F_1(s,y) = 10\lg\left(\frac{s \cdot s^{\mathrm{T}}}{e \cdot e^{\mathrm{T}}}\right) = 10\lg\left(\frac{s \cdot s^{\mathrm{T}}}{(s-y) \cdot (s-y)^{\mathrm{T}}}\right) \tag{5.19}$$

但是，对于 BSS 而言，源信号 s 是未知的。直观地，考虑用估计信号 y 来代替，但是估计信号 y 含有噪声，而且如果直接将 y 带入式(5.19)会出现分母没有意义的情况。因此，采用什么样的信号来替代源信号 s 是本算法中至关重要的一步。本节引入单位对称加权滑动向量 q，用它来加权分离信号 y 得到 $\tilde{y}$ 作为源信号 s，如式(5.20)所示，q 的长度 L 可以根据信号的特性调节选取。

$$\tilde{y}(n) = \sum_{l=0}^{L-1} y(n-l) q(l) \quad n = 0, 1, \cdots, N-1 \tag{5.20}$$

此外 q 还满足以下几个条件。

(1) $\sum_{l=0}^{L-1} q(l) = 1$。

(2) $q(0) = q(L-1), q(1) = q(L-2), \cdots$。

(3) 若 L 为偶数，$q(L/2) = q(L/2+1)$ 最大，若 L 为奇数，$q((L+1)/2)$ 最大。

(4) $q(0) : q(1) : q(2) : \cdots : q(L-3) : q(L-2) : q(L-1) = 1 : 2 : 3 : \cdots : 4 : 2 : 1$。

单位对称滑动加权向量 q 的选取从平滑滤波器理念出发，简单的平滑滤波器每个系数是相等的，而该向量在继承原平滑滤波思想的同时，将各系数的设置由前后相邻点对当前采样点的影响程度而定，一般认为当前采样点对当前采样点影响最大，其权重最大，而其他相邻采样点的权重视其与当前采样点的距离而定，距离当前采样点越远权重越小，距离当前采样点越近权重越大。这里采用从中心点系数往两边系数逐级指数递减的形式来描述权重与距离的关系。

将平滑处理得到的 $\tilde{y}$ 估计信号作为源信号 s 代入式(5.19)，此时信噪比函数就变为一个新函数，设为 $F_2(\tilde{y},y)$，这里定义该新函数为伪信噪比函数，由于利用上述方法得到的信噪比并非真实的信噪比而得名。伪信噪比函数在一定程度上可以代替信噪比函数表征一定的物理意义，用于衡量该分离系统的分离效果。只

要伪信噪比最大化,也就可以近似认为信噪比最大化,此时有

$$F_2(\tilde{y},y) = 10\lg\left(\frac{\tilde{y} \cdot y^T}{(\tilde{y}-y)\cdot(\tilde{y}-y)^T}\right) \tag{5.21}$$

式中:$y = Wx$,$\tilde{y} = W\tilde{x}$,W 为分离矩阵,x 为观测到的混合信号,$\tilde{x}$ 为混合信号经过单位对称加权滑动处理后的信号。所以,式(5.21)变为

$$\begin{aligned}F_2(\tilde{y},y) &= 10\lg\left(\frac{\tilde{y}\cdot\tilde{y}^T}{(\tilde{y}-y)\cdot(\tilde{y}-y)^T}\right)\\&= 10\lg\left(\frac{Wxx^T W^T}{W(\tilde{x}-x)(\tilde{x}-x)^T W^T}\right)\\&= 10\lg\left(\frac{WC_1 W^T}{WC_2 W^T}\right) = F_3(W,x)\end{aligned} \tag{5.22}$$

式中:$C_1 = \tilde{x}\tilde{x}^T$,$C_2 = (\tilde{x}-x)(\tilde{x}-x)^T$ 为相关矩阵。

从建立目标函数的整个过程及式(5.22)中目标函数的具体数学表达式可以看出,基于伪信噪比的目标函数 $F_3(W,x)$ 是文献[199]给出的通用代价函数的一种特殊形式。本算法的对比函数(目标函数)就是伪信噪比函数,相对于文献[199]通用代价函数而言,本节的目标函数被赋予了信噪比的物理意义。因此,该目标函数的优化过程最后也可以归结到求解广义特征值的问题上来。此外,由于 BSS 之前进行了去均值和白化预处理,所以上述相关矩阵就是协方差矩阵。在实际计算中,上述的相关矩阵只能通过相应的信号向量的样本值来进行估计。

由式(5.22)对分离矩阵 W 求偏导,可得

$$\frac{\partial F_3}{\partial W} = \frac{2W}{WC_1 W^T}C_1 - \frac{2W}{WC_2 W^T}C_2 \tag{5.23}$$

由于目标函数 $F_3(W,x)$ 的极值点为式(5.23)的零点,因此得到 $WC_2 W^T WC_1 = WC_1 W^T WC_2$,即

$$C_1^{-1}C_2 = (W^T W)C_2 C_1^{-1}(W^T W)^{-1} \tag{5.24}$$

由式(5.24)可见,分离矩阵 $\hat{W}$ 为矩阵 $C_2 C_1^{-1}$ 的特征向量,只要求得 $C_2 C_1^{-1}$ 的特征向量就可以得到分离矩阵 $\hat{W}$。分离的源信号向量为 $y = \hat{W}x$,其中 y 的每一行代表一个分离信号,即 y 是源信号 s 的估计。

同时也证明,只要分离矩阵得到的信号及其导数不相关,算法就是可解的。由于空间各个辐射源是统计独立的,所以通过分离矩阵得到的信号也是统计独立的,这样就可以保证算法有解。

5.4.2 仿真实验及其结果分析

1. 不同调制方式下的雷达脉冲信号分离

实验1仿真以BPSK雷达单脉冲信号、线性调频雷达单脉冲信号、非线性调频雷达单脉冲信号及幅度调制信号4种不同调制方式的独立信号源为例,其采样率100MHz,采样点数为800点,噪声选取高斯白噪声,信号幅度为1V,噪声幅度为100V。此外,经大量仿真实验发现q的长度L取5,滤波效果较好。实验参数具体设置如下。

(1) BPSK:采用11位巴克码,脉宽6.6μs,每个码元持续时间0.6μs,脉内信号为$\cos(2\pi(f_0 t + \varphi_i))$,$f_0$为8MHz,码元1时$\varphi_i$取0,码元0时$\varphi_i$取$\pi$。

(2) LFM:脉宽为5μs,带宽为20MHz,起始频率为6MHz。

(3) NLFM:脉宽为7μs,脉内信号为$\cos(2\pi(f_0 t + a_1 t^2/2 + a_2 t^3/3))$,其中起始频率$f_0$为10MHz,$a_1 = 5\times10^{11}$Hz/s,$a_2 = 10^{16}$Hz/s^2。

(4) AM:信号为$1 + 8\cos(2\pi f_1 t)\sin(2\pi f_0 t)$,$f_0 = 10$MHz,$f_1 = 0.2$MHz。

(5) 高斯白噪声。

如图5.10~图5.12分别为源信号、混合信号和分离信号的时域波形。其中图5.12(a)~(e)分离的5个子信号分别是NLFM、AM、高斯白噪声、LFM和BPSK。

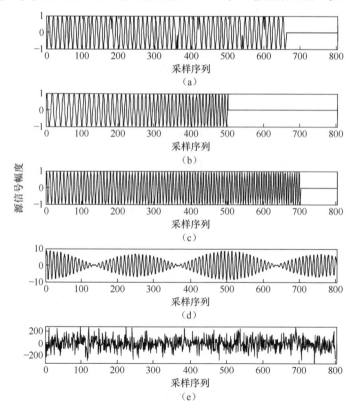

图5.10 源信号时域波形

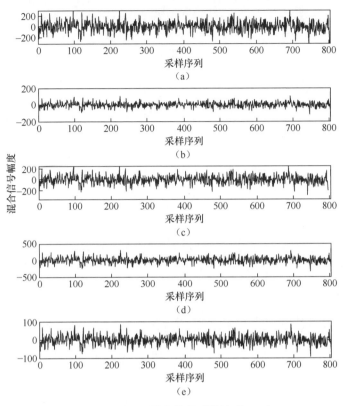

图 5.11 混合信号时域波形

从图 5.12 可以定性地看出,虽然各个通道波形的顺序和幅度存在不确定性,但分离效果较好,特别值得一提的是,对于 BPSK 信号的码元突变点准确地恢复出来了。

本次样本实验中,其相似系数矩阵为

$$\xi = \begin{bmatrix} 0.0114 & 0.0370 & 0.0157 & 0.0367 & 0.9981 \\ 0.0153 & 0.0758 & 0.1196 & 0.9793 & 0.0134 \\ 0.9998 & 0.0141 & 0.0093 & 0.0006 & 0.0010 \\ 0.0080 & 0.9982 & 0.0387 & 0.0011 & 0.0074 \\ 0.0398 & 0.0566 & 0.9871 & 0.1890 & 0.0920 \end{bmatrix}$$

容易发现,该矩阵的每行每列只有一个数接近 1,其他都接近 0,仔细观察相似系数矩阵可以发现其中的规律,如第 1 行第 5 列为 1,这说明图 5.10 中源信号中的第 1 个通道信号经分离后得到的估计信号在第 5 个通道(图 5.10、图 5.12),依此类推。相似系数矩阵定量说明,分离得到的信号几乎完整地保持了源信号的所有信息,分离效果比较理想。

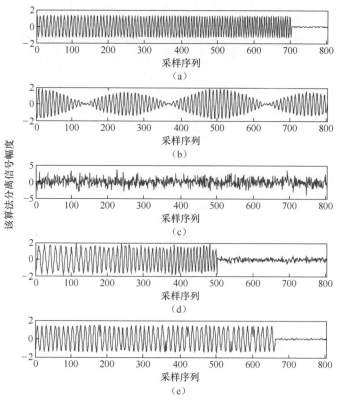

图 5.12　分离信号时域波形

2. 与 Fast ICA 法比较

实验 2：为了进一步定量地测试该算法的性能，选取了经典盲分离算法 Fast ICA 法[193,194,196]与本算法进行比较，仿真实验比较了两种算法的仿真平均运算时间及平均相似系数。

平均相似系数为相似系数矩阵中所有接近 1 的数据平均值。每组对比参数都分别取 100 次蒙特卡罗实验的平均值。实验参数设置如下：选取 PW 均为 7.7μs、PRI 均为 11.7μs 及 CF(或起始频率)均为 8MHz 的复杂雷达脉冲信号(调制方式为 BPSK、LFM)和常规雷达脉冲信号，幅度调制信号和高斯噪声设置和实验 1 一致。采样时间选取由 PW 和 PRI 来确定，如采样时间取 4PRI+PW 代表采样时间取 5 个雷达脉冲时间，依次类推。仿真结果如表 5.1 所列。

观察表 5.1 可以发现，Fast ICA 法会出现迭代不一定收敛的情况，它的收敛情况与采样时间选取有很大的关系，当采样时间取 PW 和 PW+PRI 时，Fast ICA 法分离得到的平均相似系数接近 1，分离效果理想；当采样时间取 PW + nPRI($n \geqslant 2$)时，Fast ICA 法迭代次数超过 6000 次，认为迭代失败；当采样时间取 nPRI($n \geqslant 1$)时，Fast ICA 法迭代时间比较长，所得到的平均相似系数在 0.83 左右，不是很理想。主要原因是 Fast ICA 法是一种自适应抽取技术,它的目标函数优化不是全局最优,当分离雷达脉冲信号时,由于前后脉冲间的不连续性及分离的不确定性,使得各通道的前后脉冲并不一定来自同一个辐射源。而本算法没有出现分离失败情况,而且不同采样时间下得到的平均相似系数也比较稳定,基本稳定在 0.987 左右,分离效果明显比经典算法理想。这主要是因为该算法是一种全局最优化算法,对脉宽、重复周期和载频都没有 Fast ICA 那么敏感。此外,本算法的求解过程没有迭代运算,所以运算时间比较快,从数据上看它比 Fast ICA 法快 5 倍左右。综上所述,对于雷达脉冲信号和通信信号都存在的复杂混叠信号环境,本算法分离效果比 Fast ICA 法更佳。

表 5.1　两种算法平均相似系数和平均运算时间比较

采样时间/μs	平均相似系数		仿真平均时间/s	
	本算法	Fast ICA	本算法	Fast ICA
PW	0.9930	0.9962	0.062	0.328
PRI	0.9860	0.8058	0.062	0.434
PRI+PW	0.9908	0.9986	0.062	0.253
2PRI	0.9872	0.8188	0.063	0.460
2PRI+PW	0.9892	—	0.063	—
3PRI	0.9868	0.8141	0.078	0.445
3PRI+PW	0.9873		0.078	
4PRI	0.9870	0.8290	0.079	0.428
4PRI+PW	0.9872	—	0.078	—
5PRI	0.9870	0.8332	0.078	0.453
6PRI	0.9872	0.8277	0.078	0.480
7PRI	0.9851	0.8317	0.125	0.481
8PRI	0.9872	0.8298	0.110	0.469
9PRI	0.9874	0.8309	0.110	0.519
10PRI	0.9874	0.8323	0.125	0.531

注:"-"表示抽取迭代次数超过 6000 次。

5.5　基于峭度的盲源分离拟开关算法

早期 Comon 系统分析了瞬时混叠信号盲源分离问题,提出独立分量分析的概念与基本假设以及基于累积量目标函数的盲源分离算法[56]。为了拓宽应用范围,研究者们开始研究自适应处理算法,其中比较著名的有 Bell 等提出的随机梯度下降的信息最大化算法 Informax ICA[57]以及 Lee 等提出的扩展的 Informax 算法[201]。牛龙等在扩展的 Informax 算法基础上提出了盲源分离开关算法[202],它针对利用 ICA 算法进行 BSS 时信号的 PDF 与激活函数难以确定的困难(尤其当混叠信号中既含超高斯信号,又含有亚高斯信号时),根据 PDF 的一种重要测度(峭度)自适应地学习算法中的激活函数,而无须预先对源信号的 PDF 做假设,但其衡量参数对于某些分布不是一个稳健测度,对某些界外点较为敏感。

本节在原盲源分离开关算法的基础上做了几点改进,提出了基于峭度的盲源分离拟开关算法,它在强噪声背景影响下,可以有效地实现空间多源线性混叠信号的分离。首先,算法引入单位对称加权滑动向量加权分离信号来近似计算源信号的峭度;其次,由于开关算法用峭度符号位作为判断函数(只有 1,0,-1 等 3 种系数)来选择激活函数,无法准确地表示每次迭代分离后各通道信号的 PDF,本算法直接用峭度(包括了 1,0,-1 等多种系数)作为判断函数来选择加权激活函数,进而更加准确地表示每次迭代分离后各通道信号的 PDF;此外,原盲源分离开关算法并没有对迭代何时结束提出相应的评判方法,本节针对信号分选不一定需要完整的脉内信息的具体应用,给出了相应的迭代结束评判方法,减少了迭代时间,提高了分离速度;最后通过计算机仿真表明在强噪声背景影响下,本算法可以有效实现空间多源线性混叠信号的分离,且分离效果、稳定性、计算速度和抗噪性能上都比原算法有了较大的改进。

5.5.1 源信号概率密度函数、激活函数与峭度

估计的源信号概率密度函数[61,202]常见的形式有双曲线正割函数的平方、修正的双曲正割函数的平方、混合高斯函数(mixture of gaussian, MOG)、混合双曲正割的平方等非线性函数。

修正的双曲正割函数的平方的 $\hat{p}(s_i)$(超高斯)以及激活函数 $\varphi_i(s_i)$ 分别为

$$\hat{p}_i(s_i) = \frac{1}{\sqrt{2\pi}} e^{-\frac{s_i^2}{2}} \operatorname{sech}^2(s_i) \tag{5.25}$$

$$\varphi_i(s_i) = -\frac{\mathrm{dlg}\hat{p}_i(s_i)}{\mathrm{d}s_i} = -\frac{\hat{p}_i'(s_i)}{\hat{p}_i(s_i)} = s_i + \tanh(s_i) \tag{5.26}$$

MOG 的 $\hat{p}_i(s_i)$(亚高斯)以及激活函数 $\varphi_i(s_i)$ 分别为

$$\hat{p}_i(s_i) = \frac{1-a}{\sigma_1 \sqrt{2\pi}} e^{\frac{-(s_i-\mu_1)^2}{2\sigma_1^2}} + \frac{a}{\sigma_2 \sqrt{2\pi}} e^{\frac{-(s_i+\mu_2)^2}{2\sigma_2^2}} \tag{5.27}$$

$$\varphi_i(s_i) = -\frac{\hat{p}_i'(s_i)}{\hat{p}_i(s_i)} = s_i - \tanh(s_i) \tag{5.28}$$

峭度是信号 PDF 一个判断参数,其归一化定义为

$$k(s_i) = \frac{m_4(s_i)}{m_2^2(s_i)} - 3 \tag{5.29}$$

式中：$m_2(s_i)$ 和 $m_4(s_i)$ 分别为信号 s_i 的二阶矩和四阶矩。当信号的 $p_i(s_i)$ 为高斯函数时，$k(s_i)=0$；当信号的 $p_i(s_i)$ 为超高斯函数时，$k(s_i)>0$；当信号的 $p_i(s_i)$ 为亚高斯函数时，$k(s_i)<0$。

5.5.2 盲源分离拟开关算法

基于随机梯度离线批处理 ICA 学习算法[61,203]为

$$\Delta W(k)=\alpha(k)\left[I-\frac{1}{M}\sum_{t=1}^{M}\varphi(y(t,k))y^{\mathrm{T}}(t,k)\right]W(k) \quad k=0,1,\cdots \quad (5.30)$$

式中：$\varphi(y)=[\varphi_1(y_1),\varphi_2(y_2),\cdots,\varphi_n(y_n)]^{\mathrm{T}}$ 为非线性激活函数；$\alpha(k)$ 为学习速率。基于 Amari 和 Cardoso 的证明[61]，引入估计函数

$$F(y,W)=I-\varphi|(y)y^{\mathrm{T}}|_{y=Wx} \quad (5.31)$$

则大部分在线 ICA 算法有如下统一形式，即

$$W(k+1)=W(k)+\alpha(k)F(y(k),W(k))W(k) \quad (5.32)$$

其离线批处理形式为

$$W(k+1)=W(k)+\alpha(k)\hat{E}[F(y(t,k),W(k))]W(k) \quad (5.33)$$

$$\hat{E}[F(y(t,k),W(k))]=\frac{1}{M}\sum_{t=1}^{M}F(y(t,k),W(k)) \quad (5.34)$$

该算法的关键是寻找估计函数 $F(y,W)$ 中的激活函数 φ。当混叠信号的 PDF 既包含超高斯又包含亚高斯时，各 $\varphi_i(i=1,2,\cdots,n)$ 必须通过学习确定。容易得到，当信源信号包含这两种统计特性的信号时，激活函数统一形式为 $\varphi_i(s_i)=s_i+J_i\tanh(s_i)$，即

$$\Delta W(k)=\alpha(k)\hat{E}[I-y(t,k)y^{\mathrm{T}}(t,k)-J\tanh(y(t,k))y^{\mathrm{T}}(t,k)]W(k)$$
$$(5.35)$$

式中：未知源信号 s 由估计信号 y 近似代替，$J=\mathrm{diag}[J_1,J_2,\cdots,J_n]$。

若第 i 个源信号为超高斯信号，则 $J_i=1$；若第 i 个源信号为亚高斯信号，则 $J_i=-1$；若源信号中还存在一个高斯信号，则 $J_i=0$。利用 $J_i=0,J_i=1,J_i=-1$ 的特性，就可以作为判断函数，即构成开关算法。

考虑到开关算法仅用峭度的符号位作为判断函数选择激活函数，也即 $J_i=\mathrm{sign}(k_i)$，它的判断函数只有 $1,0,-1$ 等 3 种系数，用这 3 个系数作为判断标准会丢失一些信号的细节信息。特别是峭度值处于这 3 个系数中间模糊地带时，这种现象更加严重，导致最后无法准确地表示每次迭代分离后各通道信号的 PDF，最终导致判断失误。因此，本节提出直接用峭度来代替原来的判断函数，也即 $J_i=k_i$，它包含了 $1,0,-1$ 等多种系数，这样可以更精确地表示每次迭代使用的激活函数，进而更加准确地表示每次迭代分离后各通道信号的 PDF，这就是 BSS 拟开关算法。

同时，由于空间信源信号未知，原算法的峭度可直接由分离信号 y_i 迭代计算得到，迭代算法为

$$k_i^{(k)}(\boldsymbol{y}_i) = m_{4i}^{(k)}/(m_{2i}^{(k)})^2 - 3 \tag{5.36}$$

为了提高算法的抗噪能力,这里同样引入5.4节提到的单位对称加权滑动向量来加权分离信号 $\boldsymbol{y}_i$,得到近似分离信号 $\tilde{\boldsymbol{y}}_i$,以此来计算源信号的峭度。

为改善算法对某些非平稳或异常尺度源信号的数值稳定性和收敛性,放宽白化约束条件,即选用适当的正定对角矩阵 $\boldsymbol{\Lambda}$ 代替单位矩阵 $\boldsymbol{I}$,使式(5.35)等号右边数学期望项的对角元素变为零,即

$$\Delta \boldsymbol{W}(k) = \alpha(k)\hat{E}[\boldsymbol{\Lambda} - \boldsymbol{y}(t,k)\boldsymbol{y}^{\mathrm{T}}(t,k) - \boldsymbol{J}\tanh(\boldsymbol{y}(t,k)\boldsymbol{y}^{\mathrm{T}}(t,k))]\boldsymbol{W}(k)$$
$$= \alpha(k)\hat{E}[\boldsymbol{\Lambda} - \boldsymbol{D}(t,k)]\boldsymbol{W}(k) \tag{5.37}$$

$$\boldsymbol{D}(t,k) = \boldsymbol{y}(t,k)\boldsymbol{y}^{\mathrm{T}}(t,k) + \boldsymbol{J}\tanh(\boldsymbol{y}(t,k))\boldsymbol{y}^{\mathrm{T}}(t,k) \tag{5.38}$$

式中: $\boldsymbol{\Lambda} = \mathrm{diag}[\mathrm{diag}(\boldsymbol{D})]$ 是以矩阵 $\boldsymbol{D}$ 的对角元素为元素的对角矩阵。

5.5.3 仿真实验与结果分析

1. 强噪声背景下的多源混叠信号分离

实验1:仿真以 BPSK 雷达单脉冲信号、线性调频雷达单脉冲信号、普通雷达单脉冲信号以及幅度调制通信信号4种不同调制方式的统计独立信号源为例,其采样率100MHz,采样点770,噪声选取高斯白噪声。其中各信号幅度1V,高斯白噪声幅度100V。各信号参数具体设置如下。

(1) BPSK 信号:采用二元伪随机序列编码方式,选取11位巴克码,脉宽为7.7μs,每个码元持续时间为0.7μs,脉内信号为 $\cos(2\pi(f_0 t + \varphi_i))$, f_0 为10MHz,其中码元1时 φ_i 取0,码元0时 φ_i 取 π。

(2) LFM 信号:脉宽为7.7μs,带宽为20MHz,起始频率为8MHz。

(3) 常规雷达信号:脉宽为7.7μs, f_0 为4MHz。

(4) AM: $f_0 = 10$MHz, $f_1 = 0.2$MHz,形式为 $1 + 8\cos(2\pi f_1 t)\sin(2\pi f_0 t)$。

(5) 高斯白噪声。

如图5.13~图5.16分别为源信号、混合信号、原算法及本算法分离信号的时域波形。可以看出,原算法对空间多源混叠信号的分离效果相对于两源分离[202]时急剧下降,所得分离信号与源信号差别较大。

本次样本实验中,原开关算法得到的相似系数矩阵为

$$\boldsymbol{\xi} = \begin{bmatrix} 0.7288 & 0.2627 & 0.4849 & 0.0433 & 0.4507 \\ 0.3752 & 0.2757 & 0.6154 & 0.5350 & 0.1591 \\ 0.2326 & 0.0949 & 0.5340 & 0.8399 & 0.1712 \\ 0.4240 & 0.7506 & 0.0758 & 0.0157 & 0.5086 \\ 0.1426 & 0.6302 & 0.1248 & 0.0957 & 0.7251 \end{bmatrix}$$

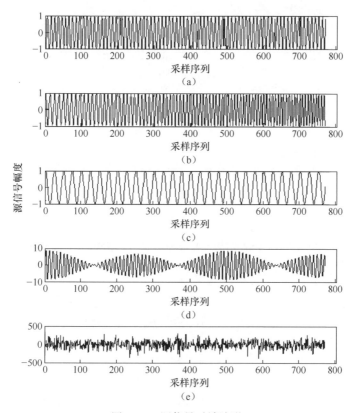

图 5.13 源信号时域波形

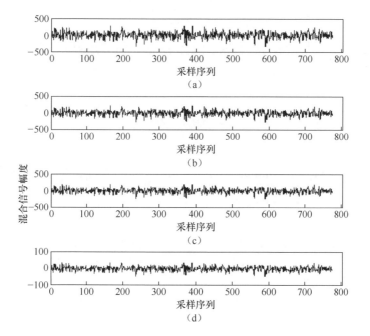

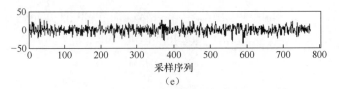

(e)

图 5.14 混合信号时域波形

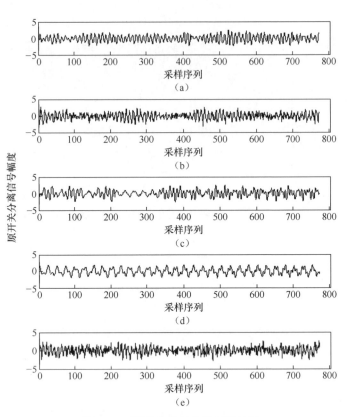

(a)

(b)

(c)

(d)

(e)

图 5.15 原算法分离信号时域波形

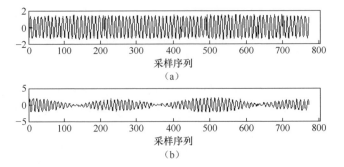

(a)

(b)

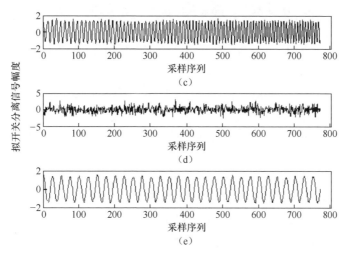

图 5.16 本算法分离信号时域波形

相似系数矩阵每行每列最大数据只有 0.8399,与源信号的相似度较低。这也说明,分离得到的信号失去了源信号中信息量较大的脉内信息,无法正确识别。

图 5.16(a)~(e)的 5 个子信号分别是 BPSK、AM、LFM、高斯白噪声和普通雷达信号。

从图 5.16 可以定性地看出,虽然各个通道波形的顺序和幅度存在不确定性,但各个信号的分离达到较好的效果,特别值得注意的是,对于 BPSK 信号的码元突变点也能很准确地恢复出来。本次样本实验中,拟开关算法得到的相似系数矩阵为

$$\xi = \begin{bmatrix} 0.9962 & 0.0632 & 0.0814 & 0.0080 & 0.0493 \\ 0.1593 & 0.0592 & 0.9952 & 0.0004 & 0.0239 \\ 0.0474 & 0.0111 & 0.0632 & 0.0515 & 0.9973 \\ 0.0860 & 0.9837 & 0.0196 & 0.1578 & 0.0096 \\ 0.0687 & 0.1969 & 0.0389 & 0.9768 & 0.0310 \end{bmatrix}$$

相似系数矩阵定量说明,分离得到的信号几乎完整地保持了源信号的所有信息,分离效果比较理想。

实验 2:在实际采集信号数据时,除了高斯白噪声外,信道中一般还会混有其他噪声,这里选取均匀分布的随机噪声为例。为满足解混条件,可以通过增加天线阵元的方法获取多一路的混叠信号。为方便起见,仿真过程中直接将普通雷达信源改成幅度为 50V 的随机噪声源,其他条件与实验 1 保持一致。限于篇幅,本节仅给出某次样本实验的相似系数矩阵:

$$\xi = \begin{bmatrix} 0.0084 & 0.0608 & 0.0693 & 0.1127 & 0.9884 \\ 0.9751 & 0.0980 & 0.0646 & 0.1840 & 0.0663 \\ 0.1650 & 0.1328 & 0.0051 & 0.9714 & 0.1332 \\ 0.1138 & 0.9594 & 0.1675 & 0.1788 & 0.0603 \\ 0.0923 & 0.1156 & 0.9886 & 0.0275 & 0.0124 \end{bmatrix}$$

从上述相似系数矩阵以及大量仿真实验可见,空间多源混叠信号在高斯噪声和均匀分布的随机噪声的强背景噪声影响下,本算法仍然可以很好地实现盲源分离,分离得到的相似系数较高。

2. 两种算法的定量比较

为了进一步测试该算法的性能,将原盲源分离开关算法与本算法进行定量比较。在相同混合矩阵、相同初始矩阵及相同的迭代次数条件下,仿真实验比较了两种算法的平均相似系数。平均相似系数为相似系数矩阵中所有接近为1的数据平均值。迭代最大次数都取200次,当迭代次数超过200次时迭代都强制结束,直接用此时的分离矩阵进行分离信号。对比参数都分别取100次蒙特卡罗实验的平均值,实验结果如表5.2所列。

表5.2 两种算法的平均相似系数比较

平均相似系数	实验1		实验2	
	本算法	原算法	本算法	原算法
$\bar{\xi}$	0.9910	0.7518	0.9905	0.7623

从表5.2数据可以发现:在强背景噪声影响下,原算法对空间多源混叠信号的分离基本上失去了原来两源分离[202]的优势,所得相似系数平均值为0.7518~0.7623,脉内细节信息基本消失,而本算法可以有效实现多源混叠信号的分离,它的相似系数平均值为0.9905~0.9910。

对于信号分选而言,每个信号的脉内信息并不一定需要完全的恢复,所以为了将迭代次数降到最低以提高分离速度,本节还研究了迭代次数与相似系数之间的关系,寻求最佳迭代次数以提高运算速度。这里用实验1的相关参数在相同混合矩阵下,研究了拟开关算法与原开关算法两种算法在不同迭代次数下所对应的平均相似系数,对比图如图5.17所示。由此可见,拟开关算法的迭代次数越多(迭代时间越长),平均相似系数越高。这一现象在迭代次数小于100次范围内最为明显,之后趋于平坦,而且在迭代次数超过70次时,平均相似系数已经达到0.95以上,而此时各通道恢复出来的信号脉内信息基本可以用于后续处理。因此,可以选择迭代次数70~100次作为迭代结束的判断准则。而原开关算法显然没有这一规律,平均相似系数随迭代次数的增加起伏不大,大部分集中在0.75左右,这也进一步说明了原开关算法失去原来两源分离的优势,分离效果不如新算法;此外,原算法在进行多源分离时,迭代次数的多少对分离效果影响不明显。

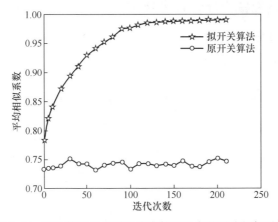

图 5.17 两种算法在不同迭代次数下对应的平均相似系数

5.6 基于改进谱聚类的雷达信号欠定盲源分离混合矩阵估计

欠定盲源分离是目前研究 BSS 问题的热点,因为其更符合实际情况。可以将欠定盲源分离恢复源信号等效为求解线性系统模型的问题,欠定情况下重构信号时会出现多解问题。目前,解决欠定盲源分离的主要方法是"两步法",首先对混合矩阵进行估计,接着利用估计出的混合矩阵 H 根据信号的稀疏性分离出源信号[182]。其中,通常需要信号在变换域尽可能的稀疏,通过逆变换会得到源信号的时域波形。

本节采用稀疏分量分析的方法处理雷达信号中的欠定盲源分离问题(以线性调频信号为例),采用"两步法"求解欠定方程的最优解,混合矩阵的估计误差对后续重构算法恢复源信号的精度影响较大,为此可以增强信号的稀疏性来降低混合矩阵的估计误差。目前,聚类算法以及张量分解方法是估计混合矩阵常用的方法。常用的聚类算法中模糊 C-均值聚类算法是较成功且应用最广泛的算法,其算法简单高效。但是由于此算法对初值的选择较为敏感,迭代过程容易陷入局部最优解,使算法的收敛速度变慢,从而混合矩阵估计时产生误差。张量分解方法对信号的稀疏性要求低于传统的聚类算法。针对观测信号在时频域存在交叠、混合矩阵估计误差较大的问题,本节引进机器学习中的谱聚类算法,并在谱聚类算法的基础上利用张量分解方法估计出混合矩阵,最后通过实验仿真来证明本节算法具有比其他算法更低的混合矩阵估计误差。

由于处理非线性混合模型时,采用目前的数学方法很难得到非线性混合系统的逆矩阵,所以本节主要针对线性瞬时混合模型处理 UBSS 问题。

5.6.1 传统混合矩阵估计方法

1. 基于特征值分解的方法

UBSS 线性瞬时混合模型为

$$x(t) = Hs(t) \tag{5.39}$$

STFT 应用于式(5.39)的两侧,利用变换域中的固有稀疏性,可得

$$X(t,f) = HS(t,f) \tag{5.40}$$

$$H = \begin{bmatrix} h_{11} & h_{12} & \cdots & h_{1n} \\ h_{21} & h_{22} & \cdots & h_{2n} \\ \vdots & \vdots & & \vdots \\ h_{m1} & h_{m2} & \cdots & h_{mn} \end{bmatrix} \tag{5.41}$$

式中:$X(t,f) = [X_1(t,f), X_2(t,f), \cdots, X_m(t,f)]^T$,$S(t,f) = [S_1(t,f), S_2(t,f), \cdots, S_n(t,f)]^T$ 分别为时频点(t,f)处观测信号与源信号经 STFT 后的系数。

当源信号表现出稀疏特性时,任意采样点(t_1, f_1)处只存在一个具有较大采样值的信号,而其他信号的采样值取值为零或接近于零,即在任何时频点处只有一个有效源S_i特征值点(single source point, SSP),式(5.39)可以表示为

$$\begin{bmatrix} X_1(t_1, f_1) \\ X_2(t_1, f_1) \\ \vdots \\ X_m(t_1, f_1) \end{bmatrix} = \begin{bmatrix} h_{1i} \\ h_{2i} \\ \vdots \\ h_{mi} \end{bmatrix} S_i(t_1, f_1) \tag{5.42}$$

$$\frac{X_1(t_1, f_1)}{h_{1i}} = \frac{X_2(t_1, f_1)}{h_{2i}} = \cdots = \frac{X_m(t_1, f_1)}{h_{mi}} = S_i(t_1, f_1) \tag{5.43}$$

从式(5.43)的几何特性可知,方程(5.43)是一个线性方程。第i源信号的所有 SSP 确定一条直线,且可以依据不同的源信号得到多条直线。因此,如果提取所有源的 SSP,则可以估计混合矩阵。在欠定盲源分离中采用基于特征值分解检测算法,首先去除时频多源点,然后对剩余的 SSP 进行聚类,估计出混合矩阵。混合矩阵 H 的列向量是直线的方向向量。

基于特征值分解检测算法具体步骤如下,首先在任何时频点(t,f)上减去观测信号的平均值:

$$\overline{X}(t,f) = X(t,f) - E[X(t,f)] \tag{5.44}$$

式中:$E[X(t,f)]$ 表示在时频点(t,f)处的 m 个观测信号的平均值。

观测信号的协方差矩阵为

$$R_{\overline{X}} = E[\overline{X}\overline{X}^H] = E[H\overline{S}\overline{S}^H H^H] = HR_{\overline{S}}H^H = U\Lambda U^H \tag{5.45}$$

由式(5.45)可知

$$R_{\overline{X}} = h_i s_i^2 h_i^H = u_1 \sigma_1^2 u_1^H \tag{5.46}$$

由式(5.46)可知,当 S_i 在时频点(t,f)处有效时,对应于特征向量 u_1 的最大特征值 σ_1^2 是 h_i 的估计。如果时频点(t,f)是一个特征值点,则可以使用 u_1 作为 h_i 的估计。同时,可以获得对应于 u_1 的各特征值点,并且所有 u_1 都可以被聚类成 n 个不同的向量,在检测过程中引入特征值阈值(误差阈值)来作为检测条件。

2. 模糊 C-均值聚类算法

模糊 C-均值(fuzzy c-means, FCM)算法是模糊聚类算法中较成功且应用最广泛的算法。FCM 算法的主要过程是通过不断更新隶属度矩阵来不断计算新的聚类中心,在更新的过程中需要设定迭代停止阈值,将此迭代停止阈值与目标函数的值进行对比,在目标函数的值较小时,停止迭代,输出最终聚类中心以及隶属度矩阵;否则,持续不断迭代更新聚类中心与隶属度矩阵。

在处理过程中引入拉格朗日乘数 λ,构造新的目标函数式:

$$J(U, p_1, \cdots, p_c, \lambda_1, \cdots, \lambda_n) = J(U, p_1, \cdots, p_c) + \sum_{k=1}^{n} \lambda_k \left(\sum_{i=1}^{c} u_{ik} - 1 \right)$$
$$= \sum_{i=1}^{c} \sum_{k=1}^{n} u_{ik}^m d_{ik}^2 + \sum_{k=1}^{n} \lambda_k \left(\sum_{i=1}^{c} u_{ik} - 1 \right) \quad (5.47)$$

式中: $U = [u_{ik}]_{c \times n}$ 为划分矩阵,加权指数为 $m \in [1, +\infty]$ (m 的选取参考文献[111]), u_{ik} 为待聚类信号的隶属度($u_{ik} \in [0,1]$); $d_{ik} = \| p_i - x_k \|$ 为第 k 个信号到第 i 个聚类中心的距离, $d_{ik}^2 = \| p_i - x_k \|^2 = (p_i - x_k)^T (p_i - x_k)$ 是集合 X_i ($1 \leq i \leq c$)与待聚类信号 x_k 的隶属关系。

FCM 聚类算法流程图如图 5.18 所示。

FCM 算法的核心处理过程如下。

(1) 初始化数据,聚类中心的数目 $c(2 \leq c \leq n)$,迭代停止阈值设为 ε,迭代次数最大为 max,更新计数器 $b, b = 0$,加权指数选取 m,初始聚类中心 p_0。

(2) 更新各个样本点的隶属度 u_{ik},从而更新划分矩阵 U。

(3) 得到新的聚类中心 p_i,此时迭代计数器 $b = b + 1$。

(4) 再次计算划分矩阵,由式(5.47)计算出目标函数的值,当超过迭代次数最大值或者目标函数的取值小于停止阈值 ε 时,算法终止并输出结果,反之则回到步骤(3)。

对于大多数待聚类信号,无法获得它的最优聚类数目。FCM 算法本质上是局部搜索算法,对初始值敏感,聚类中心是通过随机初始化产生的,在聚类过程中 FCM 算法易遇到局部最优解,它是一种梯度下降的寻优算法;FCM 算法需要首先给定聚类中心的数目 c,这就使得其存在一大缺陷,也可采用不同的聚类方法(如基于密度的聚类,可参考文献[192])来进行混合矩阵的估计。在此设置迭代最大次数为 max = 20,速度上限值 v_{max},FCM 算法中加权指数 $m = 2$。

图 5.19 为四阵元线性调频雷达信号在时域的波形图,图 5.20 为四通道线性调频雷达信号经短时傅里叶变换后的散点图,由线性聚类特性可知,理论上应该存在 4 条代表源信号的直线,然而在图 5.20 中噪声等信号产生的杂点淹没了散点图所包含

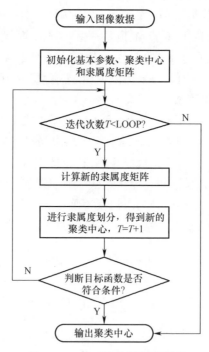

图 5.18 FCM 聚类算法流程图

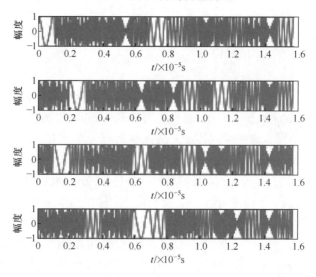

图 5.19 四阵元线性调频雷达信号的时域波形图

的源信号信息,图中 $X1$、$X2$、$X3$ 均为信号经 STFT 变换后的系数,没有单位。在这里可以采用模糊 C-均值聚类算法作为对源信号的约束,提高其线性聚类特性,处理图 5.20 中的散点,进行混合矩阵的估计。图 5.21 中给出了经 FCM 算法处理后,混合信号在时频域中的散点图,可以看出图像的聚类方向变得清晰,有 4 条明显的直线,混合信号的方向性得到了明显的提升。但图中仍存在一定数量的杂点,故而需要改进算法,降低聚类后杂点对源信号方向信息的影响,降低混合矩阵的估计误差。FCM算法需要预先给定聚类中心的数目,它是一种局部搜索算法,对初始值较为敏感。

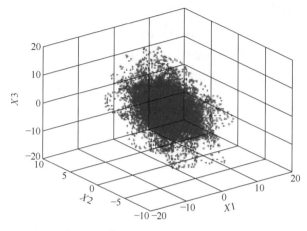

图 5.20 信号经 STFT 后得到的散点图

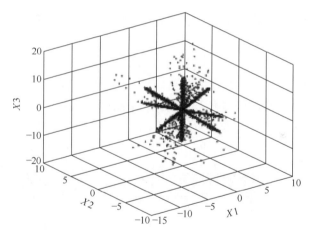

图 5.21 四通道 LFM 信号经模糊 C-均值聚类算法检测后的散点图

3. 基于谱聚类的检测方法

谱聚类(spectral clustering)主要应用在基于人工智能的信号处理领域,在此将其引入 BSS 中对观测信号进行聚类分析,比起其他的聚类算法,当数据分布变化时谱聚类更容易处理[204],适用范围广,计算复杂度较低,易于实现。谱聚类是从图论中演化出来的算法,它可以将带权无向图划分为两个或两个以上的最优子图,使子图内部尽量相似,而子图间距离尽量较远,以达到聚类的目的。谱聚类依据边权重值具有一定的特性,两点相距远则边权重值低,否则,两点间具有较高边权重值。

下面以切图 Ncut 方式总结谱聚类算法流程。

输入:样本集 $D = (x_1, x_2, \cdots, x_n)$,相似矩阵的生成方式,降维后的维度 k_1,聚

类后的维度 k_2,传统 FCM 聚类算法。

(1) 构建样本的相似矩阵 S。

(2) 根据相似矩阵 S,构建邻接矩阵 W,并构建度矩阵 D。

(3) 求得拉普拉斯矩阵 L。

(4) 采用 $D^{-1/2}LD^{-1/2}$ 表示标准化后的拉普拉斯矩阵。

(5) 求得 $D^{-1/2}LD^{-1/2}$ 最小的 k_1 个特征值各自对应的特征向量 f。

(6) 将各自对应的特征向量 f 组成的矩阵按行标准化,最终组成 $n \times k_1$ 维的特征矩阵 F。

(7) 对 F 中的每一行作为一个 k_1 维的样本,共 n 个样本,用输入的 FCM 聚类算法进行聚类,k_2 为聚类维数。

(8) 最终求得簇划分 $C(c_1,c_2,\cdots,c_{k_2})$。

谱聚类算法的主要优点如下。

(1) 当求得数据间的相似度矩阵时谱聚类就可以实现数据聚类,故而具有稀疏特性的信号可以采用谱聚类方法得到较好的聚类效果,而其他的聚类算法(如 K-means、FCM 等)很难做到。

(2) 在聚类的过程中使用了降维,因此其算法在处理高维数据聚类时的复杂度要低于传统聚类算法。

谱聚类算法的主要缺点为聚类效果受相似矩阵的影响较大,当处理后得到的相似矩阵不同时得到的最终聚类效果可能具有很大的不同。

图 5.22 为四阵元线性调频雷达信号在时域的波形图,图 5.23 为四通道线性调频雷达信号经短时傅里叶变换后的散点图,同样由线性聚类特性可知,理论上应该存在 4 条代表源信号的直线。图中 $X1$、$X2$、$X3$ 均为信号经 STFT 变换后的系数,

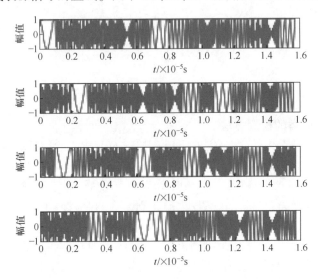

图 5.22 四阵元线性调频雷达信号的时域波形图

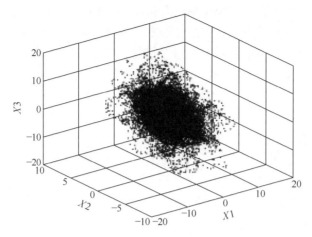

图 5.23　信号经 STFT 变换后得到的散点图

没有单位。在此采用谱聚类的方法对图中散点进行处理,提高其线性聚类特性,对混合矩阵进行估计。图 5.24 中给出了经此聚类算法处理后,混合信号在时频域中的散点图,图像的聚类方向变得清晰,有 4 条明显的直线,混合信号的方向性得到了明显的提升。与模糊 C-均值聚类算法相比,其不在 4 条直线方向上的散点偏少,聚类效果较好,然而其杂点仍可能对混合矩阵的估计精度产生影响,故而需要改进算法,提高混合矩阵的估计精度。

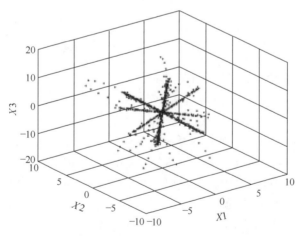

图 5.24　信号经谱聚类算法处理后得到的散点图

5.6.2　基于改进谱聚类的混合矩阵估计方法

1. 基于张量分解的方法

张量(Tensor)可以被看做一个多维的数组,不同维数的张量可以用向量、矩阵等

153

来表示，具有特定的数学意义，向量可以看成是一维张量，矩阵可以看成是二维张量，三阶及以上的张量是高阶张量。张量分解方法相较于聚类算法处理欠定盲源分离问题能够降低算法的复杂度，并且降低数据的损失，它是一种处理高阶数据的方法，已被广泛应用于社交媒体、社区演化以及雷达监测等进行数据分析的领域。虽然张量可以用分量的多维数组来表示，但是其处理较高维数时复杂度可能很大。

CP 分解与 Tucker 分解是张量分解中最常用的两种方法[205]。CP 分解的核心思想是将一个高阶张量分解成若干个秩一张量之和形式，CP 分解保证分解结果是唯一的，其中对秩的求解问题是研究的重点[206]；Tucker 分解的核心思想是将一个高阶张量分解成多个因子矩阵与一个核心张量乘积的形式，其中核心张量保留了原高阶张量的主要信息[206]。此外，还有其他衍生的一些分解方法，如带权 CP 分解，这种方法是为了方便计算，通过引入一个权重向量并且需要假设因子矩阵的列是单位长度的，从而达到提高分解精度的目的。下面介绍基于三阶张量分解的经典算法。

（1）对于三阶张量，CP 分解将其分解成 3 个秩一张量之和形式，CP 分解的数学表达式为

$$T \approx [A,B,C] = \sum_{r=1}^{R} a_r \circ b_r \circ c_r \tag{5.48}$$

式中：A,B,C 为分解后的矩阵；a_r,b_r,c_r 为秩一张量；符号 $\circ$ 表示向量的外积。如果分解后的矩阵 A,B,C 对应的列被正则化，则分解后存在一个权重向量 λ，则式 (5.48) 可以转化为

$$T \approx [A,B,C] = \sum_{r=1}^{R} \lambda_i a_r \circ b_r \circ c_r \tag{5.49}$$

对于一般的 N 阶张量，CP 分解的形式为

$$T \approx [\lambda; A^{(1)}, A^{(2)}, \cdots, A^{(N)}] = \sum_{r=1}^{R} \lambda_i a_r^{(1)} \circ a_r^{(2)} \circ \cdots \circ a_r^{(N)} \tag{5.50}$$

经典的 CP 交叉最小二乘分解算法主要步骤为在已知原始张量 T 的前提下，首先初始化 $A^{(n)} \in R(n=1,2,\cdots,N)$，接着循环 $n=1,2,\cdots,N$，当得到规范列 $A^{(n)}$ 和 λ 时，迭代结束，最终输出 $\lambda, A^{(1)}, A^{(2)}, \cdots, A^{(N)}$，以此估计出混合矩阵。

（2）对于三阶张量，Tucker 分解成 3 个因子矩阵与一个核心张量乘积的形式，此时 Tucker 分解的数学表达式为

$$T \approx G \times_1 A \times_2 B \times_3 C = [G,A,B,C] = \sum_{p=1}^{P}\sum_{q=1}^{Q}\sum_{r=1}^{R} g_{pqr} a_r \circ b_r \circ c_r \tag{5.51}$$

将其推广到 N 阶为

$$T = g \times_1 A^{(1)} \times_2 A^{(2)} \times \cdots \times_N A^{(N)} = [g; A^{(1)}, A^{(2)}, \cdots, A^{(N)}] \tag{5.52}$$

$$T_{(n)} = A^{(n)} G_{(n)} (A^{(N)} \otimes \cdots \otimes A^{(n)} \otimes \cdots \otimes A^{(1)})^{\mathrm{T}}, G_{(n)} = \mathrm{diag}(\lambda) \tag{5.53}$$

式(5.51)中：A,B,C 为 3 个因子矩阵；G 为核心张量；g 为某一维度上的矩阵。其

中,因子矩阵即为对应模上的基矩阵,故可称 Tucker 分解为高阶奇异值分解,算法的主要步骤为在已知原始张量 T 的前提下,张量按模展开,接着循环且计算奇异值分解 $T_{(n)} = U_k \sum_k V_k^T$,得左奇异值 U_k 循环结束,最终输出 $G, A^{(1)}, A^{(2)}, \cdots, A^{(N)}$,以此估计出混合矩阵。

张量的秩定义为用秩一张量之和来精确表示张量所需要的秩一张量的最少个数,即为秩分解,由此可知秩分解是一种特殊的 CP 分解。对应于矩阵的 SVD 分解,目前还没有方法能够直接求解一个任意给定张量的秩,张量的秩不同于矩阵的秩,高阶张量的秩在实数域和复数域不一定相同,张量的低秩近似相对于矩阵的 SVD 来说,高阶张量的秩分解唯一性不需要正交性条件保证。

2. 改进的谱聚类算法

在 5.6.1 节对模糊 C-均值聚类算法与谱聚类算法的混合矩阵估计效果进行了仿真分析,可以看出其具有较好的方向特性,但是聚类处理后仍存在大量的杂点,这些杂点加大了混合矩阵的估计误差,对后续源信号的恢复性能造成了一定影响。本小节在张量分解方法的基础上对谱聚类算法进行改进,避免了单独聚类算法容易陷入局部最优解的问题,降低了混合矩阵的估计误差。由于 CP 分解具有唯一性,而 Tucker 分解的唯一性无法保证,因此选择 CP 分解。算法的主要步骤如下。

输入:样本集 $D = [x_1, x_2, \cdots, x_n]$,相似矩阵的生成方式,降维后的维度 k_1,聚类后的维度 k_2,传统 FCM 聚类方法。

(1)构建样本的相似矩阵 S。

(2)根据相似矩阵 S,构建邻接矩阵 W,并构建度矩阵 D。

(3)求得拉普拉斯矩阵 L。

(4)采用 $D^{-1/2}LD^{-1/2}$ 表示标准化后的拉普拉斯矩阵。

(5)求得 $D^{-1/2}LD^{-1/2}$ 最小的 k_1 个特征值所各自对应的特征向量 f。

(6)将各自对应的特征向量 f 组成的矩阵按行标准化,最终组成 $n \times k_1$ 维的特征矩阵 F。

(7)对特征矩阵 F 采用张量分解的方法进行处理,得到估计的混合矩阵。当处理实际雷达信号时,不同的雷达源信号为非高斯信号,并且信号之间相互统计独立,将特征矩阵 F 分解成三个秩一张量之和的形式,虽然张量可以用分量的多维数组来表示,但是其处理较高维数时复杂度可能很大。如果分解后的矩阵对应的列被正则化,则分解后存在一个权重向量 λ,张量分解处理过程如下

$$F = [A_F, A_F^*, D] = \sum_{r=1}^{R} \lambda_i a_r \circ a_r^* \circ c_r \quad (5.54)$$

式中:A_F, A_F^*, D 为分解后的矩阵;a_r, a_r^*, c_r 分别为矩阵 A_F, A_F^*, D 的第 r 个列向量。

接着对 F 求正则分解,其正则分解的结果是唯一的,求解矩阵 $U^{(r)} = [u_1^r, u_2^r, \cdots, u_N^r]$,$1 \leq r \leq 3$,其中 N 为源信号个数,使得代价函数最小:

$$f(\boldsymbol{U}^{(1)},\boldsymbol{U}^{(2)},\boldsymbol{U}^{(3)}) = \| \boldsymbol{F} - \sum_{r=1}^{N} \boldsymbol{u}_r^{(1)} \circ \boldsymbol{u}_r^{(2)} \circ \boldsymbol{u}_r^{(3)} \| \tag{5.55}$$

采用最小二乘算法求得 $\boldsymbol{A}_F$ 的估计值 $\hat{\boldsymbol{A}}_F$，对 $\hat{\boldsymbol{A}}_F$ 的所有列处理即可估计出混合矩阵 $\hat{\boldsymbol{A}}$。通过谱聚类与张量分解结合的方法，避免了传统聚类算法易陷入局部最优解这一缺陷，且算法的复杂度低于传统算法，具有更低的混合矩阵估计误差。

5.6.3 仿真实验与结果分析

1. 估计误差评价准则

下面将改进算法与传统方法进行对比实验，证明本节改进算法的有效性。选择归一化均方误差作为混合矩阵估计的评价准则，其表达式为

$$\text{NMSE} = -10\lg \left(\frac{\sum_{i=1}^{m}\sum_{j=1}^{n} h_{ij}^2}{\sum_{i=1}^{m}\sum_{j=1}^{n} (\hat{h}_{ij} - h_{ij})^2} \right) \tag{5.56}$$

式中：h_{ij} 为原混合矩阵的元素；$\hat{h}_{ij}$ 为混合矩阵中元素的估计值。实际中当归一化均方误差减小时，混合矩阵的估计误差降低。

2. 实验仿真与分析

实验 1　雷达信号 UBSS 混合矩阵估计

在该实验中使用 4 个线性调频雷达信号。频率分别为 50~80MHz、60~90MHz、40~60MHz 和 10~30MHz，采样率为 200MHz，采样点数为 1000，4 个源信号由 3 个传感器接收，选取欠定混合矩阵为

$$\boldsymbol{H} = \begin{bmatrix} 0.3856 & 0.7858 & 0.9126 & 0.4855 \\ -0.4896 & -0.2438 & 0.2825 & 0.4997 \\ -0.7842 & -0.5645 & 0.2956 & 0.7175 \end{bmatrix}$$

欠定混合矩阵 $\boldsymbol{H}$ 为 3×4 阶矩阵，则在实际中接收端获得 3 路不同的含噪声的雷达信号。在对发射信号进行短时傅里叶变换获得散点图时采用窗函数长度为 256 点的汉明窗完成，最终可以得到 3 路时频域的观测信号。

经过改进后的谱聚类方法处理，最终得到混合矩阵的估计结果为

$$\hat{\boldsymbol{H}} = \begin{bmatrix} 0.3896 & 0.7866 & 0.8336 & 0.4781 \\ -0.4794 & -0.2479 & 0.2975 & 0.5004 \\ -0.7824 & -0.5625 & 0.3178 & 0.7130 \end{bmatrix}$$

则混合矩阵估计的归一化均方误差为

$$\text{NMSE} = -10\lg \left(\frac{\sum_{i=1}^{m}\sum_{j=1}^{n} h_{ij}^2}{\sum_{i=1}^{m}\sum_{j=1}^{n} (\hat{h}_{ij} - h_{ij})^2} \right) = -38.25\text{dB}$$

实验 2　雷达信号 NBSS 混合矩阵估计

3 个源信号由 3 个传感器接收,选取正定情形的混合矩阵为

$$H = \begin{bmatrix} 0.3859 & 0.7884 & 0.8354 \\ -0.4825 & -0.2486 & 0.2896 \\ -0.7842 & -0.5642 & 0.3175 \end{bmatrix}$$

正定混合矩阵 H 为 3×3 阶矩阵,则在实际中接收端获得 3 路不同的含噪声的雷达信号。在对发射信号进行短时傅里叶变换获得散点图时采用窗函数长度为 256 点的汉明窗完成,最终可以得到 3 路时频域的观测信号。

经过改进后的谱聚类算法处理,最终得到混合矩阵的估计结果为

$$\hat{H} = \begin{bmatrix} 0.3892 & 0.7893 & 0.8364 \\ -0.4825 & -0.2452 & 0.2824 \\ -0.7785 & -0.5624 & 0.3157 \end{bmatrix}$$

则混合矩阵估计的归一化均方误差为

$$\text{NMSE} = -10\lg\left(\frac{\sum_{i=1}^{m}\sum_{j=1}^{n}h_{ij}^2}{\sum_{i=1}^{m}\sum_{j=1}^{n}(\hat{h}_{ij} - h_{ij})^2}\right) = -42.29\text{dB}$$

实验 3　雷达信号 OBSS 混合矩阵估计

两个源信号由 3 个传感器接收,选取正定情形的混合矩阵为

$$H = \begin{bmatrix} 0.4998 & 0.7843 \\ -0.4283 & -0.2476 \\ -0.6615 & -0.5785 \end{bmatrix}$$

超定混合矩阵 H 为 3×2 阶矩阵,则在实际中接收端获得 3 路不同的含噪声的雷达信号。在对发射信号进行短时傅里叶变换获得散点图时采用窗函数长度为 256 点的汉明窗完成,最终可以得到 3 路时频域的观测信号。

经过改进后的谱聚类算法处理,最终得到混合矩阵的估计结果为

$$\hat{H} = \begin{bmatrix} 0.5623 & 0.7941 \\ -0.4483 & -0.2496 \\ -0.6615 & -0.5635 \end{bmatrix}$$

则混合矩阵估计的归一化均方误差为

$$\text{NMSE} = -10\lg\left(\frac{\sum_{i=1}^{m}\sum_{j=1}^{n}h_{ij}^2}{\sum_{i=1}^{m}\sum_{j=1}^{n}(\hat{h}_{ij} - h_{ij})^2}\right) = -47.36\text{dB}$$

通过前三个分别在欠定、正定和超定条件下的仿真实验看出,改进谱聚类算法的混合矩阵估计性能较佳。

实验 4　不同信噪比条件下各算法的对比

将改进算法与 K-均值聚类算法、模糊 C-均值聚类算法以及张量分解算法的混合矩阵估计误差进行对比，图 5.25 给出以上改进算法、K-均值聚类算法、模糊 C-均值聚类算法以及张量分解算法等混合矩阵估计方法在 5~30dB 信噪比时的归一化均方误差平均值，仿真结果在 100 次蒙特卡罗独立实验下得到。

仿真结果表明，改进后的谱聚类算法相较于传统聚类算法混合矩阵估计误差较低，估计性能较好，信噪比增大时估计误差降低。图 5.25 显示出在低信噪比情况下，改进算法具有比 K-均值聚类算法、模糊 C-均值聚类算法以及张量分解算法更高的估计精度，归一化均方误差随着信噪比的增加而减小，当信噪比增大时归一化均方误差逼近，这是由于高信噪比时多数时频点都能满足单源点检测的条件，使得改进算法的估计误差不如信噪比低时降低的明显。基于改进谱聚类算法降低了算法的复杂度，在低信噪比情形中改进算法对混合矩阵的估计误差值最小。

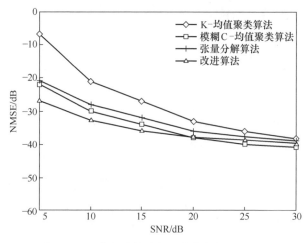

图 5.25 混合矩阵估计归一化均方误差对比图

5.7 基于压缩感知的雷达信号欠定盲源分离源信号恢复

欠定盲源分离"两步法"的第二步是源信号的恢复，即利用第一步估计出的混合矩阵通过信号分离方法将源信号从混合信号中分离出来。欠定盲源分离在数学模型上是处理欠定方程的问题，欠定方程由于未知变量数目多于方程数目，导致求解时出现无穷多组解。本节的目的就是从这无穷多组解中，依据不同的分离判定准则，求得最优、最适合的恢复信号。本节主要对雷达信号线性瞬时混合系统中的欠定盲源分离问题进行处理。目前，贪婪算法、基于平滑 L0 范数以及基于 L1 范数这三种方法是欠定盲源分离中应用最多的重构算法。随着压缩感知(compressive sensing,CS)理论的不断发展，它已成为研究恢复源信号方法中的热点方向。目前大多数 UBSS+CS 算法都是在信源足够稀疏的前提下进行的。这类算法通过构建稀疏字典从而不断迭代优化重构信号，实现源信号的恢复。压缩感知方法的关键是寻找信号的稀疏字典，需要建立 UBSS 与 CS 之间的联系，通常采用两种主要方法来生成稀疏字典：基于字典学习的方法和固定字典法。这些方法采用固定字典策略，忽略了不同信号的特性，当信号在变换域中重叠(不充分稀疏)时，信号分离的精度会受到影响。本节主要采用基于 K-Means 奇异值分解(k-means singular value decomposition, K-SVD)的分层字典训练方法分离源信号，此方法通过预分离获得先验训练信号，并利用分层耦合思想进行有效训练。最后，通过实验仿真验证该方法优于传统的源分离方法，具有更好的源信号恢复性能。

5.7.1 欠定线性瞬时混合系统的最优解

定义欠定线性瞬时混合系统的数学模型为

$$x = Hs \tag{5.57}$$

式中：$H \in R^{m \times n}$ 为混合矩阵，m 为接收阵元数，n 为发射阵元数，$m<n$。

当发射信号向量 s 在混合矩阵 $H \in R^{m \times n}$ 张成的空间内时，方程的解是无穷多的，此时可以得到无穷多个发射向量 s 的估计值。此外，当假设 H 是广义满秩矩阵时，有无穷多个恢复信号解，然而实际情况下，最为接近源信号的解唯一，本节的目的就是从这些无穷组解中，依据不同的分离判定准则，求得最适合的恢复信号。使用正则化方法对未知量进行约束，其表达式为

$$(p_j): \text{minimize} \, j(s) \quad \text{s.t.} \, x = Hs \tag{5.58}$$

式中：$j(s)$ 为目标函数；$x = Hs$ 为线性约束条件，发射信号向量 s 可选择不同的目标函数作为约束条件。

5.7.2 基于平滑 L0 范数的算法

当估计出混合矩阵 H 之后，可以定义代价函数：

$$J_\rho(s) = \min \| S \|_\rho = \sum_{j=1}^{n} \rho(s_j) \quad \text{s.t.} \, x = Hs \tag{5.59}$$

式中：$H \in R^{m \times n}$ 为估计得到的混合矩阵；$J_\rho(s)$ 为测量稀疏性付出的代价，即代价函数。

当采用 L0 范数作为 s 稀疏度的衡量标准时，可以表示为

$$J_\rho(s) = \min \| S \|_0 = \sum_{i=1}^{m} \sum_{j=1}^{n} |s_{ij}|^0 \tag{5.60}$$

式(5.60)可以采用平滑 L0 范数算法(smoothed L0-norm, SL0)有效求解，此算法的主要思想是利用平滑的函数求得近似 L0 范数，在此可以将式(5.60)转换为

$$\min n - \sum_{i=1}^{n} e^{-\frac{s_i^2}{2\sigma^2}} \quad \text{s.t.} \, x = Hs \tag{5.61}$$

当 $\sigma \to 0$,式(5.60)与式(5.61)的目标函数具有如下关系:

$$F_\sigma(s) = n - \sum_{i=1}^{n} e^{-\frac{s_i^2}{2\sigma^2}} \approx \|S\|_0 \qquad (5.62)$$

由此可得式(5.61)的解近似等于式(5.59)的解,在式(5.61)中的目标函数的平滑程度与对 L0 范数的近似程度可以由 σ 的大小来决定。当 $F_\sigma(s)$ 含有较少的局部极值时,其平滑性较好,可以通过式(5.61)较容易求得解,此时 σ 具有较大的数值,但是此时 $F_\sigma(s)$ 不能较好地近似于 L0 范数;反之,虽然 $F_\sigma(s)$ 能够较好地近似于 L0 范数,但是其平滑性较差,求解较为困难[207]。在此 SL0 算法可以通过在每次迭代后选取更小的 σ 来避免其求解时陷入局部均值问题,使用梯度下降的方法求出式(5.59)的解,并将此解当做下一次迭代的初始解。SL0 算法由于多次使用梯度下降的方法,使其具有较慢的收敛速度[208]。

5.7.3 基于压缩感知的源信号恢复

1. 压缩感知方法步骤及其存在的问题

压缩感知理论是以较大压缩比率来恢复原始信号的一种新型理论,寻找信号的稀疏字典是有效分离信号源的关键。通常采用两种主要方法来生成稀疏字典:基于字典学习的方法和固定字典法。第一种方法利用字典学习技术训练字典,使得字典原子具有不同信号的特征。第二种方法字典可以通过快速傅里叶变换(FFT)、小波变换(wavelet transform,WT)或离散余弦变换(discrete cosine transform,DCT)得到。CS 方法恢复源信号,首先需要建立 UBSS 与 CS 之间的联系,UBSS 模型可以重构为 CS 模型。

UBSS 模型可以表示为。

$$\begin{bmatrix} x_1(t) \\ x_2(t) \\ \vdots \\ x_m(t) \end{bmatrix} = \begin{bmatrix} h_{11} & h_{12} & \cdots & h_{1n} \\ h_{21} & h_{22} & \cdots & h_{2n} \\ \vdots & \vdots & & \vdots \\ h_{m1} & h_{m2} & \cdots & h_{mn} \end{bmatrix} \begin{bmatrix} s_1(t) \\ s_2(t) \\ \vdots \\ s_n(t) \end{bmatrix} \qquad (5.63)$$

式中:$x(t) = [x_1(t), x_2(t), \cdots, x_m(t)]^T$ 和 $s(t) = [s_1(t), s_2(t), \cdots, s_n(t)]^T$ 分别表示在 t 时刻处的混合信号和源信号,T 为信号的时间长度,$t = 1, 2, \cdots, T$ 为各时间点。

当混合矩阵已知时,UBSS 模型可以重构为 CS 模型。UBSS 和 CS 之间的关系为

$$\begin{cases} \boldsymbol{\theta} = [s_1(1), \cdots, s_1(T), \cdots, s_n(1), \cdots, s_n(T)]^T \\ \boldsymbol{y} = [x_1(1), \cdots, x_1(T), \cdots, x_m(1), \cdots, x_m(T)]^T \end{cases} \qquad (5.64)$$

当 UBSS 模型重构为 CS 模型时,式(5.63)可以表示为

$$\boldsymbol{y} = \boldsymbol{\Phi\theta} \qquad (5.65)$$

式中:$\boldsymbol{\Phi}$ 为测量矩阵;$\boldsymbol{y}$ 为原始信号 $\boldsymbol{\theta}$ 的测量向量(压缩向量)。其中测量矩阵 $\boldsymbol{\Phi}$ 表示为

$$\boldsymbol{\Phi} = \begin{bmatrix} \boldsymbol{\Lambda}_{11} & \boldsymbol{\Lambda}_{12} & \cdots & \boldsymbol{\Lambda}_{1n} \\ \boldsymbol{\Lambda}_{21} & \boldsymbol{\Lambda}_{22} & \cdots & \boldsymbol{\Lambda}_{2n} \\ \vdots & \vdots & & \vdots \\ \boldsymbol{\Lambda}_{m1} & \boldsymbol{\Lambda}_{m2} & \cdots & \boldsymbol{\Lambda}_{mn} \end{bmatrix} \tag{5.66}$$

其中

$$\boldsymbol{\Lambda}_{mn} = \begin{bmatrix} h_{mn} & 0 & \cdots & 0 \\ 0 & h_{mn} & \cdots & 0 \\ \vdots & \vdots & & \vdots \\ 0 & 0 & \cdots & h_{mn} \end{bmatrix}_{T \times T} \tag{5.67}$$

假设 $\boldsymbol{\theta}$ 在字典 $\boldsymbol{D}$ 中具有稀疏表示:

$$\boldsymbol{\theta} = \boldsymbol{D}\boldsymbol{g} \tag{5.68}$$

式中:$\boldsymbol{D}$ 为变换字典;$\boldsymbol{g}$ 包含 $\boldsymbol{D}$ 域中的系数。结合式(5.65)可得

$$\boldsymbol{y} = \boldsymbol{\Phi}\boldsymbol{D}\boldsymbol{g} \tag{5.69}$$

根据压缩感知理论,如果 $\boldsymbol{g}$ 在 $\boldsymbol{D}$ 域中是稀疏的,并且 $\boldsymbol{D}$ 和 $\boldsymbol{\Phi}$ 满足统一不确定原则,则可以使用优化过程通过向量 $\boldsymbol{y}$ 来重构原始信号 $\boldsymbol{\theta}$。

匹配追踪算法(matching pursuit,MP)是压缩感知重构理论中最基本的贪婪迭代重构算法[209],但是在实践应用中发现此算法在更新原子时,当前残差会对之后的原子集产生影响,从而导致可能重复进行后续迭代工作,以致迭代次数增加。为了改进匹配追踪算法中残差重复投影这一问题,可以在每一步的迭代中,将残差进行正交化处理,此即为正交匹配追踪(orthogonal matching pursuit,OMP)算法[210],OMP 算法是贪婪算法中的一种。这种算法通过对残差的施密特正交化处理,使得之前处理过的分量不会在后续迭代中出现,避免了重复迭代这一问题,使得算法的收敛速度获得了提升。该算法通过迭代的方式选择 $\boldsymbol{\Phi}$ 的列,使得迭代中所选择的列在最大程度上近似于当前的冗余量,当迭代次数等于稀疏度 K 时迭代终止。OMP 算法的步骤如下。

输入:$\boldsymbol{\phi}', \boldsymbol{y}, \boldsymbol{n}$。

(1)初始化参数,迭代次数 $k = 0$,令观测信号为初始残余向量 $r_0 = Y$,索引集 $\boldsymbol{\Lambda}_0 \in \emptyset$,计算 $re = <r_n, \boldsymbol{\phi}'>$,$\lambda$ 为 $\boldsymbol{\phi}'$ 取最大值时对应列的下标集合。

(2)更新索引集 $\boldsymbol{\Lambda}_i = \boldsymbol{\Lambda}_{i-1} \cup \{\lambda\}$,重构原子集合 $\boldsymbol{\varphi}_i = [\boldsymbol{\varphi}_{i-1}, \boldsymbol{\phi}'_\lambda]$。

(3)利用最小二乘法,计算当前估计值 α_i。

(4)更新残差 $r_i = \boldsymbol{y} - \boldsymbol{\varphi}_i \alpha_i$,迭代次数 $k = k + 1$。

(5)当残差与迭代次数到达预先设置的阈值时,迭代停止,否则返回步骤(1)。输出 α,α 为原始信号的 K 稀疏估计值,通过稀疏矩阵获得重构原始信号。

在 OMP 算法的迭代过程中,每次迭代理论上重构信号中的一个向量,因此可以设定当迭代次数大于源信号的稀疏度时迭代停止。疏度自适应匹配追踪(sparsity adaptive MP,SAMP)算法可以对观测矩阵和稀疏信号快速精确地重构,并

且在稀疏度未知时通过阶段步长得到信号的稀疏度,从而重构源信号[211]。SAMP算法的主要步骤为输入 $m×n$ 测量矩阵 $\boldsymbol{\Phi}$,n 维观测向量 y,步长 k,通过阶段步长逐步实现对稀疏度 K 的逼近,输出原始信号的 K 稀疏估计值 α,通过稀疏矩阵获得重构原始信号[212]。在 SAMP 算法的迭代过程中,当步长取值较大时,阶段迭代步数少,算法效率较高,但是对稀疏度的估计精度就会降低;反之,步长取值较小时,阶段迭代步数增加,算法效率低,但是对稀疏度的估计精度就会提高,该算法的恢复速度与精度受到阶段步长与初始估计值的限制。

实际情况下得到的观测信号是未知,根据以上分析可知,目前传统的 OMP 算法及其改进算法都需要已知信号的稀疏度,SAMP 算法可以在稀疏度未知的情况下恢复源信号,这两种算法迭代速度较慢,恢复源信号性能一般。压缩感知处理欠定盲源分离的主要思想就是:在已知混合矩阵 $\hat{\boldsymbol{H}}$ 后,将 UBSS 数学模型重构为 CS 数学模型,且将混合矩阵转化为 CS 中的测量矩阵;这里将源信号当做训练信号,运用算法根据源信号的先验知识训练求得稀疏字典[213];接着利用算法求出信号的稀疏系数,最后通过式(5.65)求得重构原始信号 $\boldsymbol{\theta}$。

2. 改进算法

对于信号重建算法,设计字典 $\boldsymbol{D}$ 很重要。针对基于 UBSS+CS 的弱稀疏信号分离问题,现有方法大多基于频域分离。然而,在复杂的电磁环境中,频域的稀疏性不能满足信号重构的要求。因此,提出了基于 K-SVD 搜索更多稀疏表示域和字典的训练方法。K-SVD 算法通过求解以下优化问题实现信号的稀疏表示:

$$\min \| \boldsymbol{T} - \boldsymbol{DB} \|_F^2 \quad r_k \leq q \tag{5.70}$$

式中:$\boldsymbol{D}$ 为训练字典;$\boldsymbol{T}$ 为训练矩阵,每列代表训练样本;$\boldsymbol{B}$ 为由稀疏表示向量组成的矩阵;r_k 表示 $\boldsymbol{B}$ 的第 k 列;q 为稀疏性约束,即 OMP 迭代次数。

K-SVD 算法包括两个步骤:①稀疏编码:输入当前字典 $\boldsymbol{D}$ 并产生稀疏表示 $\boldsymbol{B}$;②字典更新:输入当前稀疏表示 $\boldsymbol{B}$ 并更新 $\boldsymbol{D}$ 中的字典原子。第一部分通常使用 OMP 执行,OMP 是一种典型的贪婪算法,它将信号分解为从训练字典中选择的最佳原子的稀疏表示;第二部分分别对每个原子单独实施,同时保持其余部分固定。

对于给定的一组训练信号,K-SVD 可以训练具有稀疏约束的字典。与传统的固定字典(FFT,DCT 和 WT)相比,训练字典能够根据训练信号自适应地提取特征。然而,在非合作的电磁环境中,源的先验信息是未知的,因此不能有效地构建训练信号。在本节中,为了解决这个问题,首先,使用传统的 FFT 字典来实现盲源分离(BSS)。由于分离信号具有源信号的大部分特征,因此可将它们用作先前训练信号,并且使用 K-SVD 来训练字典。同时,在字典训练过程中,如果分离的训练信号很大,则会导致 K-SVD 运算的训练矩阵规模较大,这将极大地影响速度。因此,基于上述分析,提出了一种基于 K-SVD 的分层耦合字典训练方法,如图 5.26 所示,具体步骤如下(以 4 个源信号为例)。

(1)初始化训练字典的参数,包括子序列的长度、训练样本矩阵、字典大小和

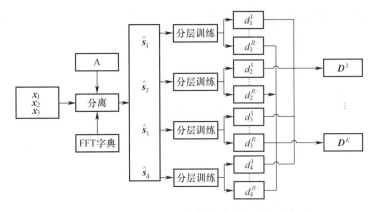

图 5.26 基于 K-SVD 的分层耦合字典训练方法

OMP 迭代次数,并使用 FFT 字典作为初始字典。

(2) 构建测量矩阵 $\boldsymbol{\Phi}$ 和 CS 模型。

(3) 通过 OMP 算法获得训练信号 $\hat{s}_1, \hat{s}_2, \hat{s}_3, \hat{s}_4$。

(4) 使用分层处理和耦合处理构造训练字典 $D^1, D^2, \cdots, D^K$,分层和耦合处理的详细步骤如下。

① 分层处理:截断每个训练信号 $\hat{s}_1, \hat{s}_2, \hat{s}_3, \hat{s}_4$ 以生成 K 个子序列(K 是训练信号的长度与子序列的比率)。然后,分别使用 K-SVD 算法提取和训练每个源的第 k 个子序列,训练的字典为 d_1^k(s_1 的第 k 层次训练字典),……,d_4^k(s_4 的第 k 层次训练字典)。

② 耦合处理:将分层训练词典合并为一个统一的词典,其中

$$D^K = \begin{bmatrix} d_1^k & 0 & 0 & 0 \\ 0 & d_2^k & 0 & 0 \\ 0 & 0 & d_3^k & 0 \\ 0 & 0 & 0 & d_4^k \end{bmatrix} \quad (5.71)$$

D^K 是 CS 模型中训练方程式(5.68)的字典,并且可以通过使用 OMP 算法恢复第 k 个子序列。然后以相同的方式获得相应的子序列,源向量 $\boldsymbol{\theta}$ 可以通过拼接子序列获得。

提出的 CS+UBSS 算法具体步骤如下。

(1) 估计混合矩阵 $\hat{A}$,并构建 CS 模型。

(2) 通过预分离得到先验训练信号,然后根据分层耦合算法得到训练字典。

(3) 利用 OMP 算法恢复源向量 $\boldsymbol{\theta}$。

(4) 将恢复的源向量分裂成多个源向量 $\boldsymbol{\theta} = [s_1, s_2, s_3, s_4]$。

5.7.4 仿真实验与结果分析

1. 估计误差评价准则

下面将本节改进方法与传统的压缩感知等源信号恢复方法进行对比,证明本节算法的可行性。在源信号恢复性能方面,选择平均恢复信噪比(average recovered signal noise ratio,ARSNR)作为源信号恢复性能的评价准则,其表达式为

$$\text{ARSNR} = \frac{1}{n}\sum_{i=1}^{n} 10\lg \frac{E[\,|s_i(t)|^2\,]}{E[\,|s_i(t) - \hat{s}_i(t)|^2\,]} \tag{5.72}$$

式中:s_i 为第 i 个源信号;$\hat{s}_i$ 为第 i 个源信号的恢复信号(即源信号的估计);ARSNR 越大,恢复性能越好。

2. 仿真实验与结果分析

实验 1 利用 OMP 算法对源信号进行恢复

利用 OMP 算法对观测信号进行时域恢复,仿真得到恢复的源信号波形,如图 5.27 所示。从图 5.27 可以看出,仿真图像中显示 OMP 算法对前两路信号的恢复效果好于后两路信号。但是从总体恢复效果来看,恢复源信号性能较差,恢复的过程造成了信号中信息的大量丢失。

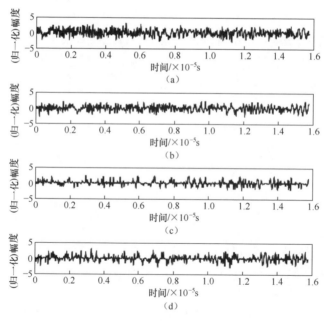

图 5.27 OMP 算法恢复得到的时域信号

实验 2 利用改进的 K-SVD 算法对源信号进行恢复

(1) 证明稀疏信号的可行性:4 个单频信号用作信号源,频率分别为 2kHz、5kHz、7kHz 和 9kHz。采样率为 20kHz,采样点数为 1000,4 个源信号在频域中足够

稀疏(频谱中只存在少量频率有效点)。通过帧长度(子序列长度)100 和帧移位 2 的帧处理来构造训练矩阵,每帧的稀疏度(OMP 迭代次数)为 25,字典的大小为 100×100。混合矩阵 **H** 是已知的(不考虑在该实验中由混合矩阵引起的误差),利用分离算法来恢复源信号。本实验可以验证 CS+UBSS 模型的可行性和提出的分离算法的可行性。图 5.28(a)中示出了 4 个源信号和分离出的源信号的时域图,图 5.28(b)中示出了 4 个源信号和分离出的源信号的频域图。从图中可以看出,所提出的算法可以在不损坏的情况下恢复源信号。主要原因是源信号在频域上足够稀疏,OMP 算法可以很容易地找到稀疏系数并实现信号的稀疏表示。

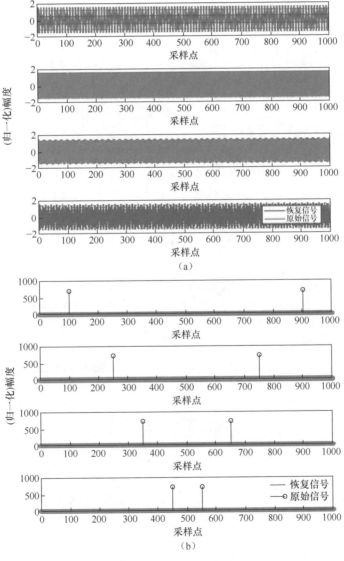

图 5.28 稀疏信号在时域(a)和频域(b)中的原始和恢复图
(a) 时域图;(b) 频域图。

(2)证明弱稀疏信号的可行性:在该实验中使用4个线性调频雷达信号。频率分别为50~80MHz,60~90MHz,40~60MHz和10-30MHz,采样率为200MHz,采样点数为1000,4个源信号由3个传感器接收,通过帧长度(子序列长度)100和帧移位2的帧处理来构造训练矩阵,每帧的稀疏度(OMP迭代次数)为25,字典的大小为100×100。混合矩阵 H 已知,则利用所提出的分离算法恢复源信号。

图5.29(a)中示出了4个源信号和分离出的源信号时域图,图5.29(b)中示出了4个源信号和分离出的源信号频域图。从图中可以看出,虽然频域中的源信

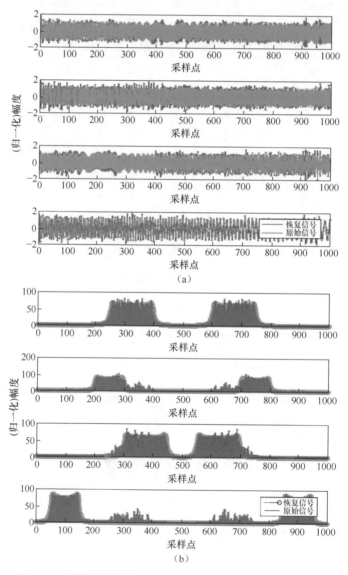

图5.29 弱稀疏信号在时域(a)和频域(b)中的原始和恢复图
(a)时域图;(b)频域图。

号严重重叠,但时域和频域信号的基本特征已经恢复。主要原因是所提出的基于 K-SVD 的字典可以通过学习算法进行训练,以获得更多的匹配源字典,从而可以获得更好的信号恢复效果。

实验 3　验证本节算法的有效性

在该实验中使用 4 个线性调频雷达信号。频率分别为 50~80MHz,60~90MHz,40~60MHz 和 10~30MHz,采样率为 200MHz,采样点数为 1000,4 个源信号由 3 个传感器接收,通过帧长度(子序列长度)100 和帧移位 2 的帧处理来构造训练矩阵,每帧的稀疏度(OMP 迭代次数)为 25,字典的大小为 100×100。信噪比为 20dB,通过估计算法估计混合矩阵 H。基于 FFT、DCT、WT 传统字典的 UBSS+CS 算法以及本节所提出的分离算法用于恢复源信号,结果如表 5.3 所列。本节算法的 ARSNR 要高于其他传统方法,恢复性能更佳。同时,所提出的 K-SVD 字典学习算法可以通过预分离获得的先验训练信号和分层耦合的思想来执行字典训练,从而可以利用高 ARSNR 有效地恢复源信号。

表 5.3　本节算法和其他算法的 ARSNR/dB

方法	$(s_1,\hat{s}_1)$	$(s_2,\hat{s}_2)$	$(s_3,\hat{s}_3)$	$(s_4,\hat{s}_4)$	ARSNR
FFT	18.40	20.18	18.55	15.74	18.30
DCT	12.86	13.53	12.83	8.94	12.02
WT	11.58	13.28	12.15	7.65	11.26
本节算法	25.86	25.62	27.45	22.64	25.75

基于 FFT 字典、K-SVD 和建议的分层耦合字典的 100 次蒙特卡罗试验之后的平均 CPU 时间是 1045s 和 4287s(测试环境:Win10 + Matlab 2016a,G3260 - 3.3GHz)。本节算法的 ARSNR 要高于其他传统方法,恢复性能更佳。从结果可以看出,所提出的算法比基于 FFT 字典的算法花费的时间更多,但它有效地提高了算法的 ARSNR,改进算法源信号恢复性能优于其他算法。

实验 4　恢复算法的估计性能对比

将本节算法与 SL0 算法[206]以及 OMP 算法[208]的 ARSNR 进行对比,图 5.30 给出了以上各种算法以及本节改进算法在信噪比为 5~30dB 时信号的 ARSNR 的平均值,仿真结果在 100 次蒙特卡罗独立实验下得到。通过对本节算法与其他算法的 ARSNR 的对比分析,验证本节算法的源信号恢复性能。

仿真结果表明:在低信噪比的条件下,本节算法的源信号恢复 ARSNR 明显高于 SL0 算法、OMP 算法。原因在于本节的研究信号在时域和频域中的稀疏特性,无法满足 SL0 算法和 OMP 算法对信号稀疏性的要求。本节算法通过预分离获得先验训练信号,采用分层耦合思想进行有效训练,有效提高了源信号的恢复性能。

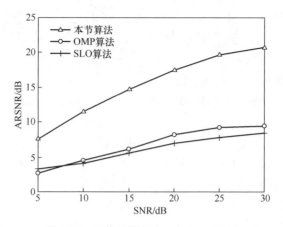

图 5.30　源信号恢复中 ARSNR 对比图

5.8　小　　结

本章首先简要介绍了盲信号处理的相关知识。

针对超定与正定盲源分离,将 Fast ICA 算法应用于雷达信号分选,该分选算法可以很好地分离各种不同调制方式下的脉冲雷达信号及连续波雷达信号,对传统分选方法难以应付的 PRI 随机变化雷达信号也十分有效;再结合全局最优 BSS 算法,提出了基于伪信噪比最大化的 BSS 算法,其目标函数优化通过广义特征值求解实现,它是一种全局优化算法,相对于经典算法 Fast ICA 而言,信源独立就可以保证算法有解,求解分离矩阵比较有保障;最后在原 BSS 开关算法基础上提出基于峭度的盲源分离拟开关算法,它可以很好地实现空间多源线性混叠信号(包括通信信号和雷达信号)的分离。其中,基于伪信噪比最大化的 BSS 算法是一个全局最优算法,不需要任何迭代,求解分离矩阵只需要特征分解,计算速度较快,所以该算法的硬件实现推广前景比较可观。

针对欠定盲源分离问题,介绍了稀疏分量分析法,对其"两步法"中混合矩阵估计、BSS 信号恢复进行了研究。重点叙述了基于改进谱聚类的混合矩阵估计方法、基于 K-SVD 的分层耦合字典训练方法,并进行了大量仿真实验。采用改进的谱聚类方法,通过将张量分解方法应用于谱聚类的特征向量求解过程,避免谱聚类方法易陷入局部极值问题,极大地降低了算法的复杂度,使混合矩阵的估计误差降低,从而提高源信号重构性能。实验仿真结果表明在 5~30dB 的信噪比范围内,该方法具有比传统方法更低的估计误差。字典训练方法通过预分离获得先验训练信号,采用分层耦合思想进行有效训练。在未知先验信息条件下,采用两阶段方法实现信号的分离,首先利用改进的谱聚类算法估计对应于最大特征值的特征向量,并将其作为估计的混合矩阵。仿真结果表明,该方法源信号恢复性能优于传统方法,在未知先验信息的实际情况下恢复效果更佳。

第6章　基于模糊聚类的信号分选方法

信号参数多变、快变,工作频带变化多样,信号波形变化复杂等是雷达信号分选领域目前所面临的挑战,这些使得传统基于 TOA 的单参数信号分选算法失效。因此,如何利用不同雷达之间参数的差异性对雷达信号进行实时有效的聚类分选是一个有待深入研究的课题。

基于多参数的信号分选算法主要有模板匹配法、数据关联比较法、基于神经网络的分选算法和聚类分选算法4类。前3类算法需要先验信息,不适合用于非协作雷达信号分选问题。

聚类算法属于无监督学习,无须知道雷达信号的任何先验信息,可以处理大规模的多维数据。对未知的电子对抗环境而言,截获到的脉冲流通常缺少必要的先验信息,也无从获知截获信号的类别数目,因此聚类算法特别适合于处理缺乏先验信息的雷达信号分选问题。本章与第7章就雷达信号分选技术中的模糊聚类分选与基于 SVM 的聚类分选方法进行介绍。

6.1　模糊聚类分选算法

6.1.1　算法原理

模糊聚类分选算法的输入数据模型:假设有一个数据集合 $X = \{x_1, x_2, \cdots, x_n\}$,其中有 n 个数据点,每个数据点有 m 维参数,即 $x_i = \{x_{i1}, x_{i2}, \cdots, x_{im}\}$ ($i = 1, 2, \cdots, n$)。当输入数据为雷达信号脉冲时,n 为脉冲个数,$X = \{x_1, x_2, \cdots, x_n\}$ 为脉冲串,m 为各脉冲的特征参数数量,$x_i = \{x_{i1}, x_{i2}, \cdots, x_{im}\}$ ($i = 1, 2, \cdots, n$) 中的各特征参数分别对应脉冲描述字中载频、脉宽、到达方向等。

模糊聚类分选算法通过计算两脉冲间相似度(或距离),将任意两脉冲间的相似度存入相似矩阵 R,之后用阈值 λ 对相似矩阵进行截取,即将相似度与阈值比较,若相似度高于阈值,则认为两脉冲为同一类。对截取后的相似矩阵进行提取便可得到聚类信息,进而完成分选。模糊聚类分选算法主要有以下步骤。

(1)数据标准化。信号环境中,各脉冲的各维参数具有不同的变化范围与量纲。为使各参数的差异不对分选结果产生影响,因此需要对数据进行标准化。标准化步骤如下:

① 标准差变换：

$$x'_{ik} = \frac{x_{ik} - \bar{x}_k}{s_k} \tag{6.1}$$

式中：$\bar{x}_k$ 和 s_k 分别为第 k 维数据的平均值与标准差。

$$\bar{x}_k = \frac{1}{n} \sum_{i=1}^{n} x_{ik} \tag{6.2}$$

$$s_k = \sqrt{\frac{1}{n} \sum_{i=1}^{n} (x_{ik} - \bar{x}_k)^2} \tag{6.3}$$

经过标准差变换后，各维参数均值为 0，标准差为 1，消除了各维参数变化范围与量纲的影响。

② 极差变换：为使 x'_{ik} 的变化范围在 [0,1] 区间内，需要进行极差变换，即

$$x''_{ik} = \frac{x'_{ik} - \min(x'_{ik})}{\max(x'_{ik}) - \min(x'_{ik})} \quad k = 1, 2, \cdots, m \tag{6.4}$$

式中：$\max(x'_{ik})$ 和 $\min(x'_{ik})$ 分别为 x'_{ik} 的最大值与最小值。

（2）建立模糊相似矩阵 $\boldsymbol{R}$。相似矩阵 $\boldsymbol{R}$ 为 n 阶方阵，其中各元素是脉冲串 $\boldsymbol{X} = \{\boldsymbol{x}_1, \boldsymbol{x}_2, \cdots, \boldsymbol{x}_n\}$ 中两两脉冲之间相似系数 r_{ij}，r_{ij} 可通过距离公式得到，这里采用曼哈顿距离，也可采用欧几里得距离等[214]，即

$$d(\boldsymbol{x}_i, \boldsymbol{x}_j) = \sum_{k=1}^{m} w_k |x'_{ik} - x'_{jk}| \tag{6.5}$$

$$r_{ij} = 1 - d(\boldsymbol{x}_i, \boldsymbol{x}_j) \tag{6.6}$$

式中：w_k 为 $\boldsymbol{x}_i = \{x_{i1}, x_{i2}, \cdots, x_{im}\}$ $(i = 1, 2, \cdots, n)$ 的第 k 个特征的权重系数，且满足 $w_1 + w_2 + \cdots + w_m = 1$。

（3）聚类（求动态聚类图）。模糊聚类一般在一定水平参数 λ 下进行。步骤（2）所建立的矩阵 $\boldsymbol{R}$ 只是模糊相似矩阵，不一定具有传递性，即 $\boldsymbol{R}$ 不一定是模糊等价矩阵。为进行聚类，还需将 $\boldsymbol{R}$ 改造成模糊等价矩阵 $\boldsymbol{R}^*$，有编网法、最大树法和传递闭包法 3 种改造方法。编网法是从 $\boldsymbol{R}$ 的 λ 截矩阵 $\boldsymbol{R}_\lambda$ 出发，采用特定的画图方式来解决分类问题，编程实现难度较大；最大树法从模糊相似矩阵 $\boldsymbol{R}$ 直接出发，利用图论的方法，得到最终的分类关系，很直观，但必须得到最大树图，因此也不适合编程；传递闭包法具有严格的数学基础，虽需计算模糊相似矩阵 $\boldsymbol{R}$ 的幂，计算量会随分类对象数目的增加而呈指数增加，但较容易编程实现。

根据传递闭包的平方法求得 $\boldsymbol{R}$ 的传递闭包 $t(\boldsymbol{R})$，就是所求的模糊等价矩阵 $\boldsymbol{R}^*$，即 $t(\boldsymbol{R}) = \boldsymbol{R}^*$，再令 λ 由大到小，就可形成动态聚类图。

（4）最佳阈值的确定。对于各个不同的 $\lambda \in [0,1]$，模糊聚类可得到不同的

分类,从而形成一种动态聚类图,但许多实际问题需要选择某个阈值 λ,确定样本的一个具体分类。有两种方法。

① 按实际需要,在动态聚类图中,调整 λ 的值以得到适当的分类,或结合经验与专业知识来确定 λ,从而得出 λ 水平上的等价分类。

② 用 F 统计量确定 λ 最佳值:原始信号序列 X 中,$\bar{x} = (\bar{x}_1, \bar{x}_2, \cdots, \bar{x}_m)$ 为总体样本中心向量。设对应 λ 值的分类数为 r,第 j 类的样本数为 n_j,第 j 类样本记为 $\{x_1^j, x_2^j, \cdots, x_{n_j}^j\}$,第 j 类的聚类中心向量为 $\bar{x}^j = (\bar{x}_1^j, \bar{x}_2^j, \cdots, \bar{x}_m^j)$,其中 $\bar{x}_k^j$ 为第 k 个特征的平均值,$\bar{x}_k^j = \frac{1}{n_j}\sum_{i=1}^{n_j} x_{ik}^j$ $k = 1, 2, \cdots, m$,则 F 统计量为

$$F = \frac{\left(\sum_{j=1}^{r} n_j \| \bar{x}^j - \bar{x} \|^2\right)/(r-1)}{\left(\sum_{j=1}^{r}\sum_{i=1}^{n_j} \| x_i^j - \bar{x}^j \|\right)/(n-r)} \tag{6.7}$$

式中:$\| \bar{x}^j - \bar{x} \| = \sqrt{\sum_{k=1}^{m}(\bar{x}_k^j - \bar{x}_k)^2}$ 为 $\bar{x}^j$ 与 $\bar{x}$ 间的距离;$\| x_i^j - \bar{x}^j \|$ 为第 j 类中第 i 个样本 x_i^j 与其中心 $\bar{x}^j$ 间的距离。该统计量服从 $F(r-1, n-r)$。分子表征类间的距离,分母表征类内样本间的距离。F 越大,则类与类之间的距离越大,同时,类内样本距离小,即类间分离性、类内聚集性好。

在一定显著性水平 $\alpha = 0.05$ 下,若 $F > F_{0.05}(r-1, n-r)$,根据数理统计方差分析理论知类与类之间差异是显著的,说明分类比较合理。若满足 $F > F_\alpha(r-1, n-r)$ 的 F 值不止一个,则进一步考查 $(F - F_\alpha)/F_\alpha$ 的大小,取较大者。

6.1.2 熵值分析法确定加权系数

式(6.5)中,w_k 为第 k 维参数的权重系数,w_k 的确定方法有层次分析法、专家经验法以及熵值分析法。相较于层次分析法和专家经验法,熵值分析法不需要人为参与,可自动确定权重系数。因此,熵值分析法得到的权重系数更加客观、更加有效。刘旭波和尹亮等人先后提出了不同的熵值分析法用于确定加权系数[114,115],但其基本思想相同。本节对刘旭波提出的熵值分析法进行介绍。

"熵"在信息论中是一个非常重要的概念,它是不确定性的一种度量[215]。设集合 E 中各事件出现的概率用 n 维概率向量 $\boldsymbol{p} = (p_1, p_2, \cdots, p_n)$ 表示,其中 $0 \leq p_i \leq 1$,且 $\sum_{i=1}^{n} p_i = 1$,此时,熵 $H(\cdot)$ 定义为

$$H(\boldsymbol{p}) = H(p_1, p_2, \cdots, p_n) = -\sum_{i=1}^{n} p_i \log_2 p_i \tag{6.8}$$

它具有对称性、非负性、确定性以及极值性等特点。确定性表现为:若集合 E 中只有一个必然事件,其熵值必为 0;极值性表现为:若集合 E 中各事件以等概率出现时,熵值最大。即

$$H(p_1, p_2, \cdots, p_n) \leqslant H\left(\frac{1}{n}, \frac{1}{n}, \cdots, \frac{1}{n}\right) = \log_2 n \qquad (6.9)$$

参数的熵值越小,参数的分离程度越大,其在聚类过程中所起的作用也越大。因此,进行模糊聚类分析时应该把具有最小熵值的特征参数赋予最大的距离加权系数。假设有 n 个雷达脉冲信号待聚类,每个脉冲由 m 维特征参数表示,权值计算规则为

$$令 H_i'(\,\cdot\,) = \frac{1}{H_i(\,\cdot\,)}, H_0 = \sum_{i=1}^{m} H_i'(\,\cdot\,), 则 w_i = \frac{H_i'}{H_0} \quad i = 1, 2, \cdots, m。$$

6.1.3 基于"追踪法"的聚类信息提取

6.1.1 节中聚类是通过等价闭包法得到等价矩阵实现的,但这种方法计算量过大。张兴华提出了一种"追踪法"计算等价矩阵并提取脉冲序号的方法[216],该方法计算量小,较易编程实现。

模糊聚类分析应在一定的置信度条件下进行,也就是通过一个阈值 λ 去截取模糊相似矩阵 R,截取原则为

$$r_{ij} = \begin{cases} 1 & r_{ij} \geqslant \lambda \\ 0 & r_{ij} < \lambda \end{cases} \quad \lambda \in [0,1] \qquad (6.10)$$

即在相似性系数 r_{ij} 大于阈值 λ 处 $r_{ij}=1$;否则为 0。截取后的模糊相似矩阵 R' 同一行或同一列所有值为 1 的元素最相似,这些元素被判断为一类。应用这个原则逐行或逐列判断值为 1 的元素所在位置即可分选出所有类型雷达信号。

"追踪法"步骤如下。

(1) 根据截取后矩阵 R' 的对称性,取其下三角部分,记录该部分值为 1 的元素下标,存入数组 $A[i][2]$ 中。

(2) 令 $f=1$,将 f 存入数组 $B[t]$ 中,按行搜索数组 $A[i][2]$,若 $A[i][2]$ 中有元素与 f 相等,且同一行另一个元素在数组 $B[t]$ 中不存在,则将这个元素存入数组 $B[t]$ 中。

(3) 令 f 遍历数组 $B[t]$,重复步骤(2)直到没有新元素加入数组 $B[t]$ 中。

(4) 将数组 $B[t]$ 中的元素按行存入数组 C 中,数组 C 维数不定。

(5) 令 f 取 $1 \rightarrow n$ 中任一个 C 中不存在的元素,重复步骤(2)~(4),直到所有信号分选完成。

例如,某个截取后的矩阵为

$$R' = \begin{bmatrix} 1 & 1 & 0 & 0 & 1 & 0 & 1 \\ 1 & 1 & 0 & 0 & 0 & 1 & 0 \\ 0 & 0 & 1 & 1 & 0 & 0 & 0 \\ 0 & 0 & 1 & 1 & 0 & 0 & 0 \\ 1 & 0 & 0 & 0 & 1 & 0 & 1 \\ 0 & 1 & 0 & 0 & 0 & 1 & 0 \\ 1 & 0 & 0 & 0 & 1 & 0 & 1 \end{bmatrix}$$

得到 R' 下三角中非零元素的下标，构成矩阵：

$$A = \begin{bmatrix} 2 & 4 & 5 & 6 & 7 & 7 \\ 1 & 3 & 1 & 2 & 1 & 5 \end{bmatrix}^T$$

第一次循环过后 $B = [1\ 2\ 5\ 7]$；第二次循环过后 $B = [1\ 2\ 5\ 6\ 7]$。此时 B 中已无新元素加入，得到 $C = [1\ 2\ 5\ 6\ 7]$。

令 $f = 3$，经过循环算法得到 $C = [3\ 4]$。此时 C 中元素个数为 7，算法结束。得到分类结果：1、2、5、6、7 为一类，3、4 为一类。由此可以看出：追踪法可有效实现矩阵的传递性，提取脉冲序号过程十分简单。

则模糊聚类分选算法流程图如图 6.1 所示。

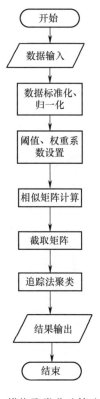

图 6.1 模糊聚类分选算法流程图

6.1.4 基于有效性函数的确定最佳聚类算法

聚类的目标是使样本达到类内紧密、类间远离。本节将经过标准化处理的样本数据 X'' 作为研究对象,从耦合度和分离度出发,建立聚类有效性评价模型,对选择的阈值给出有效性评价,从而确定最佳聚类结果[217]。

耦合度定义为

$$Cd = \frac{1}{n_i} \sum_{j=1}^{n_i} \| x''^{(i)}_j - x''^{(i)} \|^2 \qquad (6.11)$$

式中:n_i 为第 i 类的样本数;第 i 类的样本为 $x''^{(i)}_j (j = 1,2,\cdots,n_i, i = 1,2,\cdots,C_\lambda)$, C_λ 为对应 λ 的类别数;第 i 类的中心为 $x''^{(i)} = (x''^{(i)}_1, x''^{(i)}_2, \cdots, x''^{(i)}_l, \cdots, x''^{(i)}_m)$,其中

$$x''^{(i)}_l = \frac{1}{n_i} \sum_{k=1}^{n_i} x''^{(i)}_{kl} \quad l = 1,2,\cdots,m \qquad (6.12)$$

耦合度表现为样本方差,方差越小,样本间波动就越小,亦即类内之间样本紧密程度就越高。

分离度定义为[218]

$$Sd = \| x''^{(i)} - \bar{x}'' \|^2 \qquad (6.13)$$

式中:$\bar{x}''$ 为总体样本的中心,即 $\bar{x}'' = (\bar{x}''_1, \bar{x}''_2, \cdots, \bar{x}''_l, \cdots, \bar{x}''_m)$,其中

$$\bar{x}''_l = \frac{1}{n} \sum_{j=1}^{n} x''_{ji} \quad l = 1,2,\cdots,m \qquad (6.14)$$

分离度反映了不同类之间的差异性。

分别将耦合度和分离度除以相应的权值,以降低类别数对有效性评价的影响,然后用分离度和耦合度进行比较,以获取最大的评价值,建立的聚类有效性评价模型为

$$F = \lg \frac{\left(\sum_{i=1}^{C_\lambda} Sd \right) / (C_\lambda - 1)}{\left(\sum_{i=1}^{C_\lambda} Cd \right) / (n - C_\lambda)} \qquad (6.15)$$

F 值综合反映了类内耦合程度与类间分离程度,其值越大,说明类与类之间的距离越大,亦即类与类之间的差异越大,分类就越好,对应 F 值最大的阈值 λ 即为最佳阈值,其所对应的分类即为最佳聚类结果。

所有样本各自成类或全部并成一类,在实际应用中没有多大意义,文献[219]

在理论上证明了经验规则 $C_{\lambda \max} \leqslant \sqrt{n}$ 的合理性,因此,$2 \leqslant C_\lambda \leqslant \sqrt{n}$。比较不同 C_λ 时所得到的 F 值,最大 F 值所对应聚类结果即为最佳聚类结果,所对应阈值 λ 即为最佳阈值。

6.1.5 模糊聚类分选算法存在的问题

模糊聚类分选算法框图如图 6.2 所示。

图 6.2 模糊聚类分选算法框图

原始模糊聚类分选算法存在多方面问题:面对参数交叠严重的场景分选效果差;高信号密度环境中分选实时性差;无法提取信号的 PRI 变化参数。

针对上述问题,提出了绝对相似度计算、流水式多阈值、特征样本提取、并查集以及 PRI 参数提取等改进方法,综合各种改进方法形成了模糊聚类综合分选算法。

6.2 多阈值模糊聚类分选算法

模糊聚类常用于统计学中,聚类过程是根据样本数据的相似度进行的[220]。模糊聚类算法的优势在于不需要设定聚类中心和聚类半径,并且由于距离计算原理简单,因此算法实现的实时性很好。刘旭波对模糊聚类提出了可用于分选的模糊聚类方法,随后学者尹亮改进了模糊聚类设置门限的方法,并提出基于有效性函数确定最佳聚类方法。但以上方法都不能对参数变化的雷达信号有效聚类,即面对捷变频的雷达信号聚类失效,并且上述权重设置方法面对不同的雷达信号分选结果不佳,不如平均设置权重,因此不适用于未知环境。

6.2.1 问题引出

表 6.1 给出 10 个脉冲信号的工作频率、脉宽以及到达时间参数,利用模糊聚类分选算法完成对这 10 个脉冲的分类。脉冲信号的参数图如图 6.3 所示。图 6.3(a)是脉冲信号的到达时间、脉宽和频率的三维显示图;图 6.3(b)、图 6.3(c)分别是脉宽、频率和到达时间的关系图。从图中可以看出,10 个脉冲信号分别属于 5 部雷达。(脉宽和频率权重系数均设为 0.5,阈值分别设为 0.95 与 0.90)

表 6.1 脉冲信号参数

脉冲序号	1	2	3	4	5	6	7	8	9	10
TOA/μs	1	11	16	26	36	56	66	76	81	96
脉宽/μs	2.0	0.95	0.49	4.0	0.5	0.5	1	0.5	2.0	0.5
频率/MHz	1410	1100	799	1200	800	800	1100	800	1500	800

　　阈值设置为 0.95 时分类结果如下:分类 1:1;分类 2:9;分类 3:2、7;分类 4:3、5、6、8、10;分类 5:4。

　　阈值设置为 0.90 时分类结果如下:分类 1:1、9;分类 2:2、7;分类 3:3、5、6、8、10;分类 4:4。

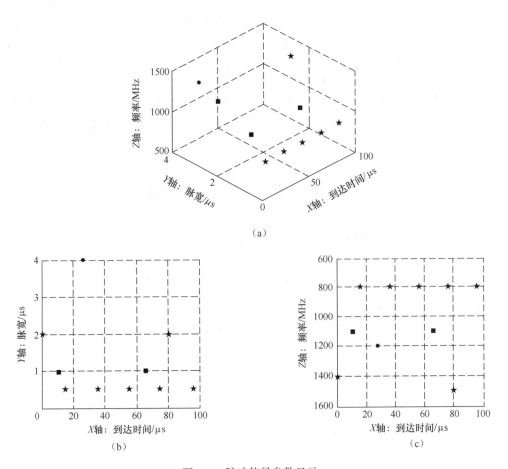

图 6.3　脉冲信号参数显示

(a)到达时间、脉宽和频率的三维显示图;(b)脉宽和到达时间关系图;(c)频率和到达时间关系图。

　　由上述分类结果可以看出,模糊聚类算法的分选准确率尤其依赖于设置的阈值合适与否,阈值的合适值一般在 0.9 以上。但是对未知雷达信号分选,不可能准确确定合适的阈值,并且对于一部参数变化的雷达信号,如捷变频信号、变脉宽信号等,由于跳变点之间差异较大,利用模糊聚类方法很难正确分选。相比传统基于PRI的分选算法,模糊聚类的优势在于可以对重频抖动的信号分类,并且计算速度较快,实时性高。

6.2.2 多阈值模糊聚类算法

针对原模糊聚类分选算法的缺点,即对参数变化的雷达信号分选失败、阈值设置稍高导致对测量误差容差小、分选阈值稍低会将不同信号源混在一起,提出多阈值模糊聚类分选算法来扩展该算法的适用范围。多阈值模糊聚类算法延续模糊聚类中的计算思想,沿用曼哈顿距离法计算脉冲相似度,但是增加了到达时间差校验以及高低阈值分选的环节,避免了单一阈值造成的容差小和对参数变化的信号无效的缺陷。分选实时性有所降低,相比传统的PRI分选方法,在性能方面可以有效分选各种调制形式的雷达信号,分选速度也和传统方法相当,甚至稍快。

1. 绝对相似度计算

对于参数伪随机变化的雷达信号,如表6.2所列的频率参数固定为1000MHz,脉宽参数变化的变脉宽信号,同样设置脉宽和频率的权重系数均为0.5,只添加这一部雷达信号,利用6.1节中的计算方法计算脉冲相似度 $r=1-0.5\times|PW_1-PW_2|-0.5\times|CF_1-CF_2|=0.5$,明显低于阈值的设置范围。

表6.2 变脉宽雷达信号参数

	变脉宽信号	
频率/MHz	1000	
脉宽/μs	1.0	1.2
标准化脉宽	−0.71	0.71
归一化脉宽	0	1

若在接收环境中存在另一部雷达信号,增添的雷达信号的频率与变脉宽雷达信号相同,脉宽参数与变脉宽雷达信号的参数不同,如表6.3所列。加入新雷达后,所有接收到的脉冲参数的标准化、归一化处理后的计算值也相应变化,再利用曼哈顿距离法计算相似度 $r=1-0.5\times|PW_1-PW_2|-0.5\times|CF_1-CF_2|=0.95$。

表6.3 变脉宽雷达信号1和雷达信号2参数

	变脉宽雷达信号1		雷达信号2
频率/MHz	1000		1000
脉宽/μs	1.0	1.2	3.0
标准化脉宽	−0.66	−0.48	1.15
归一化脉宽	0	0.1	1

两次计算的结果差异显著,是因为模糊聚类方法中计算的相似度是相对相似

度。在只有变脉宽雷达信号的情况下,两种脉宽不同的脉冲在归类时非此即彼,显然不能归为一类。增添一个参数和雷达参数差异较大的干扰脉冲,改变了参数的取值范围,在归一化的计算中,其他脉冲间的相似度相应减小,变脉宽雷达信号的两种脉冲差异就不明显了。

在工程应用中,信号环境随机不可控,参数范围也不可提前预知。任意两个脉冲的相似度计算若受到其他输入脉冲信号参数的影响会降低算法在未知环境中的分选置信度。因此需要一种可以计算脉冲间绝对相似度的方法。

接收到的脉冲某一维参数(第 k 维)可表示为: $x_{\sim k} = \{x_{1k}, x_{2k}, \cdots, x_{nk}\}$,则脉冲 i 和脉冲 j 第 k 维参数的相关度可定义为

$$r_{kij} = \frac{2|x_{ik} - x_{jk}|}{x_{ik} + x_{jk}} \tag{6.16}$$

若两脉冲该维参数相同,则 $r_{kij} = 0$。

将式(6.5)、式(6.6)所表述的相似度计算变形重新定义为

$$r_{ij} = 1 - \sum_{k=1}^{m} w_k r_{kij} \tag{6.17}$$

式(6.17)重新定义的相似度不受其他脉冲参数的影响,直接反映某两个脉冲间的关系。通过此方法再次计算表 6.3 中的相关参数,结果如图 6.4 所示。变脉宽雷达信号两种脉冲间的相似度: $r = 1 - 0.5 \times 2 \times (1.2 - 1)/(1.2 + 1) \approx 0.90$。

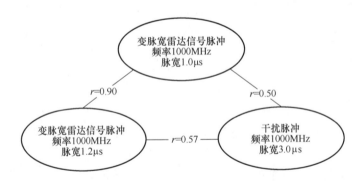

图 6.4 变脉宽雷达信号和雷达脉冲相似度

通过结果可以看出,重新定义的距离公式可以很好地反映脉冲间的相似性关系,这种距离公式不受其他脉冲参数的影响,减小了雷达信号分选算法受不确定因素的影响,提高算法在未知环境中的可靠性。

对于给出任意两个脉冲的信号参数,即可知道将其划分为同一类的最低阈值。对现实的意义是,可以通过先验信息预知雷达信号的参数范围,设置适合的阈值,这对于预知目标雷达参数范围的雷达信号分选有很大的帮助。图 6.5 是对于给定的阈值,从左到右,阈值分别是 0.85、0.9、0.95,两个脉冲只有一个参数不同,将其

划分为同一类时,两个脉冲参数差异的最大比例。

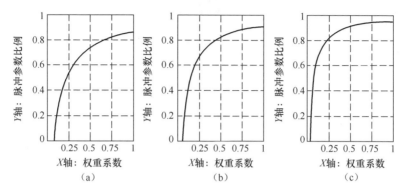

图 6.5 在不同阈值下只有一个参数不同的脉冲参数差异比例

2. 多阈值设置

从 6.2.1 节对 10 个脉冲的分类结果可以看出,模糊聚类算法中阈值的设置至关重要。一个合适的阈值可以正确分选雷达辐射源,不合适的阈值直接导致分选的失败。对于不同的输入信号,合适的阈值也不尽相同,并且合适的阈值容差也非常小,稍微增大或减小都将影响雷达辐射源的分选结果。用一个预先设定的阈值分选未知环境中的所有雷达信号是不切实际的,这就需要提出一种动态的阈值设置方法来应对各种各样的雷达辐射源。

多阈值方法是通过设置算法阈值的最高值和最低值,阈值流水式从高降到低,依次分选雷达信号。雷达辐射源脉冲的脉间调制特征有重调制和频率调制,利用高阈值分选重频变化、其他参数不变的信号,解决了传统方法针对重频变化的雷达辐射源失效的难题;利用低阈值分选其他参数如频率、脉宽等变化的信号。多阈值分选雷达信号的示意框图如图 6.6 所示。先用高阈值算法分选信号,若没有信号分选成功,逐步降低阈值进行分选,直至分选阈值降至最低值,完成分选过程。

如此,模糊聚类方法可以适用于调制方法更加复杂、雷达辐射源数目更多的信号环境。这样随之而来一个问题:如何判断雷达信号分选成功?可利用脉冲一级到达时间差校验的方法,提取不同重频调制形式的雷达辐射源信号的一级到达时间差直方图特征,形成雷达辐射源重频特征库,对于每一组分选出的脉冲串与重频特征库对比匹配,匹配成功则说明分选成功。

3. 到达时间差校验

在传统雷达信号分选方法中,对于每一组脉冲流的分选结果都有两种:分选出雷达信号和未分选出雷达信号。但对于聚类算法来说,有且只有一种输出结果,即分类成功。这是因为聚类算法本质是一种分类算法,对于一串输入数据,通过算法分类处理,必将得到相应的分类信息。例如,给定一组包含 20 个脉冲的脉冲串,每个脉冲工作频率、脉宽参数各不相同,也不含目标雷达信号。利用传统的 PRI 分选

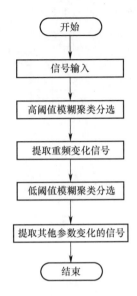

图 6.6 多阈值分选雷达信号的示意框图

方法处理的结果是没有雷达信号,但对于模糊聚类方法来说,最简单的结果是将 20 个脉冲分类为 20 个聚类中心,或将 20 个脉冲划分为 1 个聚类中心。但这两种分类方法均不是正确的信号分选方法。因此,如何判断分类后的脉冲组是否为一部雷达辐射源信号是将聚类方法应用在信号分选领域的关键问题。

到达时间差直方图是直方图分选方法(包括 CDIF 和 SDIF)中必不可少的一部分,通过统计不同级的脉冲到达时间差寻找可能的 PRI 值。在聚类算法中,添加统计到达时间差的步骤,对将聚类算法转化为雷达信号分选算法有重要意义。

脉冲的一级到达时间差是用后一个脉冲的到达时间减去前一个脉冲的到达时间计算得到的。

在正确分类的前提下,一部固定重频的雷达信号的一次到达时间差只有一个峰值。图 6.7 是一部重频为 $20\mu s$ 的雷达信号的脉冲到达时间及统计的一级到达时间差特征图。

对于重频参差变化的雷达信号来说,参差数为 N 的信号的一级到达时间差应有 N 个峰值。图 6.8 是一部子周期分别为 $15\mu s$、$20\mu s$、$25\mu s$ 的 3 参差雷达信号的脉冲到达时间及其一级到达时间差特征图。

重频抖动雷达信号的特点是,一级到达时间差峰值集中在脉冲重复周期中心附近,出现峰值位置的范围就是重频抖动信号的变化范围。图 6.9 是一部 PRI 中心为 $20\mu s$、抖动范围为 20% 的抖动雷达信号及其一级到达时间差图。

如果分选错误,错误分选的脉冲的一次到达时间差没有规律可循,如图 6.10 所示的到达时间差无序,即可判断为无信号分选成功。通过对到达时间差峰值的判断可以检验分选是否正确,同时判别雷达信号变化形式(常规、参差、抖动)并提

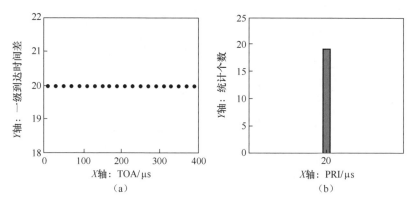

图 6.7 固定重频雷达信号一级到达时间差特征图

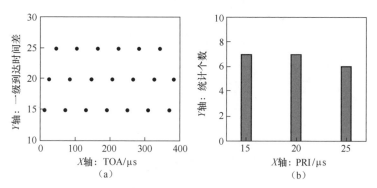

图 6.8 重频参差雷达信号一级到达时间差特征图

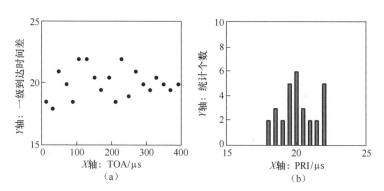

图 6.9 重频抖动雷达信号一级到达时间特征图

取脉冲重复周期。

在雷达信号分选中,每增加一维参数都可以提高信号分选的置信度。聚类雷达信号分选算法不能像传统的基于 PRI 的分选算法直接使用脉冲的到达时间参数,通过统计一级到达时间差分析到达时间差直方图特征,将脉冲的 TOA 参数用

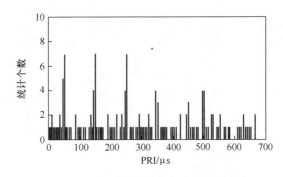

图 6.10　分选错误的脉冲到达时间差图

到信号分选过程中,同时判断聚类算法的分类正确与否。这种一级到达时间差的检验方法可以广泛应用在任意聚类分选算法中。

4. 多阈值模糊聚类分选流程

结合上述改进,图 6.11 给出多阈值模糊聚类算法的详细流程图。

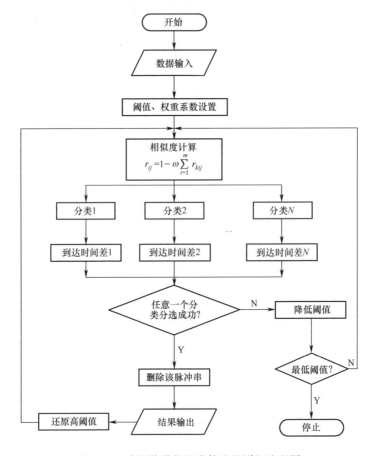

图 6.11　多阈值模糊聚类算法的详细流程图

多阈值模糊聚类算法预先设定阈值的最高值和最低值以及权重系数,然后输入脉冲描述字,利用式(6.16)和式(6.17)计算脉冲的绝对相似度将脉冲流分类,再对每一类脉冲串进行到达时间差统计,若符合某一种时域调制雷达类型的特点,判断为分选成功,否则降低阈值再次分选。当阈值降至设定的最低阈值,信号分选过程结束。

6.2.3 仿真实验与结果分析

针对传统基于PRI的分选方法对重频变化的雷达信号分选失效、原模糊聚类算法不能分选参数跳变的雷达信号两个问题,提出了多阈值模糊聚类算法。为验证算法的有效性,本节设计3组仿真实验,分别针对重频参差信号、重频抖动信号、捷变频信号、变脉宽信号。在以下仿真中,脉宽权重系数设置为0.4,载频权重系数设置为0.6,阈值最低值设置为0.9。

实验1 对重频抖动、重频参差信号仿真

添加6部雷达信号,其中3部是重频抖动雷达信号,抖动范围分别为10%、15%、20%。另外3部雷达信号分别是3参差、5参差、8参差的重频参差雷达信号。6部雷达信号的具体参数如表6.4所列,脉宽在小范围内滑变,频率在仿真中设置5%的容差范围。生成的信号如图6.12所示。雷达信号分选仿真实验的结果如表6.5所列。

表6.4 实验1雷达信号参数

雷达序号	PRI/μs	PW/μs	CF/MHz	备 注
雷达1(3参差)	270	0.95~1.05	700	子周期:70μs、90μs、110μs
雷达2(5参差)	350	1.95~2.05	800	子周期:40μs、55μs、70μs、85μs、100μs
雷达3(8参差)	520	1.55~1.65	900	子周期:30μs、40、50μs、60μs、70μs、80μs、90μs、100μs
雷达4(抖动)	50	0.75~0.85	1000	10%抖动
雷达5(抖动)	66.6	0.95~1.05	1100	15%抖动
雷达6(抖动)	70	1.15~1.25	1200	20%抖动

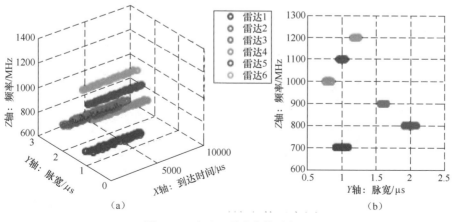

图6.12 实验1雷达参数示意图

表 6.5 实验 1 分选结果统计

雷达序号	脉冲个数	多阈值模糊聚类方法		原模糊聚类方法	
		成功分选	错误分选	成功分选	错误分选
雷达 1(3 参差)	67	67	0	67	0
雷达 2(5 参差)	86	86	0	86	0
雷达 3(8 参差)	93	93	0	93	0
雷达 4(抖动)	119	119	0	119	0
雷达 5(抖动)	91	91	0	91	0
雷达 6(抖动)	86	86	0	86	0
采样时长	6000μs	仿真时间	0.20s	仿真时间	0.15s

实验 1 分选结果中:多阈值模糊聚类和原模糊聚类方法针对脉宽和频率几乎不变的信号都可以正确分选,由于多阈值模糊聚类方法添加各种验证环节,仿真时间有所增加。

实验 2 对有干扰噪声的雷达信号仿真

添加 3 部常规雷达信号和少量由于干扰或者测量误差产生的无规律脉冲。生成雷达信号的脉宽和频率如表 6.6 所列,脉宽在小范围内滑变,频率在仿真中设置 5% 的容差范围。生成的信号如图 6.13 所示。雷达信号分选仿真实验的结果如表 6.7 所列。

表 6.6 实验 2 雷达信号参数

雷达序号	PRI/μs	PW/μs	CF/MHz	备注
雷达 1	50	0.75~0.85	1000	—
雷达 2	66.6	0.95~1.05	1100	—
雷达 3	70	1.15~1.25	1200	—
干扰脉冲	随机	随机	随机	—

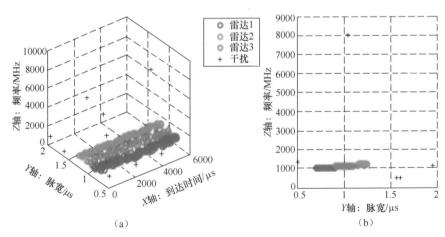

(a)　　　　　　　　　　　　(b)

图 6.13　实验 2 雷达参数示意图

表 6.7　实验 2 分选结果统计

雷达序号	脉冲个数	多阈值模糊聚类方法		原模糊聚类方法	
		成功分选	错误分选	成功分选	错误分选
雷达 1	120	120	0	0	120
雷达 2	90	90	0	0	90
雷达 3	86	86	0	0	86
干扰脉冲	9	9	0	0	9
采样时长	6000μs	仿真时间	0.22s	仿真时间	0.15s

图 6.14 是对实验 2 中雷达信号的多阈值模糊聚类和原模糊聚类方法的分选结果图。两次仿真中数据的位置有所变化是因为雷达信号在仿真中随机生成,跳变的点也不完全相同。在图 6.14(a)中雷达信号与干扰脉冲信号正确区别,3 部雷达信号正确分选;在图 6.14(b)中雷达信号与干扰脉冲信号正确区别,但干扰脉冲的存在影响了雷达脉间相似度的判断,雷达信号没有正确分选。

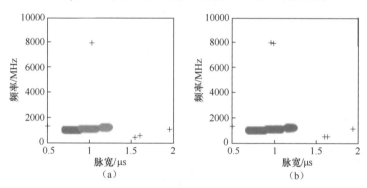

图 6.14　实验 2 仿真结果图
(a)多阈值模糊聚类方法;(b)原模糊聚类方法。

实验 3　对变脉宽雷达信号和伪随机捷变频信号仿真

添加 4 部雷达信号,其中 2 部变脉宽雷达信号,脉宽参数部分重叠;2 部脉间伪随机捷变频雷达信号,频点变化范围分别是 400MHz 和 1GHz。4 部雷达信号的具体参数如表 6.8 所列。生成的信号如图 6.15 所示。雷达信号分选仿真实验的结果如表 6.9 所列。

表 6.8　实验 3 雷达信号参数

雷达序号	PRI/μs	PW/μs	CF/MHz	备注
雷达 1(变脉宽)	50	—	8000	PW:0.8μs、0.9μs、1.0μs
雷达 2(变脉宽)	66	—	8200	PW:1.0μs、1.1μs、1.2μs
雷达 3(捷变频)	70	1.5~1.7	8400	捷变范围:400MHz,5 点跳变
雷达 4(捷变频)	80	1.9~2.1	8600	捷变范围:1GHz,11 点跳变

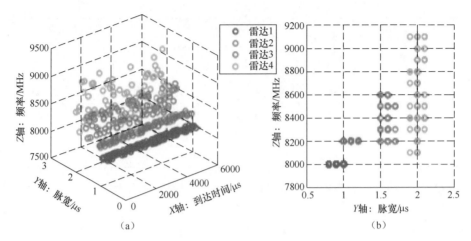

图 6.15 实验 3 雷达参数示意图

表 6.9 实验 3 分选结果统计

雷达序号	脉冲个数	多阈值模糊聚类方法		原模糊聚类方法	
		成功分选	错误分选	成功分选	错误分选
雷达1(变脉宽)	120	120	0	120	0
雷达2(变脉宽)	91	91	0	91	0
雷达3(捷变频)	86	86	0	0	86
雷达4(捷变频)	75	75	0	0	75
采样时长	6000μs	仿真时间	0.17s	仿真时间	0.15s

图 6.16 是对实验 3 中雷达信号的多阈值模糊聚类和原模糊聚类方法的分选结果图。两次仿真中数据的位置有所变化是因为雷达信号在仿真中随机生成,跳变的点也不完全相同。从仿真结果中可以看出多阈值模糊聚类对参数跳变范围很大的信号也可以正确分选,原模糊聚类方法不能分选参数跳变幅度大的雷达信号。图 6.16(a)中,所有雷达信号成功分选;图 6.16(b)中,捷变频雷达信号被分割成许多类,分选错误。

实验 1 说明多阈值模糊聚类算法可以有效对高参差数的雷达信号进行分选。利用此算法对 5 参差、8 参差的雷达信号进行分选,避免了经典的直方图法由于需要做许多级到达时间差直方图导致的分选准确性下降以及随之而来的消耗时间长的问题。同时多阈值模糊聚类算法可以有效对抖动信号进行分选,并且对抖动范围是 20% 的信号仍可以正确分选,克服了传统基于 PRI 的分选方法的不足。

实验 2 说明,在干扰脉冲和噪声存在的情况下,多阈值模糊聚类方法仍然可以正确分选信号,在算法性能上优于原模糊聚类方法。

实验 3 说明多阈值模糊聚类算法对参数变化的雷达信号有很好的分选效果,

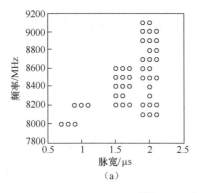
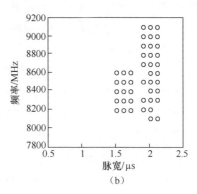

图 6.16 实验 3 分选结果图
(a)多阈值模糊聚类方法;(b)原模糊聚类方法。

弥补原模糊聚类算法的不足。虽然输入的信号参数有部分重叠,但只要有其他参数不重合,就可以准确分选。若想区分两部工作频率和脉宽参数完全相同的雷达信号,则需要加入脉内调制方式、到达方向等其他维参数。

6.3 特征样本抽取法

模糊聚类算法的时间复杂度和空间复杂度主要取决于样本数的大小。假设样本数据量为 n,则 n 个样本所构成的相似矩阵是一个 n 阶的方阵。随着 n 的增大,相似矩阵维数也随之增大,对内存的需求也进一步增大。计算完相似矩阵后,对数据进行分类的时间复杂度也会急剧增大。无论在运行时间上还是在数据存储上都对 DSP 器件提出了巨大的挑战。问题总结如下。

(1) 当样本数 n 较大时,存储相似矩阵对内存消耗较大。
(2) 当相似矩阵阶数较大时,聚类的时间复杂度也较高。

在脉冲流密度较大的情况下,针对模糊聚类时间和空间复杂度较高的问题,本节对原始数据采取抽取的方法进行预处理,在不改变数据整体分布的情况下,大大降低了参与模糊聚类的样本数量。

数据抽取的具体步骤如下。

(1) 从原始数据集 $X=\{x_1,x_2,\cdots,x_n\}$ 中任取一点 $x_k(1\leqslant k\leqslant n)$,作为起始基准点,并将其划入数据集合 Y 中,由于第一次取值,所以 Y 中的数据个数为 $m=1$,此时 $Y=\{y_1\}$。

(2) 从 $X=\{x_1,x_2,\cdots,x_n\}$ 中依次取 x_i,并按照一定的容差与集合 Y 中的数据点进行比较。若在 Y 中存在一点 $y_j(j=1,2,\cdots,m)$,使得数据点 x_i 在一定容差范围内与 y_j 相等,继续从 $X=\{x_1,x_2,\cdots,x_n\}$ 中取下一点与数据集合 Y 中的数据进行比较;若在数据集合 Y 中无法找到一点与数据集合 X 中取的点 x_i 在一定容差内相等,则将 x_i 存储到集合 Y 中,此时集合 Y 中的样本数 $m=m+1$,然后继续从集合 X 中取下一个点,直到集合 X 中所有的点都遍历一遍。最后数据集合 Y 中的数据个数为 m,理论上存在 $m \leqslant n$。

(3) 对集合 Y 中的数据进行模糊聚类。

抽取后得到的数据样本集合为 Y,Y 中的数据点个数不大于原始数据集合 X 中数据点的个数。用集合 Y 中的数据来代替集合 X 中的数据,从而降低了参与模糊聚类的样本数,即降低了模糊聚类的空间复杂度和时间复杂度。

抽取前数据样本 $X=\{x_1,x_2,\cdots,x_n\}$ 中元素个数为 n,抽取后的数据样本量个数为 m,定义抽取率为 $\xi=1-m/n$,所以样本量 m 相对于 n 越少,对应的抽取率越大。根据上述 3 个步骤可知,抽取率主要取决于步骤(2)中的各维度参数的容差,容差越小对应抽取后的样本量越大,容差越大对应的抽取后的样本量越小。

下面对抽取算法进行仿真。考虑到雷达信号脉宽、载频等参数可能大范围内抖动或者比较稳定,所以仿真分为以下两种情况进行。

(1) 小范围抖动数据样本。如图 6.17 所示,抽取前数据样本总数为 800,抽取后样本数为 103,抽取前后数据分布的轮廓并没有发生变化。对抽取后的数据求取聚类中心并与抽取前的数据求取的聚类中心做对比,由于数据的二维参数都是在小范围抖动,所以直观地从图形上观察可知抽取前后的数据的聚类中心位置并没有发生明显变化。

(2) 大范围抖动数据样本。如图 6.18 所示,抽取前数据样本总数为 400,抽取后的数据样本总数为 140。和抽取前相比,抽取后的数据轮廓并没有发生明显变化,抽取后的整体数据分布变得稀疏,这不影响聚类中心的数量和位置。

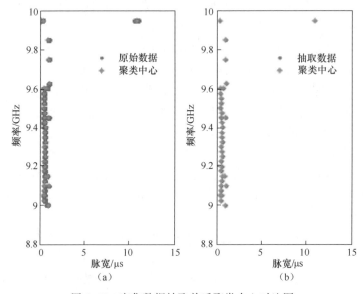

图 6.17 密集数据抽取前后聚类中心对比图

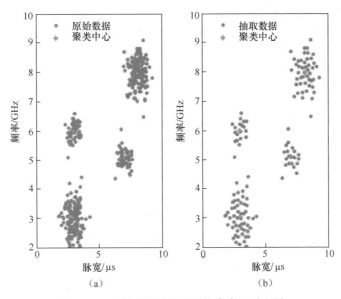

图 6.18 离散数据抽取前后聚类中心对比图

表 6.10 统计了不同抽取率下,抽取后样本数据的聚类中心值和原始数据的聚类中心值。当抽取率为 0 时,相当于总体数据未经抽取,即为原始样本数据。根据表 6.10 可知,当抽取率小于 80%,抽取得到的样本数据点的聚类中心的值与原始数据聚类中心的误差在 1% 以内,即在可接受的范围。当抽取率大于 80%,数据分布过于稀疏,打破了数据内部之间的相关性,导致误差进一步变大,本属于同一聚类中心的数据被分到不同的类,导致聚类中心数目的增加,聚类失败。所以,为了保证抽取后的数据聚类的准确性,应使抽取率在 80% 以下。

实时性方面,随着聚类数据的增加,其运算复杂度也随之增加,对数据抽取后,参与运算的样本数减少,其时间复杂度降低。运行时间随抽取率的变化曲线如图 6.19 所示。

表 6.10 不同抽取率下的聚类中心值统计

抽取率/%	样本数量/个	聚类中心 1		聚类中心 2		聚类中心 3		聚类中心 4	
		PW/μs	CF/GHz	PW/μs	CF/GHz	PW/μs	CF/GHz	PW/μs	CF/GHz
0	400	2.9583	2.9860	8.0817	7.9751	3.0221	6.0077	6.9944	5.0546
21.5	314	2.9472	2.9973	8.0943	7.9785	3.0142	5.9934	6.9876	5.0643
48.7	205	2.9428	3.0267	8.1262	7.9638	2.9667	5.9516	7.0384	5.0722
65	140	2.9406	3.0493	8.1192	7.9697	2.9502	5.9815	6.9751	5.0983
76.5	94	2.9447	3.1614	8.1404	7.9138	2.9467	5.9667	6.9384	5.1166
81.5	74	2.9436	3.0717	8.1149	7.8918	2.8909	5.9322	6.9183	5.1128
85	60	错误	错误	错误	错误	错误	错误	错误	错误

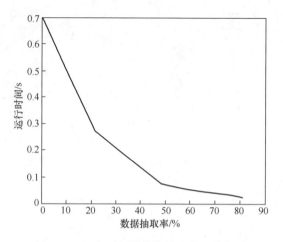

图 6.19 运行时间随数据抽取率的变化图

6.4 基于并查集的低复杂度模糊聚类信号分选算法

贺宏洲、刘旭波等人提出的模糊聚类分选算法,由于算法原理简单,且能够有效完成分选,已广泛应用于工程项目。但在密集信号环境中,消耗硬件资源大,且分选实时性无法保证,即算法复杂度高。本节针对该算法复杂度高的问题进行研究,结合并查集(Union-find Sets、Disjoint Sets),提出基于并查集的低复杂度模糊聚类信号分选算法。

6.4.1 模糊聚类分选算法存在的问题

实际应用中发现使用模糊聚类分选算法进行分选,在信号数量较大时,占用大量内存,且运行时间较长。内存占用大是由于算法运行时需生成 n^2 大小的浮点型相似矩阵。为定位算法运行时间比重最高的模块,对模糊聚类分选算法中各模块的运行时间进行了实验测试。测试环境:i7-7700K+16GB RAM,Win10+VS2019。

对不同时间长度的信号序列进行分选,统计算法各模块运行时间,结果如表 6.11 所列。

通过分析与测试可以得出,模糊聚类分选算法存在以下问题。

(1) 生成 n^2 大小的浮点型相似矩阵,n 为信号数量,占用内存空间大。

(2) 信号数量 n 较大时,追踪法提取聚类信息运行时间长且比重最高,高达 99%。

加速大概率事件远比优化小概率事件更能提高性能。下一节将介绍并查集这种高效、精妙的数据结构,并将其应用于模糊聚类分选算法中,代替追踪法提取聚类信息,使得模糊聚类分选算法复杂度大大降低。

表6.11 模糊聚类分选算法各模块运行时间

序列时长/μs	脉冲数	生成相似矩阵		矩阵截取		追踪法	
		运行时间/s	比重	运行时间/s	比重	运行时间/s	比重
10000	1352	0.006	0.081	0.003	0.041	0.065	0.878
20000	1932	0.005	0.013	0.002	0.005	0.377	0.982
40000	3082	0.021	0.007	0.009	0.003	3.115	0.990
80000	5389	0.090	0.003	0.036	0.001	25.751	0.995
160000	9996	0.363	0.002	0.143	0.001	203.377	0.998

6.4.2 基于并查集改进的模糊聚类分选算法

1. 并查集

一些应用场景涉及将 n 个不同的元素划分为一组不相交的集合,如确定无向图的连通分量、求最小生成树的 Kruskal 算法以及求最近公共祖先等。这些应用场景都需要对不相交集合进行两种特别的操作:寻找包含给定元素的唯一集合和合并两个集合[221]。并查集就是一种用于实现这些操作的高效、精妙的数据结构。

并查集维护了一组不相交的动态集合 $S = \{S_1, S_2, \cdots, S_k\}$。每个集合可包含一个或多个元素,并使用其中的某一个元素代表该集合(代表元素)。对于每个元素,可以快速找到该元素所在集合的代表,以及快速合并两个元素所在的集合。

并查集中有 3 个对数据的基本操作。

(1) makeSet(n):创建一个并查集,其中包含 n 个单元素集合。

(2) unionSet(e1,e2):对于给定元素 e1 与 e2,若两者不属于同一集合,则将其所在的集合合并。

(3) find(e):对于给定元素 e,找到其所属的集合,并返回其所在集合的代表元素。

其中 unionSet(e1,e2) 使用 find(e) 获得 e1 与 e2 所在集合的代表元素,通过比较代表元素是否相同判断 e1 与 e2 是否属于同一个集合。

并查集使用树表示集合,树上的各节点表示集合中的各元素,树根对应的元素即该集合的代表元素,如图 6.20 所示。

图 6.20 中有两棵树,对应于两个集合分别是:{a,b,c,d},代表元素为 a;{e,f,g},代表元素为 e。树中各节点表示集合中的各元素,箭头表示指向父节点的指针,根节点指针指向自身,表示其没有父节点。查找时沿着各节点的父节点不断向上查找,直到找到根节点,即该集合的代表元素。

由此可以使用一个长度为 n 的整型数组存储各元素,创建并查集时 makeSet

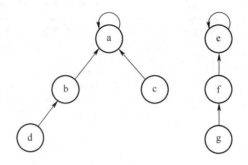

图 6.20 并查集的表示

(n)构造出如图 6.21 所示的森林,每个元素都是一个集合,其代表元素为自身,各树只有根节点。

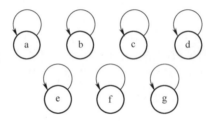

图 6.21 构造并查集

当进行 find(e)操作时,若每次都沿着元素 e 的父节点向上进行查找,则查找的时间复杂度为树高。为降低时间复杂度,可以使用一种简单高效的策略——路径压缩。路径压缩,即在每次查找过程中,将查找路径上的各节点直接指向根节点,如图 6.22 所示。

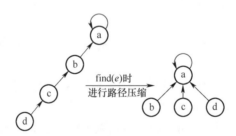

图 6.22 路径压缩

最后是归并操作 unionSet(e_1,e_2),合并两个集合时,只需将一棵树的根节点指针指向另一棵树的根节点即可,如图 6.23 所示。

为降低对合并后集合进行查找时的复杂度,采用启发式策略——按秩归并,即将较矮的树的根节点的指针指向较高的树的根节点,秩即树高。也可以使用树的规模作为秩,即将节点较少的树的根节点指针指向节点较多的树的根节点。

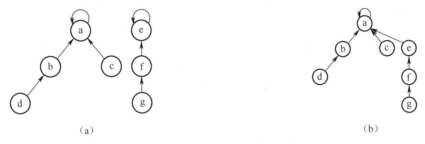

图 6.23 集合归并
(a)集合归并前;(b)集合归并后。

关于并查集时间复杂度[221],有如下引理。

令 $T(M,N)$ 为交错执行 $M \geq N$ 次带路径压缩的查找和 $N-1$ 次按秩归并的最坏情况时间。则存在正常数 k_1 和 k_2 使得

$$k_1 M\alpha(M,N) \leq T(M,N) \leq k_2 M\alpha(M,N) \quad (6.18)$$

式中:$\alpha(M,N)$ 与 Ackerman 函数有关,Ackerman 函数可表示为

$$A(i,j) = \begin{cases} 2^j & i = 1 \text{ 且 } j \geq 1 \\ A(i-1,2) & i \geq 2 \text{ 且 } j = 1 \\ A(i-1,A(i,j-1)) & i \geq 2 \text{ 且 } j \geq 2 \end{cases} \quad (6.19)$$

经数学家证明:

$$\alpha(M,N) = \min\left\{i \geq 1 \mid A\left(i, \left\lfloor \frac{M}{N} \right\rfloor\right) > \log_2 N\right\} \leq O(\log_2^* N) \leq 4 \quad (6.20)$$

式中:$\log_2^* N$ 为 Ackerman 反函数,其值为对 N 求对数直到结果小于等于 1 的次数。

经过上述分析可知,可以在常数时间内完成对并查集的查询或合并操作,即单次查询或合并操作时间复杂度为 $O(1)$。而使用并查集只需长度为 n 的数组即可完成,n 为信号数量,即空间复杂度为 $O(n)$。

2. 改进方案

将雷达信号聚类分选问题看做求无向图的连通分量问题。首先将所有数据点看做一幅图中的孤立点,如图 6.24(a)所示,其对应的并查集示意图如图 6.24(b)所示。

若脉冲 1 与脉冲 4 为一类,则将图 6.24(a)中对应节点连通,此时对集合 1 与集合 4 进行归并,结果如图 6.25 所示。

假设图 6.24(a)中脉冲 1、4、7 为一类,脉冲 2、3、5、6 为一类,重复上述操作,直到对任意两脉冲的归类均已完成,结果如图 6.26 所示。

图 6.26 即为分类结果,可通过如下方式输出结果。

(1)遍历并查集,找到代表元素(指针指向自身),并对其分配类别号。

图 6.24 数据集初始化

(a)初始数据点;(b)初始化并查集。

图 6.25 脉冲 1 与脉冲 4 为一类

(a)连通节点 1 与节点 4;(b)归并集合 1 与集合 4。

图 6.26 分类结果

(a)分类结果;(b)归并结果。

(2) 遍历并查集,各元素的类别号与其所在集合代表元素相同。

经过上述步骤得到分类结果,类别 1:脉冲 1、4、7;类别 2:脉冲 2、3、5、6。

基于上述思想,使用并查集对模糊聚类分选算法做出如下改进。

(1) 使用并查集代替追踪法聚类,降低时间复杂度。

(2) 不生成相似矩阵,直接计算两脉冲间相似度,相似度高于阈值后,对信号集合完成归并操作,降低空间复杂度。

基于并查集改进模糊聚类分选算法流程如下。

(1) 数据标准化与归一化。

(2) 计算两脉冲间相似度。

(3) 若相似度高于阈值,对信号进行归并。
(4) 若存在两脉冲没有进行相似度计算,转入步骤(2)。
(5) 遍历并查集,找到代表元素(指针指向自身),并对其分配类别号。
(6) 遍历并查集,各元素的类别号与其所在集合代表元素相同。

基于并查集改进的模糊聚类分选算法流程图如图 6.27 所示。

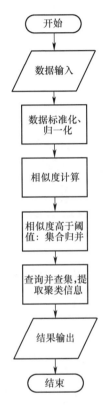

图 6.27　基于并查集改进模糊聚类分选算法流程图

3. 算法复杂度对比

由原模糊聚类分选算法可知,算法运行时生成 n^2 大小浮点型相似矩阵,因此其空间复杂度为 $O(n^2)$;由于追踪法提取聚类信息逻辑过于复杂,无法直接分析其时间复杂度。基于并查集改进模糊聚类分选算法运行时,仅需长度为 n 的整型数组,因此其空间复杂度为 $O(n)$。下面对其时间复杂度进行分析。

(1) 构造并查集:构造并查集时仅需对数组进行一遍遍历,使其各元素指针指向自身即可,时间复杂度 $O(n)$。

(2) 并查集聚类:需计算任意两脉冲间相似度,并对相似度高于阈值的两脉冲进行归并,最多需 $n^2/2$ 次归并,时间复杂度 $O(n^2)$。

(3) 聚类结果输出:需遍历两次数组,即需对数组中的各元素进行两次查询,

时间复杂度 $O(n)$。

综上所述,基于并查集改进模糊聚类分选算法时间复杂度为 $O(n^2)$。

下面通过实验验证基于并查集改进模糊聚类分选算法相较于原模糊聚类分选算法复杂度大大降低。测试环境:i7-7700K+16GBRAM,Win10+VS2019。

实验1 算法复杂度对比实验

对常规、参差、抖动、脉间捷变频、脉组捷变频5种形式,10部雷达,共5800个脉冲,分别使用原始算法与改进算法进行分选。运行时间与内存占用情况如表6.12所列。

表6.12 算法复杂度对比

算法	运行时间/s	内存占用峰值/KB
原模糊聚类算法	50.733	327000
基于并查集改进的模糊聚类算法	0.158	876

由实验1测试结果可知,基于并查集改进模糊聚类算法相较原模糊聚类算法复杂度大大降低。

由于原模糊聚类分选算法时间复杂度无法直接分析得到,仅一组实验数据无法证明改进算法时间复杂度低于原算法,为此进行了覆盖性实验。

实验2 覆盖性实验

对不同时长的序列(脉冲数不同)使用两种算法进行分选,分选运行时间如表6.13所列。

表6.13 时间复杂度对比

序列时长/μs	脉冲数	原模糊聚类分选算法运行时间/s	基于并查集改进模糊聚类分选算法运行时间/s
10000	1352	0.087	0.001
20000	1932	0.408	0.005
40000	3082	3.207	0.017
80000	5389	25.866	0.070
160000	9996	202.509	0.270

由实验2测试结果可知,不同脉冲数量下,改进算法时间复杂度均远低于原算法。

由理论分析与实验测试结果可得:基于并查集改进模糊聚类算法相较原模糊聚类算法复杂度大大降低。

6.4.3 算法并行化与DSP实现

1. OpenMP并行运行

OpenMP是由OpenMP Architecture Review Board提出的,用于共享内存并行系

统的多处理器程序设计的一套指导性编译处理方案(compiler directive)。OpenMP API 支持 C、C++、Fortran 等语言的多平台共享内存并行编程。

由于循环是程序中运行时间比重最高的部分,也是使用最多的程序执行结构,OpenMP 主要对程序中的 for 循环进行并行化,也可对其他语句进行并行化。基于并查集改进模糊聚类分选算法主要由循环构成,基于加速大概率事件的原则,本节使用 OpenMP 加速算法中的 for 循环。

OpenMP 对可以并行化的循环有如下要求。

(1) 循环变量必须是有符号整形。
(2) 循环条件的关系运算必须是<、<=、>、>=中的一种。
(3) 循环变量的增量必须为常数。
(4) 如果关系运算是<、<=,那每次循环变量应该增加,反之应该减小。
(5) 循环中不能使用 break、goto 等跳转语句。

改进算法中的循环都满足上述条件,可使用 OpenMP 使其并行化,在 for 循环前加入"#pragma omp parallel for"预编译指令即可。而原模糊聚类分选算法中追踪法部分涉及 while 循环,且存在大量的 break,因此无法使用 OpenMP 使其并行化。

下面通过实验对比 OpenMP 开启后对算法的加速效果。

实验 3 OpenMP 加速测试

测试环境:i7-7700K+16GBRAM,Win10+VS2019。

对常规、参差、抖动、脉间捷变频、脉组捷变频 5 种形式,10 部雷达,分别测试 OpenMP 禁用与启用时改进算法在不同信号数量下运行时间。测试结果如表 6.14 所列。

表 6.14 OpenMP 并行运行时间测试

脉冲信号数量	禁用 OpenMP 运行时间/s	开启 OpenMP 运行时间/s
5831	0.146	0.076
11566	0.441	0.121
23071	1.719	0.388
46000	6.761	1.311
91913	26.749	4.608
183674	106.627	17.591

由实验 3 测试结果可知,基于并查集改进模糊聚类分选算法可使用 OpenMP 技术并行运行,数据量较大时,使用 8 个核心并行运行可加速 5~6 倍。

2. 算法的 DSP 实现

在 TI 公司的 TMDSEVM6678LE 开发板上实现改进算法,采用优化方式后,对表 6.15 所列信号进行分选。

实验 4 运行时间测试

使用 TMDSEVM6678LE 开发板,单核心,核心频率 1GHz,对表 6.15 中所列雷达信号进行分选。截取信号时长:100000μs,共 5840 个脉冲,800 个噪点。

表 6.15 雷达信号参数

信号类型	载频(CF)/MHz	脉冲重复间隔(PRI)/μs	脉宽(PW)/μs
常规信号 1	2200	250	10
常规信号 2	7700	100	6
重频参差 1	8000	70/80/90/100/110/100/90/80	21
重频参差 2	4300	40/55/70/85/100/111/123/145	1
抖动信号 1	15000	500(10%)	35
抖动信号 2	4000	400(15%)	40
脉间捷变 1	5000(5 点跳变 400MHz)	300	15
脉间捷变 2	15600(11 点跳变 600MHz)	100	17
脉组捷变 1	17500(5 点跳变 400MHz)	600	25
脉组捷变 2	6000(11 点跳变 600MHz)	500	30

分选结果如表 6.16 所列。

分选运行时间:1.1s。

分选结果中,部分雷达信号分选正确率未达到 100% 是由于在信号簇附近存在噪点。由实验 4 结果可知,基于并查集改进模糊聚类分选算法在 DSP 开发板上成功运行,且能在较短时间内完成分选,证明了算法的硬件可实现性。

表 6.16 分选正确率

类别	脉冲个数	正确率
1	399	1.000
2	996	0.985
3	1084	0.988
4	1096	0.974
5	196	1.000
6	248	1.000
7	333	1.000
8	999	0.987
9	163	1.000
10	196	1.000

由 2.4.5 节,单次分选需完成对 6685 个信号的分选;又由 6.4.2 节,时间复杂度为 $O(n^2)$,可估算单次分选耗时:$1.1s \times (6685/5840)^2 = 1.44s$。由此改进算法已初步达到工程应用的实时性要求。

由 6.4.3 节中 OpenMP 并行测试,8 核并行运算可加速 5~6 倍,若在 DSP 上使用 OpenMP 技术可使运行时间缩短至原有运行时间的 1/6～1/5。尽管 TMS320C6678 支持 OpenMP，但在 TMDSEVM6678LE 开发板上无法实现裸机 OpenMP，因此无法对 OpenMP 并行进行测试。被动雷达寻的器一般要求 500ms 内完成首次分选，若能够实现在 DSP 上的 OpenMP 并行运行，则该算法已达到工程上对实时性的需求。这将是下一步研究的重点。

6.5　PRI 参数提取

模糊聚类算法通常只是作为雷达信号的参数预分选，在完成对参数的聚类后，需要对每个分类提取信号的脉冲重复周期(PRI)，不同类型信号的 PRI 变化规律不同，尤其是捷变频信号因为各个脉冲频点的差异，在模糊聚类后，来自同一捷变频信号的脉冲被划分到不同的类中。本节根据不同信号类型下的 PRI 规律，对模糊聚类后的数据进行 PRI 的提取。

6.5.1　各类型雷达信号 PRI 的提取

1. 基于谐波的 PRI 提取算法

1) 基本原理

设用脉冲前沿的到达时间来表示脉冲的到达时间。令 $t_n(n=1,2,\cdots,N)$ 为脉冲的到达时间，其中 N 为采样脉冲数，在只考虑 TOA 作为分选参数的情况下，采样脉冲串可以模型化为单位冲击函数的和，记为 $g(t)=\sum\delta(t-t_n)$，对此函数进行离散化，记 $T(n)=t_n(n=1,2,\cdots,N)$ 表示第 n 个脉冲的到达时间。对于仅有 1 部不变 PRI 的信号组成的脉冲串，则 $t_n=t_0+(n-1)\mathrm{PRI}$，其中 t_0 为脉冲串的初始时间。对脉冲串做级差得到级差值 $G(m)=T(n+m)-T(n)(n=1,2,\cdots,N)$，其中 m 表示所做的级差数。在无脉冲丢失的情况下对这些差值统计分类，可以得到 PRI，2PRI，$\cdots$，mPRL，其中 PRI 代表此脉冲串的基波成分，其他则为脉冲串的谐波成分。

同样，对于有多部信号组成的交错脉冲串(这里假设两部信号)，并设脉冲重复周期分别为 PRI1、PRI2。这两部信号的脉冲在时间上交错，分别对其进行多级差计算，对级差值进行统计分类，形成直方图如图 6.28 所示，可以得到 PRI1、PRI2 的基波成分和谐波成分。由于多部信号交错，当其中两部不同雷达信号的到达时间做级差时会出现杂波成分，这种杂波成分带有随机性。所以对于杂波成分 PRI1-a 与 PRI2-b 不存在谐波。

通过上述分析可以得出如下结论。

(1) 谐波是脉冲串固有的特性，通过对脉冲串做级差可以得到脉冲重复周期的多次谐波成分。

(2) 由于脉冲的随机交错，不同雷达脉冲的到达时间相减得到的级差值，既不

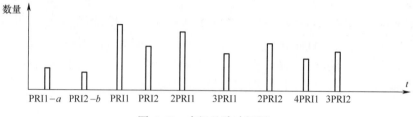

图 6.28 多级差脉冲间隔

属于基波 PRI,也不属于基波 PRI 的谐波成分。由于随机性这种杂波的谐波成分很少或者不存在。

(3) 而对于脉冲丢失率比较大的交错雷达脉冲序列,在进行级差运算时,将会出现更多的谐波,从而使谐波相关性增强。

(4) 根据基波和谐波成分相关性的分析,可以提取准 PRI。

2) 实现步骤

(1) 随机抽取原始脉冲串成 M 列。随机抽取是指将一列交错的脉冲串随机划分成多列脉冲串。假设把一列原始脉冲串划分成 $L_1, L_2, \cdots, L_M$ 列脉冲串,则从原始脉冲串的第一个脉冲开始遍历,将其划分到第 $L_i (i = 1, 2, \cdots, M)$ 列的概率 $p_i = 1/M$。遍历完所有的脉冲时,会得到 M 列新的脉冲串,这 M 列新的脉冲串按时间顺序排列等于原始的脉冲串。M 一般取值在 3~5 之间。

对原始脉冲串进行 M 列的抽取主要考虑以下几点。

① 不同信号脉冲交错在一起时,非同一部信号的脉冲到达时间做级差得到的差值非准 PRI,造成杂波干扰,而随机抽取的结果能很大程度地打破这种干扰分布。举例说明:对于多部交错的脉冲串,$t_n (n = 1, 2, \cdots, N)$ 为脉冲的到达时间,$T(n) = t_n$ 代表第 n 个脉冲的到达时间,$T(k_1)(k_1 < N)$ 和 $T(k_2)(k_2 < N)$ 分别代表两部信号的脉冲到达时间,对整体脉冲串做级差时将会得到 $T(k_2) - T(k_1)$ 这一杂波成分。这种杂波成分的分布具有随机性,而当事先对交错的脉冲串做抽取时,由于抽取的随机性,$T(k_1)$ 和 $T(k_2)$ 很大可能会被划分到 $L_i (i < M)$ 和 $L_j (j < M)$ 这两个不同的列中,这样对每一列做级差,杂波成分将会得到大幅度的降低。

② 经过抽取原始交错脉冲串被划分为 M 列,每一列脉冲串的脉冲流密度近似为原始脉冲流密度的 $1/M$,所以对每列脉冲串做级差,只需要做很少的级差数便可得到较多的谐波成分。

(2) 对 M 列脉冲串做级差,形成谐波集合。对于已经划分得到的 M 列脉冲串 $L_i (i = 1, 2, \cdots, M)$ 做 C 级差运算,得到级差值,C 一般取 3~4。在每一列中将具有谐波关系的级差值进行归类,形成谐波集合。如图 6.28 中对一列脉冲串做多级差后对级差值统计分类得到谐波集合:{PRI1, 2PRI1, 3PRI1, 4PRI1}、{PRI2, 2PRI2, 3PRI2}、{PRI1-a}、{PRI2-b}。对 M 列脉冲串的每一列都做以上操作,即做 C 级差,然后对级差值统计形成谐波集合,则在每一列下都会得到相应的谐波集合。第

L_i 列脉冲串下的谐波集合用 $S_{i1},S_{i2},\cdots,S_{ik}$ 表示。

（3）谐波分析，提取准确 PRI。对上述步骤得到的谐波集合进行谐波相关性分析，从而提取出准 PRI 值。在这里对集合做如下定义：假设 **X**、**Y**、**Z** 三个集合，**X** = $\{x_1,x_2,\cdots,x_m\}$，**Y** = $\{y_1,y_2,\cdots,y_k\}$，**Z** = $\{z_1,z_2,\cdots,z_l\}$，其中 m、k、l 分别为集合 **X**、**Y**、**Z** 的维数。若集合 **X** 中的任一元素 $x_i(i=1,2,\cdots,m)$ 能由集合 **Y** 中的元素线性表示，即 $x_i=a_1y_1+a_2y_2+\cdots+a_ky_k$，其中 a_k 为整数，相同地，若集合 **Y** 中的任一元素也可由 **X** 中的元素线性表示，则 **X** 与 **Y** 具有线性关系。若 **X** 与 **Y** 具有线性关系，且 **Y** 与 **Z** 具有线性关系，则 **X** 与 **Z** 之间具有线性关系。

对上述 M 列脉冲下的所有谐波集合，确定准 PRI 的步骤如下。

① 寻找维数最大的谐波集 S_{ik}，其对应的脉冲列为 L_i。

② $j=0$。

③ $j=j+1$，如果 $j>M$，跳转到⑥。

④ 若 j 等于 i，跳转到③。

⑤ 搜索第 L_j 列脉冲串的谐波集合。若存在一个集合 S_{jm} 与 S_{ik} 存在相关性，记录此集合，跳转到③。

⑥ 若共搜索出 $M-1$ 个谐波集合与 S_{ik} 具有相关性，从这 M 个谐波集合中提取最小公共元素作为准 PRI，以此准 PRI 在原始脉冲串中进行序列搜索和剔除，然后跳转到⑦。否则从总集合中剔除 S_{ik} 及与 S_{ik} 具有相关性的谐波集合，并跳转到①。

⑦ 若经过剔除后的原始脉冲串中剩余的脉冲个数大于阈值（一般设阈值为5~10 之间），重新执行步骤（1）到步骤（3）。否则结束。

2. 脉间捷变信号的 PRI 提取

来自同一个脉间捷变雷达信号的不同频点，通过模糊聚类后被划分到不同的类中。由于各个频点随机跳变，当将具有相同的频点脉冲划分到同一类时，利用传统的级差法对每一类中的脉冲到达时间进行运算、设置阈值，基波的数量很难超过阈值，而谐波数量可能超过阈值。最后可能提取不出准确 PRI 或者提取出真实 PRI 的谐波成分。

由于脉间捷变信号的频点是随机的，所以各个频点下的脉冲串可以认为是从原始脉冲串下随机抽取而得到的子串。因此，可以利用前述基于谐波的 PRI 提取算法的思想，根据各个子串下谐波的相关性对子串进行合并，提取出真实 PRI。

假设一部脉间捷变信号在 CF_1、CF_2、CF_3、CF_4 共 4 个频点上随机跳变，捷变频信号的谐波组集合为 $S=\{PRI,2PRI,\cdots,nPRI\}$，若另一集合 S_{sub} 中的元素是集合 S 中的一部分，则 $S_{sub}\subseteq S$，即 S_{sub} 是基波 PRI 的一组谐波集。脉间捷变信号的原始数据点通过6.3节步骤（1）、（2）、（3）后得到4个分类 C_1、C_2、C_3、C_4。对每一个分类下的到达时间计算一级差后，得到4个级差集合 S_1、S_2、S_3、S_4。每个集合都是由脉间捷变信号的基波和多次谐波组成，所以 S_1、S_2、S_3、S_4 都是 S 的子集。依据前述谐波组相关性，可以判断集合 S_1、S_2、S_3、S_4 所对应的4个频点来自于同一部脉组捷变雷达信号。将4个频点下的脉冲到达时间进行合并得到脉组捷变信号的完整到达时间序列,对到达时间序列进行一级差计算,并统计各个级差的值和级差的个数。设置合理的阈值即可提取脉间捷变信号的PRI。

设置脉间捷变信号参数如下:脉宽为 $0.6\mu s$、PRI 为 $387\mu s$、中频为 $9.2GHz$,频点数为4,步进值为 $0.025GHz$。由于4个频点之间的差异性,通过6.3节的步骤(1)、(2)、(3)后形成4个分类。对每个分类下的脉冲到达时间做一级差,各个分类下的一级差直方图如图6.29所示。来自同一信号的4个频点对应的级差值具有相同的分布,属于同一组谐波。将4个频点下的脉冲到达时间合并后,进行级差的计算,得到的各个频点下提取的准确PRI值如图6.30所示,完成了真实PRI的提取。

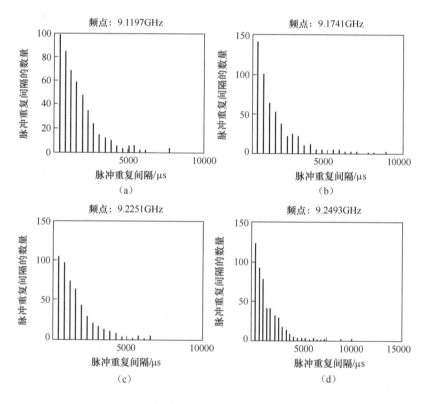

图6.29 脉间捷变信号各个频点一级差直方图

3. 脉组捷变信号的 PRI 提取

来自同一脉间捷变雷达信号的不同频点,通过模糊聚类后被划分到不同的类中。而脉组捷变信号的频点是按组变化的。对每个类的脉冲到达时间做级差所得到的级差值中存在大量的基波成分和极少量的谐波成分,而谐波成分是由完整脉冲序列在聚类过程中断开造成的。由于谐波成分极少,所以难以超出设定的阈值

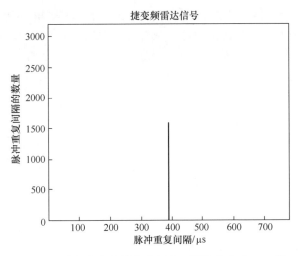

图 6.30　脉间捷变信号各个频点下提取的准确 PRI 值

而被过滤掉,最终形成的级差集合中只有一个相同的元素,可以将此集合看做基于谐波的 PRI 提取算法中的一个特例。将各个频点下的脉冲到达时间序列进行合并,形成脉组捷变信号完整的时间序列,对此时间序列做一级差,得到脉组捷变信号的基波成分。

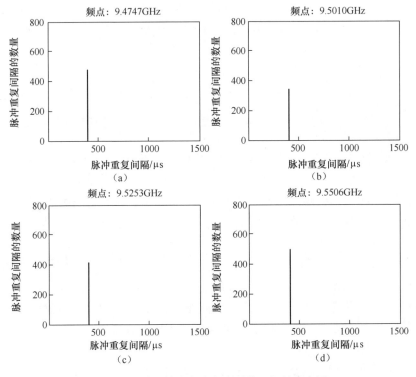

图 6.31　脉组捷变各个频点下的一级差直方图

设置脉组捷变信号参数如下:脉宽为0.5μs、PRI为400μs、中频为9.5GHz,随机频点数为4,步进值为0.025GHz,组内相同频点数为8。由于4个频点之间的差异性,通过6.3节的步骤(1)、(2)、(3)后形成4个分类。对每个分类下的脉冲到达时间做一级差,得到如图6.31所示的一级差直方图。由于4个频点来自于同一部脉组捷变信号,故每个分类下提取出的PRI相同。将4个频点下的脉冲到达时间合并,得到如图6.32所示的各个频点合并后的准确PRI值其级差值即为真实的PRI。

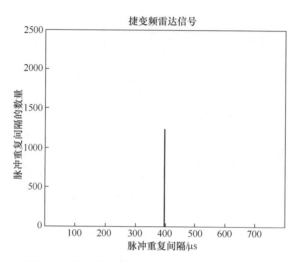

图6.32 脉组捷变各个频点合并后的准确PRI值

4. 抖动信号的PRI提取

雷达信号的抖动范围一般在±15%范围内,通过计算最大的级差值PRI_{max}和最小的级差值PRI_{min}的差,得到ΔPRI,计算抖动范围$r = \dfrac{2\Delta PRI}{PRJ_{max}+PRI_{min}}$在30%以内,可以认为是抖动信号,并按照$r$的抖动范围对中心PRI进行搜索即可完成真实PRI的提取。

图6.33为脉宽为1μs、载频为9.1GHz、中心PRI为657μs、抖动范围为±15%的抖动信号的一级差直方图。

5. 参差信号的PRI提取

通过6.3节的步骤(1)、(2)、(3)后,完成对每个分类下的级差值的统计,若是参差信号,则具有以下3个特征。

(1)计算一级差得到的级差值应是固定的几个子周期。由于参差信号的特性,其子周期之间互质,所以组成的级差值集合很难与其他的类下级差值集合构成谐波关系。

(2)级差值的数量远远比抖动信号的级差值数量少。

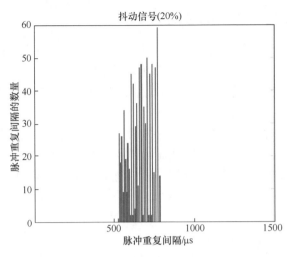

图 6.33　抖动信号一级差直方图

(3) 各个级差值在数量上分布比较均匀,即各个子周期数量理论上相同,但由于脉冲丢失的存在,则各个级差值在数量上近似相等。

所以依据以上特性,对一级差进行加和,即可得出参差信号的帧周期值。

图 6.34 为脉宽为 $1.1\mu s$、载频为 $9.625GHz$、子周期为 $703\mu s$、$731\mu s$、$758\mu s$、$771\mu s$、$801\mu s$ 的 5 参差信号的一级差直方图。相比于传统的参差信号提取算法,此方法仅需要做一级差。从图 6.34 中可以看出,参差信号的级差分布与抖动信号级差分布的差异性较大,也无法与其他信号形成谐波关系,所以很容易提取出参差信号的帧周期和子周期。

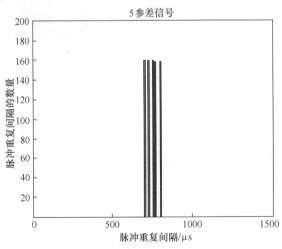

图 6.34　参差信号的一级差直方图

6.5.2 脉冲重复周期二次处理法

滑变雷达信号是一种特殊的抖动信号。一般情况下,滑变雷达信号的脉冲重复周期变化范围跟抖动雷达信号的变化范围相同,均不超过平均重复周期的±15%。在进行滑变雷达信号以及抖动雷达信号判断时,本节采用脉冲信号的重复周期二次处理方法,其实现步骤如下。

(1) 一级到达时间差值的计算。首先根据脉冲的到达时间进行一级到达时间差值运算,得到一级到达时间差值,从而得到脉冲重复周期。

(2) 相邻脉冲重复周期差值峰值个数的判断。对一级到达时间差值进行升序排列,重新对相邻的一级到达时间差值进行差值运算,得到脉冲重复周期二次处理结果。如果出现一个峰值时,说明此部雷达信号为滑变雷达信号,如果出现多个峰值时,说明此部雷达信号为抖动雷达信号。

设置一部滑变雷达信号,其滑变数值为8,起始的脉冲重复周期为1000μs,滑变间隔为5μs,此时,此部雷达信号的脉冲重复周期为1000μs、1005μs、1010μs、1015μs、1020us、1025μs、1030μs、1035us,得到一个脉间滑变信号脉冲重复周期统计图6.35。图6.35(a)所示为一个滑变雷达信号的脉冲序列示意图,图6.35(b)所示为滑变雷达信号一级到达时间差值统计图。

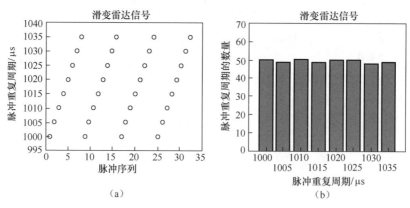

图 6.35 滑变信号脉冲重复周期统计图
(a)滑变信号的脉冲序列示意图;(b)滑变信号一级到达时间差值统计图。

图6.36为滑变信号脉冲重复周期二次处理示意图,由图6.36可知,滑变雷达信号经过脉冲重复周期二次处理可以得到一个峰值的相邻重复周期差值,由此判断此部雷达信号为滑变雷达信号。

设置一部抖动雷达信号,其中脉宽为1μs,载频为9GHz,中心重复周期为500μs,左右抖动范围为±15%,对该部雷达信号进行一级到达时间差值计算得到脉冲重复周期示意图,如图6.37所示。此时该脉冲序列经过脉冲重复周期二次处理,得到脉冲重复周期二次处理示意图,如图6.38所示。由图6.38可知,经过脉

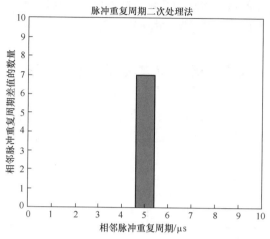

图 6.36 滑变信号脉冲重复周期二次处理示意图

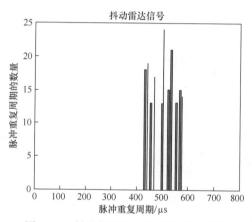

图 6.37 抖动信号脉冲重复周期示意图

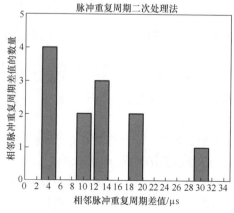

图 6.38 抖动信号脉冲重复周期二次处理示意图

冲重复周期二次处理得到相邻脉冲重复周期差值个数为五个,并非一个峰值,所以判断此部雷达信号为抖动雷达信号,并非滑变雷达信号。

6.6 模糊聚类综合分选算法

前面各节分别介绍了对模糊聚类分选算法的改进,综合各种改进形成了模糊聚类综合分选算法。算法框图如图6.39所示,流程图如图6.40所示。

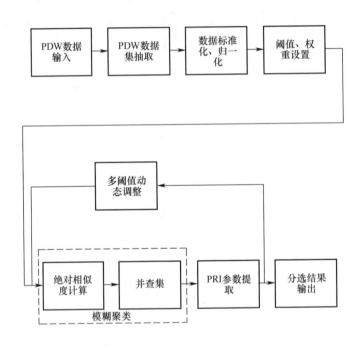

图6.39 模糊聚类综合分选算法框图

模糊聚类综合分选算法经过前述改进后相比原模糊聚类分选算法具有如下优势。

(1) 采用多阈值,提升在频率、脉宽交叠以及大范围变化情况下的分选性能;在聚类分选中提出绝对相似度计算方法,提升在未知环境中分选的置信度与稳健性。

(2) 采用特征样本抽取,降低后续分选数据处理量,减轻后续分选压力;采用并查集代替"追踪法",降低分选算法复杂度,大大提升分选算法实时性。

(3) 采用基于谐波的PRI提取方法,实现重频参差、抖动、频率脉间捷变、脉组捷变雷达信号的PRI变化模式的提取,为信号跟踪提供装订参数。

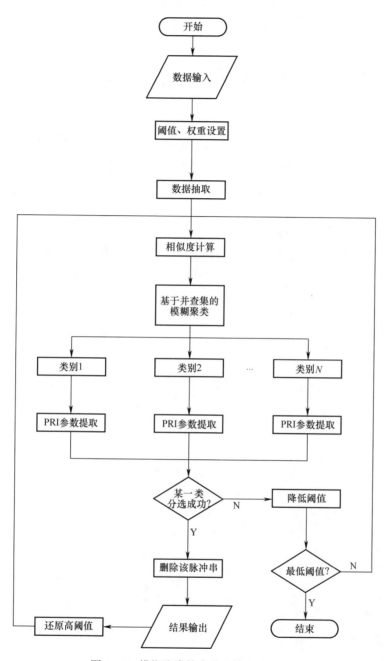

图 6.40 模糊聚类综合分选算法流程图

第7章 基于支持向量聚类的信号分选方法

在众多的聚类算法中,划分聚类、分层聚类、模糊聚类、网格密度聚类、基于群智能优化的聚类等聚类算法仅仅在实现方法上有所区别,但却有着本质的相同点是比较适用于线性可分的数据,而对线性不可分的数据聚类效果较差,甚至难以聚类成功。

对于线性不可分的数据,支持向量聚类算法最主要的特点就是通过非线性映射将低维空间中的数据映射到高维特征空间中,在高维特征空间实现数据的线性可分,如图7.1所示,二维数据中无法找到一条直线将两个不同的数据样本分开。为了方便观察,通过非线性映射 $z=x^2+y^2$ 将数据样本映射到三维空间,如图7.2所示。在三维空间可以看到原始的低维空间数据到了高维空间后变成了线性可分的数据。

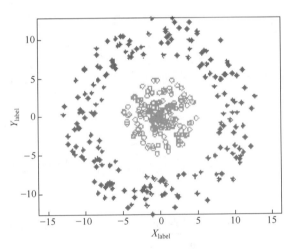

图7.1 非线性变换前原始数据的 R^2 分布

本章主要介绍支持向量聚类算法,该算法通过高斯核函数将低维空间的数据映射到高维特征空间中,在高维特征空间中完成非线性数据的线性可分。支持向量聚类算法主要由核映射和簇标定两个部分组成。核映射是为了寻找一个最小的超球体来包含所有的样本数据;簇标定则是在超球体中对数据进行聚类。支持向量聚类算法的时间复杂度主要集中在簇标定这一部分[222]。针对簇标定过程中运算复杂度过高问题,完全图(complete graph,CG)簇标定算法通过对数据随机采样

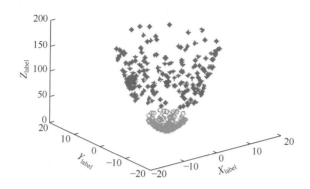

图 7.2　非线性变换后原始数据的 R^3 分布

在一定程度上简化了簇标定的结构[223]；邻接图(proximity graph,PG)算法则根据数据点之间的距离的拓扑结构对数据点进行簇标定[224]；稳定平衡点算法则根据各个数据点到超球体球心的距离公式,递归迭代寻找局部极值点来参与簇标定过程。除此之外,还有双质心簇标定法、基于圆锥簇标定法(cone cluster labeling,CCL)等簇标定算法,这些都在一定程度上改善了簇标定算法的性能,但仍存在一定问题,本章就其中几种簇标定算法的改进进行介绍。

7.1　支持向量聚类算法原理

支持向量聚类算法的核心思想是将样本数据通过高斯核函数或者其他核函数映射到高维特征空间中,然后在高维特征空间寻找一个最小半径的超球体,尽可能多地使数据点处在超球体的内部。当将这些高维数据点映射回低维特征空间后,那些在高维特征空间处于超球体表面的点,则会成为低维特征空间聚类的边界,称为支持向量点。

7.1.1　聚类边界

对于输入的数据集合 $\{x_j\} \subseteq X, X \subseteq \mathcal{R}^d$ 为包含 N 个样本点的输入数据空间,通过非线性变换 Φ 把 X 映射到高维特征空间,并在高维特征空间寻找一个最小的半径 R,使这个超球体尽可能多地将数据点包含进来。可以描述为式(7.1)的约束问题：

$$\|\Phi(x_j) - a\|^2 \leq R^2 \quad \forall j \tag{7.1}$$

式中：$\|\cdot\|$ 为欧式范数；a 是球体的中心；R 为超球体的半径。

为了应对可能存在奇异点的问题,引入了松弛系数,将约束问题转化为：

$$\begin{aligned} &\min R^2 + C\sum \xi_j \\ &\text{s.t.} \ \|\Phi(x_j) - a\|^2 \leq R^2 + \xi_j \quad \forall j \end{aligned} \tag{7.2}$$

式中:$\xi_j \geq 0$ 为松弛系数,所以在寻找尽可能包含所有点的最小超球体时,允许少部分距离球心较远的孤立点在超球体的外面;C 为一常数。

使用拉格朗日乘数法求解:

$$L = R^2 - \sum_j (R^2 + \xi_j - \|\Phi(x_j) - a\|^2)\beta_j - \sum_j \xi_j \mu_j + C\sum_j \xi_j \tag{7.3}$$

式中:$\beta_j \geq 0$ 和 $\mu_j \geq 0$ 为拉格朗日乘数;$C\sum_j \xi_j$ 为惩罚因子。

分别对式(7.3)中的变量 R, a, ξ_j 求一阶偏导,可以得到如下结果:

$$\sum_j \beta_j = 1 \tag{7.4}$$

$$a = \sum_j \beta_j \Phi(x_j) \tag{7.5}$$

$$\beta_j = C - \mu_j \tag{7.6}$$

将式(7.4)~式(7.6)代入式(7.3),将变量 R, a 和 μ_j 消去,此时可将式(7.3)转化为一个 Wolfe 对偶式如下,此时对偶式仅包含 β_j 变量:

$$W = \sum_j \Phi(x_j)^2 \beta_j - \sum_{i,j} \beta_i \beta_j \Phi(x_i) \cdot \Phi(x_j) \tag{7.7}$$

因为式(7.7)不含有变量 μ_j,所以约束条件为

$$0 \leq \beta_j \leq C, \sum_j \beta_j = 1, j = 1, 2, \cdots, N \tag{7.8}$$

采用含有宽度参数 q 的高斯核函数 $K(x_i, x_j)$ 来表示 $\Phi(x_i) \cdot \Phi(x_j)$:

$$K(x_i, x_j) = e^{-q\|x_i - x_j\|^2} \tag{7.9}$$

此时拉格朗日表达式(7.7)可以写为

$$W = \sum_j K(x_j, x_j)\beta_j - \sum_{i,j} \beta_i \beta_j K(x_i, x_j) \tag{7.10}$$

在高维特征空间中,数据点 x 到球体中心的距离为

$$R^2(x) = \|\Phi(x) - a\|^2 \tag{7.11}$$

由高斯核的定义可以得到

$$R^2(x) = K(x, x) - 2\sum_j \beta_j K(x_j, x) + \sum_{i,j} \beta_i \beta_j K(x_i, x_j) \tag{7.12}$$

可以得到球体的半径 R 集合为

$$R = \{R(x_i) \mid x_i \text{ 是一个支持向量}\} \tag{7.13}$$

在原始数据空间中,簇边界上的数据点的集合为

$$\{x \mid R(x) = R\} \tag{7.14}$$

进一步引入 Fletcher 的 Karush-Kuhn-Tucker(KKT)互补性条件可以得到以下关系:

$$\xi_j \mu_j = 0 \tag{7.15}$$

$$(R^2 + \xi_j - \|\Phi(x_j) - a\|^2)\beta_j = 0 \tag{7.16}$$

根据以上公式可知以下特性。

(1) 满足 $0<\beta_j<C$ 的点,位于超球体的表面,即到球心的距离等于球的半径,将这些点映射回低维特征空间时,这些点构成了聚类的边界,被称为支持向量(support vector,SV)。

(2) 满足条件 $\beta_j=C$ 的点处于超球面体外,这些点被映射回低维特征空间时对应孤立的奇异点,被称为边界支持向量(boundary support vector,BSV)。

(3) 满足 $\beta_j=0$ 的数据点位于超球体的内部。映射回低维空间也就是在支持向量构成的边界内部的点。

7.1.2 常用簇标定算法

1. 完全图簇标定法(CG 簇标定法)

文献[223]中详细介绍了 CG 簇标定法的实现步骤。其基本思想是对任意两点 x_i 和 x_j,判断此两点是否属于同一聚类中心的准则是判断两点之间的连线上的采样点是否在超球体内部,若连线上的采样点全部落在超球体的内部,则可以判断 x_i 和 x_j 属于同一聚类中心,否则可断定 x_i 和 x_j 两点属于不同的聚类中心。在实际中对 x_i 和 x_j 两点的连线上的数据点进行采样时,采样数 M 一般取 20,分别计算采样得到的 M 个点到球心的距离,若存在一个点到球心的距离大于球的半径 R,即此点位于球的外部,则可判断 x_i 和 x_j 属于不同的聚类中心,并停止对剩余采样点的计算。

如图 7.3 所示,在 x_i 和 x_j 的路径上采样的任意一点 y_i 到球心的距离都小于或等于半径 R,则可判断 A_{ij} 为 1,即 x_i 和 x_j 属于同一聚类中心,即

$$A_{ij} = \begin{cases} 1 & R(y_i) \leq R \\ 0 & 其他 \end{cases} \tag{7.17}$$

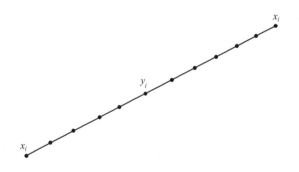

图 7.3 采样数据点图

在非线性变换映射的过程中,由于松弛系数的存在,可能存在一些数据点分布在超球体的外部,考虑到这些点个数较少且分布比较离散,所以可以将其移除或归属到相近的聚类中心。

2. 邻接图簇标定法

支持向量聚类中的 CG 簇标定法是将所有数据点之间构成的路径都进行采样,计算采样点到超球体球心的距离,并与超球体的半径进行比较,从而判断各个数据点的归属。从 CG 簇标定的过程中可以看出,对数据点标定的过程实际是对任意两点 x_i 和 x_j 连线所形成的边上的数据点进行计算。相比于 CG 簇标定法,邻接图簇标定法是在同样的数据点的情况下,根据数据分布的拓扑结构来减少采样的边数 E_{ij},从而在一定程度上降低了运算的复杂度。

邻接图簇标定法通过分析数据点拓扑分布信息的距离图,对数据点进行预处理,判定出各个数据点之间的连通性。对于连通的数据点,可认为它们属于同一聚类中心,而对于非连通的数据点,并不能直接判断不属于同一聚类中心,需要利用 CG 簇标定法在不具有连通性的两点 x_i 和 x_j 的连接线上进行采样,判断采样点在球体的分布,从而对非连通点进行划分。由于邻接图簇标定法只计算具有非连通特性的点并形成相似矩阵,所以大大降低了边 E_{ij} 的个数。在形成的邻接图中如何判断两点是否具有连通特性是邻接图簇标定法的关键。在一个邻接图中,如果某些数据点之间的距离较近,则可根据一定的近似准则认为这些点是相连的,即这些点属于同一聚类中心。常用的近似准则如下。

1) 最小生成树(minimum spanning tree,MST)

其具体实现步骤如下。

(1) 首先将邻接矩阵 G 的 n 个顶点看成 n 个独立的分支,计算出任意两点之间的距离作为边的权值,并将计算出的权值按照从小到大进行排序。

(2) 从权值最小的那条边开始,按照依次递增的顺序检测每一条边,根据如下准则判断两个不同的分支之间的连通性:当检查到第 K 条边 (V,W) 时,其中 V 和 W 为第 K 条边的两个端点,如果端点 V 和端点 W 分别属于不同分支,则用边 (V,W) 将这两个不同的分支连在一起,形成一个连通分支,具体可采用并查集算法将两个不同的分支进行合并,然后继续判断第 $K+1$ 条边的两个端点;如果端点 V 和端点 W 属于同一分支,则跳过上述步骤,直接检测判断第 $K+1$ 条边;当只剩下一个连通分支时,过程结束。

2) K 最近邻(K nearest neighbor,K-NN)法

K 最近邻法是一种基本分类和回归算法,也是机器学习中的一个经典算法,K 最近邻法通过计算 x 与其最相近的 K 个点的距离,来判断数据点 x 的归属,如图 7.4 所示。当 K 为 3 时,计算与圆形数据点最近的 3 个点,其中有 2 个点属于三角形,一个属于正方形,根据统计的规律则可将圆形数据点划分到三角形数据点所属的聚类中心。其计算过程如下。

(1) 选择一种合适的距离计算方式,计算所有的点之间的距离,形成距离矩阵。

(2) 对于点 x,寻找与其距离最近的 K 个点。

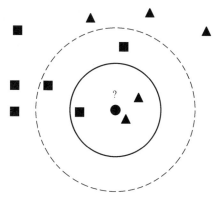

图 7.4　不同数据点归属示意图

（3）在这 K 个点中，统计出现频率最多的类别作为点 x 的分类，若 K 个点的类别频率一样，则选取距离最近的那个点作为预测分类。

3. 稳定平衡点簇标定法（SEP 簇标定法）

由于位于超球体内部的数据点到超球体球心的距离，要比超球体外部或者表面上的点到超球体球心的距离小，即离球心更近，则

$$f(\boldsymbol{x}) = R^2(\boldsymbol{x}) = \|\boldsymbol{\Phi}(\boldsymbol{x}) - \boldsymbol{a}\|^2 \\ = K(\boldsymbol{x},\boldsymbol{x}) - 2\sum_j \beta_j K(\boldsymbol{x}_j,\boldsymbol{x}) + \sum_{i,j} \beta_i \beta_j K(\boldsymbol{x}_i,\boldsymbol{x}_j) \tag{7.18}$$

式中：$f(\boldsymbol{x})$ 为数据点 $\boldsymbol{x}$ 到球心的距离。通过核函数对原始样本数据进行映射后，根据 KKT 条件可知，当那些位于超球体表面上的数据点被对应到初始数据空间后，这些数据点构成了初始数据空间的聚类边界，此边界内的数据点属于同一类。从此聚类边界等高线出发，离聚类中心越近的点，当被映射到高维空间后，离球心的距离越近。

图 7.5 为 UCI 标准数据集中的鸢尾花数据分布图，可知当前数据集中存在 4 个聚类中心。设定惩罚因子前面的常系数 C 为 0.7，高斯核函数的宽度参数 q 为 230，对图 7.5 中的数据集进行训练，得到的最小超球体半径为 $R = 1.0175$。将此数据代入式（7.18）中，可以求出每个点到球心的距离，如图 7.6 所示，处于聚类边界上的点到球心的距离为 1.0175，恰好是超球体的半径，即这些点在高维空间中位于超球体的表面，为支持向量点。图 7.6 中的凹陷处代表靠近聚类中心的数据点到球心的距离，可以看出离聚类中心越近的数据点到球心的距离越小。图 7.7 为图 7.6 中数据点到球心距离的等高线分布，从等高线分布也可以看出数据到球心距离的结构。

在所有的数据点中，处于球心内部的某个点 x_1 是函数的极值点，则以此点为中心，其附近小范围的点到球心的距离都小于此点到球心的距离，则 x_1 和其附近小范围的点属于同一聚类中心，所以 x_1 可代表其附近小范围的点完成 CG 簇标定法所述的簇标定过程。

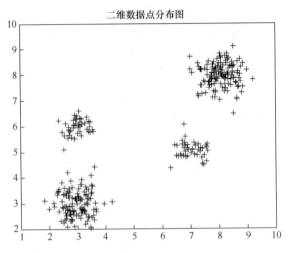

图 7.5 UCI 标准数据集中的鸢尾花数据分布图

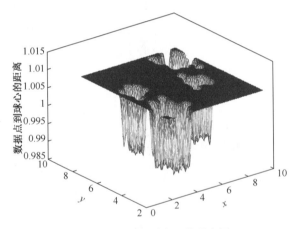

图 7.6 数据点到球心的距离图

稳定平衡点簇标定法的基本思想就是以任意样本点 x 作为起始点,利用广义梯度函数 $\partial f(x)/\partial t = - G^{-1}(x) \nabla f(x)$ 进行迭代。具体可通过牛顿法、信任域法、梯度下降法等进行递归迭代,从而寻找到局部极值点 x_1,称为稳定平衡点,此点相对于周围的点距离球心更近,可代表其周围的点进行簇的标定过程,则 x 属于 x_1 的类,遍历完所有的样本点,将得到的稳定平衡点进行簇标定,即可完成分类过程,如图 7.8 所示。圆圈代表支持向量点,这些点构成每个聚类中心的边界;黑点代表常规的数据点;加号表示稳定平衡点。以支持向量点和常规数据点为起始点利用梯度函数进行迭代,可以寻找到相应的稳定平衡点,也称为式(7.18)的极值点。稳定平衡点可代表剩余的数据点完成簇标定过程。一般利用 CG 簇标定法中对数据点采样的方法完成对稳定平衡点的划分。

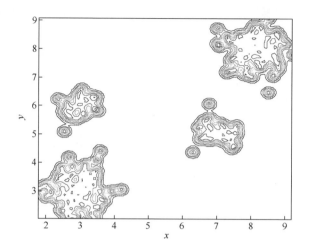

图 7.7　数据点到球心距离的等高线分布图

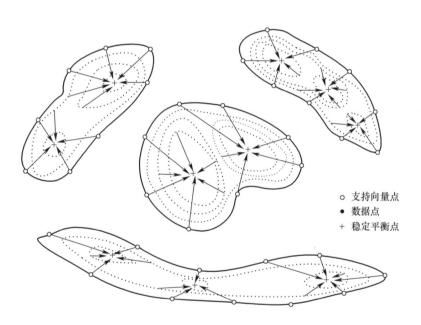

○ 支持向量点
● 数据点
+ 稳定平衡点

图 7.8　稳定平衡点簇标定法梯度下降示意图

4. 双质心簇标定法

双质心(double centroids,DBC)簇标定法是在稳定平衡点的基础上进行改进的标定方法。稳定平衡点簇标定法通过对所有的样本数据点运用梯度下降的方法,经过多次迭代得到收敛数据点,然而多次迭代需要大量的时间消耗。双质心簇标定法只对支持向量点进行迭代,寻找到支持向量点的稳定平衡点。一个聚类集合可以包含多个组件,但是每个组件中都可以包含一个密度质心和一个形状质心。

其中形状质心是通过梯度下降得到的稳定平衡点,密度质心是属于同一个稳定平衡点的支持向量点子集的均值,可用下式表示:

$$\mathrm{DC}(C_{ij}) = \frac{1}{N_{ij}} \sum_{i=1}^{N_{ij}} x_i \quad \forall\, x_i \in C_{ij} \tag{7.19}$$

式中:N_{ij} 为属于同一个密度质心的支持向量数据点的个数。

形状质心和密度质心可以近似地表示样本数据集合的疏密程度。如果样本数据集合越密集,两质心的距离越近;反之,两质心的距离越远。双质心簇标定法需要完成对非支持向量点的归类。首先选取其中一个非支持向量样本数据点,然后计算该点到任何一个组件密度质心以及形状质心的加权距离,选择加权距离最小的组件完成标定,直到所有的非支持向量样本数据点全部完成标定过程,其中加权距离为

$$\mathrm{dist}(x, C_{ij}) = (W_{SC_{ij}} \| x - SC_{ij} \|^2 + W_{DC_{ij}} \| x - DC_{ij} \|^2)^{\frac{1}{2}} \tag{7.20}$$

$$W_{SC_{ij}} \geqslant 0, W_{DC_{ij}} \geqslant 0 \tag{7.21}$$

$$W_{SC_{ij}} + W_{DC_{ij}} = 1 \tag{7.22}$$

式中:$W_{SC_{ij}}$、$W_{DC_{ij}}$ 分别为形状质心的权重以及密度质心的权重,作用与模糊聚类分选算法中的权重意义相同。一般情况下,令 $W_{SC_{ij}} \geqslant 1/2$。密度质心是由形状质心计算得来的,因此形状质心具有更高的可靠性。

图 7.9 为双质心簇标定过程中基于支持向量点寻找稳定平衡点示意图。这种方法可以有效地减少由于迭代引起时间消耗过大的问题,然而对于属于同一个稳定平衡点的样本数据,如果所包围的支持向量点个数过少,双质心簇标定法就无法体现该组件的样本分布情况,此时对非支持向量点归类将出现不同的结果。

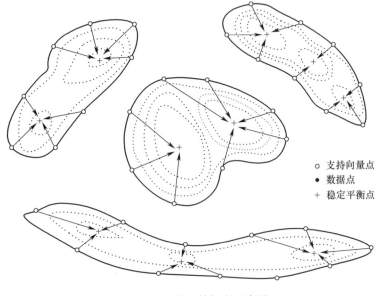

图 7.9 双质心簇标定示意图

5. 基于圆锥簇标定法(CCL 法)

CCL 法是根据超球体球面的几何图形进行的判断方法,此种方法没有对样本数据点之间进行采样判断,而是对超球体球面上支持向量点之间的距离进行判断,从而得到支持向量点之间的分类情况。对于超球体内部的样本数据点同样采取加权距离判断的方法,找到与之最近的支持向量点。此种算法时间消耗较少,但使用条件比较苛刻,必须保证超球体球面的半径小于 1。

在特征空间内,所有的样本数据点全部映射到半径为 R 的超球体平面内部。由于高斯径向基核的使用,所以存在等式 $K(x,x) = \langle \Phi(x), \Phi(x) \rangle = \|\Phi(x)\|^2 = 1$,即所有的样本数据点都在一个半径为 1 的单位球中,所以样本数据点存在两空间相交的部分。

如图 7.10 所示,其中 v_1、v_2 与 v_3 是支持向量点,a' 是超球体球心 a 在单位球平面内的映射。由图可知,$\angle v_1 O a' = \angle v_2 O a' = \angle v_3 O a'$。对于任何一个支持向量点 v_1,都可以组成一个以支持向量点为顶点,单位球球心到支持向量点距离 Ov_1 为轴,同时底角为 $\angle v_1 O a'$ 的锥形。如果两个支持向量点构成的锥形体相交,说明这两个样本数据点属于同一个聚类集合。对于一个样本数据点来说,如果与支持向量点的距离小于半径 $r = \sqrt{-\dfrac{\ln(\sqrt{1-R^2})}{q}}$,此样本数据点就与支持向量点属于同一个聚类集合。同理,对于任何两个支持向量数据点,如果距离小于 $2\sqrt{-\dfrac{\ln(\sqrt{1-R^2})}{q}}$ 时,两个支持向量点属于同一个聚类集合。

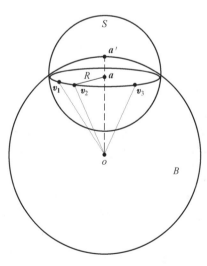

图 7.10 CCL 法示意图

CCL 法只进行支持向量点之间距离判断,减少了由于采样点与样本圆心距离判断引起的误差,具有良好的分类效果。但是 CCL 法在应用过程中需保证样本数据点在映射平面内的半径小于 1,否则不可以应用。

7.1.3 流程详解

以使用 CG 簇标定法为例,介绍基于 SVC 的雷达信号分选方法流程。

在雷达信号分选中,由于参数的单位和数值范围不尽相同,在聚类分选前需要将参数标准化,消去单位,再将参数压缩至[0,1]之间。结合以上原理,支持向量聚类算法步骤如下。

(1) 构造雷达脉冲描述字子集 $\boldsymbol{G} = \{CF, PW\}$ 和雷达信号样本数据集 $\{\boldsymbol{g}_i\} \subseteq \boldsymbol{G}$ ($i=1,2,\cdots,N$),此处 $\boldsymbol{G} \subseteq \boldsymbol{R}^2$,$N$ 为样本总数。

(2) 设定高斯核函数宽度 q 和惩罚因子 C 的大小,只有惩罚因子 $C \leqslant 1$ 时,才有作用,由于已经将数据压缩到[0,1]之间,因此可以设 $C=1$。高斯核函数宽度 q 按照需求设置,q 越大,分类越详细,q 越小,分类越粗糙,一般设置为(60,120),q 的值需要根据分选需求设置。

(3) 利用步骤(2)中设定的高斯核函数宽度 q 求得核函数关联矩阵 $K(\boldsymbol{g}_i, \boldsymbol{g}_j) = e^{-q\|\boldsymbol{g}_i - \boldsymbol{g}_j\|^2}$。

(4) 根据式(7.10),$W = \sum K(\boldsymbol{g}_i, \boldsymbol{g}_j)\beta_j - \sum \beta_i \beta_j K(\boldsymbol{g}_i, \boldsymbol{g}_j)$,求得 β 使得 W 最小,则将此式转换成二次线性规划的问题。Matlab 中二次规划的数学模型可表述如下:

$$\begin{cases} \min \dfrac{1}{2} \boldsymbol{x}^{\mathrm{T}} \boldsymbol{H} \boldsymbol{x} + \boldsymbol{f}^{\mathrm{T}} \boldsymbol{x} \\ \text{s.t.} \begin{cases} \boldsymbol{A}\boldsymbol{x} \leqslant \boldsymbol{b} \\ \boldsymbol{A}_{\mathrm{eq}} \boldsymbol{x} = \boldsymbol{b}_{\mathrm{eq}} \\ \boldsymbol{x}_m \leqslant \boldsymbol{x} \leqslant \boldsymbol{x}_M \end{cases} \end{cases} \quad (7.23)$$

式中:$\boldsymbol{H}$ 为实对称阵;$\boldsymbol{A}$、$\boldsymbol{A}_{\mathrm{eq}}$ 分别为不等式约束与等式约束的约束系数矩阵;$\boldsymbol{f}$、$\boldsymbol{b}$、$\boldsymbol{b}_{\mathrm{eq}}$、$\boldsymbol{x}_m$、$\boldsymbol{x}_M$、$\boldsymbol{x}$ 均为向量。

(5) 求取位于超球面外部的点(BSV)和位于超球面表面的点(SV),根据上述推导可知,若 $\beta_i = C$,则点 $\boldsymbol{g}_i$ 位于超球体的外部,构成 BSV。若 $0 < \beta_i < C$,则点 $\boldsymbol{g}_i$ 位于超球体表面,构成 SV。

(6) 求超球体的最小半径 R,使其尽可能多地包含样本数据点。利用步骤(5)中求得的 SV,根据式(7.12),计算每个支持向量点 SV 对应的半径 R_i,最后对所有的 R_i 求取算数平均值即可得到最优的超球体半径 R。

(7) 对任意两个数据点形成如图 7.3 所示的线性采样路径,判断这两个点是否属于同一聚类中心。形成邻接矩阵 $\boldsymbol{M} = \{a_{ij}\}$,如果数据点 $\boldsymbol{g}_i$ 与 $\boldsymbol{g}_j$ 属于同一类,则 $a_{ij}=1$,否则为 0。

(8) 利用深度优先搜索算法对邻接矩阵 $\boldsymbol{M}$ 进行搜索,得到最终结果。

根据上述支持向量聚类的原理,可以将支持向量聚类分为核映射和簇标两部分定,如表 7.1 所列。

表 7.1　支持向量聚类算法详细流程

输入:数据集 P,高斯核函数宽度 q
步骤 1:核映射
(1) 利用高斯核函数计算核矩阵 K
(2) 二次线性规划方法求得 β;
(3) 寻找 SV 和 BSV;
(4) 计算最小超球体半径 R;
步骤 2:簇标定
(1) 每两点连接线段上各取若干个点,计算这些点到球心的距离 d_i;
(2) 比较 d_i 与 R,若所有 d_i 均小于 R,则两点在同一类中;
(3) 将同一类的点合并为一部雷达信号。
输出:雷达分类信息

由于运行计算量大,分选时间是其他算法的几十倍或上百倍,支持向量聚类算法几乎无法有效处理大规模数据集,所以寻找一种快速处理数据的方法,并将其应用于雷达信号分选中是研究的重点。

7.2　线性簇标定方法

支持向量聚类算法分为核映射和簇标定两部分,但是在簇标定计算中消耗巨大时间,使之不能处理大规模数据集。本节在文献[223]所用 CG 簇标定法的基础上,提出一种线性簇标定(LCL)方法,针对分选线性可分的雷达辐射源信号可以大幅度提高计算效率。

7.2.1　CG 簇标定法冗余分析

CG 簇标定法需要对所有数据点两两进行路径采样计算,因此计算复杂度高,消耗的内存大,在实时分选的系统中严重影响了算法的应用。通过这种计算方法可以完成对如图 7.11 中线性不可分数据集的聚类分析,但雷达辐射源信号只在一定范围内变化,一般都是线性可分的信号,因此,在计算中并不需要对所有点都进行路径分析。

如图 7.12 所示,3 个数据点在同一直线上,判断 3 个点之间的分类关系。对点 1、点 2 和点 2、点 3 进行分析就能知道点 1、点 3 之间的关系,再对点 1、点 3 之间的路径采样计算则属于计算冗余。若已知点 1、点 3 属于同一类,也同样可以得出点 1、点 2、点 3 全部属于同一个分类,因为在点 1、点 3 的路径采样中,必然经过点 2。

如图 7.13 所示分布的几个点,每一个点只需要与其相邻最近的横、纵两个点

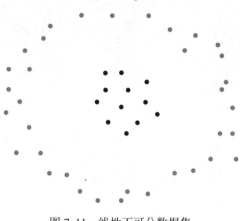

图 7.11　线性不可分数据集

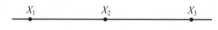

图 7.12　3 个数据点在同一直线上

进行路径分析,就可以得到所有点的分类关系。原需要进行 9×8 次的路径分析得到的分类信息,其实通过 9×2 次计算就可以得到。去除 CG 簇标定法中的冗余计算,就可以提高计算的效率。

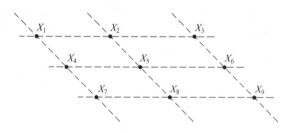

图 7.13　数据点不在同一条直线上

7.2.2　线性簇标定方法

1. 分类间线性簇标定

基于前面介绍的支持向量聚类原理,提出线性簇标定方法。线性簇标定方法的核心思想是每个数据点只与距离其最近的数据点进行采样路径分析,分选正确的前提条件是雷达信号线性可分。具体实现的步骤如下。

(1) 对数据点按照某一维参数由小到大排序。

(2) 从第一个点开始,只与其相邻的点进行路径分析。

(3) 得出所有点的这一维参数分类结果。

(4) 对另一维参数重复步骤(1)、(2)、(3)得出分类信息。

(5) 单独利用某一维参数分选得到的分类信息并不准确,一般会将一类信号分为多类。因此对利用不同维参数得出的分类信息进行对照搜索,可以准确将同一类信号合并,得到最终的分选结果,至此分选完成。

以图 7.13 中的数据为例,假定这 9 个数据点由两部分组成,即数据点{1,2,4,5,7,8}是一类,数据点{3,6,9}是一类,如图 7.14 所示。

先对 x 轴参数排序得到顺序{1,4,7,2,5,8,3,6,9},对相邻的点做采样路径分析得到{1,4,7}、{2,5,8}和{3,6,9}共 3 组分类;再对 y 轴参数排序得到顺序{1,2,4,5,6,7,8,9},对相邻的点做采样路径分析得到{1,2}、{3}、{4,5}、{6}、{7,8}和{9}共 6 组分类;将两次得到的数据合并,得到最终分类结果是数据点{1,2,4,5,7,8}为一类,数据点{3,6,9}为一类。

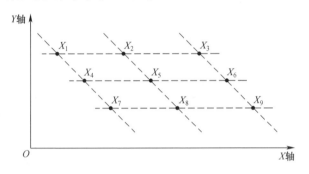

图 7.14 数据分类

2. 分类内线性簇标定

由于雷达辐射源信号参数并不是稳定不变的,而是会在一定容差范围内变化。如图 7.15 所示,一部脉宽为 1μs,频率为 1000MHz 的雷达信号,生成的 10 个脉冲数据点围绕在参数中心周围很小的容差范围内。如果将这些参数不完全相同但又相差不大的数据点分别进行计算,对于包含大量的信号数据集无疑是巨大的时间消耗。寻找一种近似的方法,用少数的几个点替代其余的数据点,可以有效提高效率。

将信号参数点移位,微调至特定近似的位置可以有效解决这个问题。首先需要设置脉宽和频率的步长。在参数测量中,每一维参数都会有误差范围,如脉宽的误差范围是 0.01μs,在设置步长时,步长应比误差范围略大,如在此设置脉宽的步长是 0.025μs。同样将频率的步长设置为 5MHz。这些距离中心长度等于设置步长或其倍数的线称为步长线。步长设置得越小,近似程度越小,精度越高。然后将数据点调整到近似的步长线交点上,调整后的数据点位置如图 7.16 所示。

这种近似调整的方法将大量的脉冲数据点集中到几个特殊的点上,然后通过

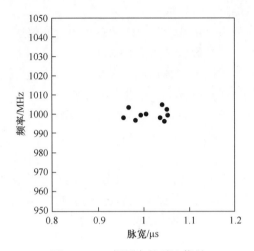

图 7.15　一部固定的雷达信号

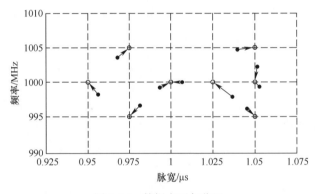

图 7.16　数据点近似位置

这几个点的计算就可以得到整个数据间的分类关系。

数据点调整后的位置在一条水平横线或者垂直纵线上,在路径分析时,可以对在同一条线上的点同时分析。人为规定允许模糊的最大距离是 N 倍步长,那么对一个数据点,在 N 倍步长的范围内,选取参数相差最大的数据点计算,如果这两个点在同一个分类中,那么两个点之间的所有点都在这组分类中。如果这两个点不在同一个分类中,那么选取参数相差次大的点计算,以此类推。

位置调整后频率为 1000MHz 的点的位置有 4 个,脉宽分别为 0.95μs、1μs、1.025μs、1.05μs,如图 7.17 所示。如果允许模糊的最大距离是 4 倍步长,即 0.1μs,在路径分析时,首先计算点(0.95,1000)和点(1.05,1000)间的分类关系,如果属于同一类,那么这 4 个位置上的点全部属于同一类。如果不属于同一类,那么再计算点(0.95,1000)和点(1.025,1000)间的分类关系。

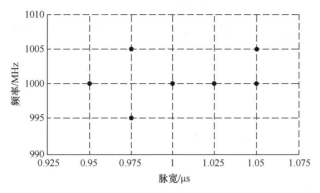

图 7.17 数据点调整后位置

3. LCL 方法的实现

以上分类间和分类内的线性簇标定可以看作对不同距离的两个点的两种计算方法。当两个点在一条水平或垂直线上,且两个点相差小于 N 倍设定步长时,使用分类内的线性簇标定方法,这种方法主要将一部雷达信号的许多数据点集中在一起,并判断他们之间的关系。当两个点不在同一条水平或垂直线上,且两个点相差大于 N 倍设定步长时,使用分类间的线性簇标定方法,这种方法主要用于区分不同雷达辐射源信号或参数差异较大的信号源。综合以上两步,表 7.2 给出线性簇标定方法的详细流程。在对给定的数据集进行簇标定分析之前,需要预设采样点数为 m。

表 7.2 线性簇标定方法的详细流程

输入参数:数据集:Sample;采样点数:m;近似步长:xstep、ystep;近似倍数:n
(1) 数据集参数微调至近似步长交点。
(2) 对数据点按照 x 轴参数由小到大进行排序。
(3) 对每个点线性簇标定分析,其过程为 　　if 有同一条线上且距离 $d<n×$ystep 的点, 　　　　选择距离 d 最大但小于 $n×$ystep 的点, 　　　　分类内的线性簇标定; 　　else 　　　　分类间的线性簇标定。
(4) 得到 x 轴的分类信息 XLable。
(5) 对数据点按照 y 轴参数由小到大进行排序,重复以上步骤。
(6) 得到 y 轴的分类信息 YLable。
(7) 分类信息合并,得到数据集的分类 Lable。
输出:数据集的分类 Lable

4. 复杂度分析

为分析本节提出的 LCL 方法的时间复杂度,设 N 为数据集中样本个数,N_{sv} 为支持向量的个数,m 为采样点数,经典的 CG 簇标定法由于采取了对所有样本点进行抽样判决的簇标定策略,因此计算量巨大为 $O(mN^2)$,无法有效处理大规模数据集。其他经典的改进方法如基于支持向量图(support vector graph,SVG)法计算复杂度为 $O(mN^2N_{sv})$,CCL 法等依赖路径采样算法构造邻接矩阵,计算复杂度为 $O(N_{sv}^2)$。

线性簇标定因为只对相邻的两个点做路径分析,处理数据点的计算复杂度为 $O(mN)$,时间复杂度可近似为样本数据 N 的线性函数,计算复杂度更低,适合于大规模数据集的应用。

7.2.3 仿真实验与结果分析

为验证算法的有效性和时效性,本节设计两组仿真实验,分别对脉宽频率固定的雷达信号以及脉宽频率参数变化的雷达信号进行分选仿真。

实验 1 重频变化的雷达信号

添加 4 部重频变化的雷达信号,其中 2 部为抖动雷达信号,另 2 部分别为 3 参差、5 参差的重频参差雷达信号。4 部雷达信号的脉宽和频率等参数如表 7.3 所列,脉宽在小范围内滑变,频率在仿真中设置 5% 的容差范围。生成的信号如图 7.18 所示。雷达信号分选仿真实验的结果如表 7.4 所列。

表 7.3 实验 1 雷达信号参数

雷达序号	PRI/μs	PW/μs	CF/MHz	备 注
雷达 1 抖动	50	0.75~0.85	980~1020	10%
雷达 2 抖动	66.6	0.95~1.05	1080~1120	20%
雷达 3(3 参差)	270	0.95~1.05	780~820	子周期:70μs、90μs、110μs
雷达 4(5 参差)	350	1.95~2.05	880~920	子周期:40μs、55μs、70μs、85μs、100μs

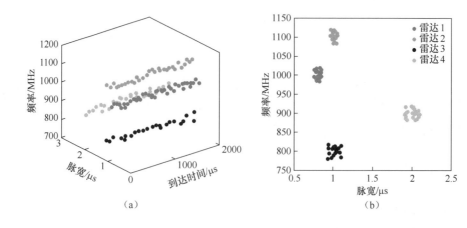

(a)

(b)

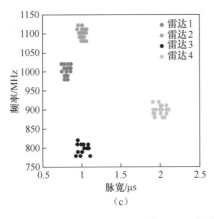
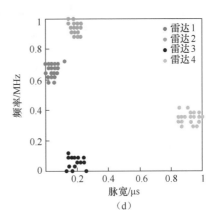

图 7.18 实验 1 生成参数图

(a)信号参数三维示意图;(b)信号参数脉宽、频率关系;
(c)数据集微调后参数值;(d)数据集压缩后参数值。

在不同采样时间下利用传统簇标定的支持向量聚类和线性簇标定的支持向量聚类分选这 4 部雷达信号,需要的时间如表 7.5 所列。

表 7.4 实验 1 分选结果统计

雷达序号	脉冲数量	成功分选	错误分选
雷达 1(抖动)	40	40	0
雷达 2(抖动)	30	30	0
雷达 3(3 参差)	23	23	0
雷达 4(5 参差)	29	29	0
脉冲总数	122	采样时长/μs	2000
核映射时间/s	0.27	LCL 时间/s	1.12

实验 1 结果说明结合线性簇标定的支持向量聚类方法对于重频变化的雷达信号可以正确分选,分选的效率相对于传统簇标定的分选方法明显提高。

表 7.5 实验 1 两种方法时间消耗对比

仿真序号	1	2	3	4	5	6
采样时长/μs	1500	2000	2500	3000	3500	4000
脉冲数量	92	122	153	183	212	243
核映射时间/s	0.16	0.27	0.33	0.47	0.61	0.78
CG 簇标定法/s	14.06	32.54	61.94	110.67	176.36	252.24
LCL 法/s	0.85	1.12	1.75	2.05	2.48	2.98

实验 2 参数变化的雷达信号

添加 4 部雷达信号,其中 2 部变脉宽雷达信号,脉宽参数部分重叠,另 2 部是脉间伪随机捷变频雷达信号,频点变化范围分别是 400MHz 和 1GHz。4 部雷达信号的具体参数如表 7.6 所列。生成的信号如图 7.19 所示。雷达信号分选仿真实验的结果如表 7.7 所列。

在不同采样时间下利用传统簇标定的支持向量聚类和线性簇标定的支持向量聚类分选这 4 部雷达信号,需要的时间如表 7.8 所列。

表 7.6 实验 2 雷达信号参数

雷达序号	PRI/μs	PW/μs	CF/MHz	备 注
雷达 1(变脉宽)	80	0.7~0.9	7980~8020	
雷达 2(捷变频)	70	1.5~1.7	8200~8600	捷变范围 400MHz,5 个频点
雷达 3(变脉宽)	100	1.1~1.3	8080~8120	
雷达 4(捷变频)	40	1.9~2.1	8100~9100	捷变范围 1GHz,11 个频点

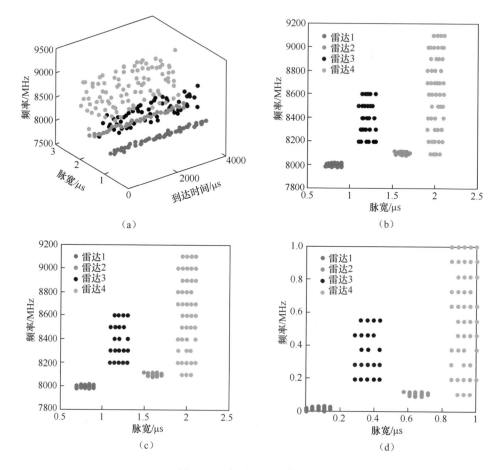

图 7.19 实验 2 生成参数图
(a)信号参数三维示意图;(b)信号参数脉宽、频率关系;(c)数据集微调后参数值;(d)数据集压缩后参数值。

表 7.7 实验 2 分选结果统计

雷达序号	脉冲数量	成功分选	错误分选
雷达 1(变脉宽)	50	50	0
雷达 2(捷变频)	58	58	0
雷达 3(变脉宽)	40	40	0
雷达 4(捷变频)	100	93	7
脉冲总数	248	采样时长/μs	4000
核映射时间/s	1.28	LCL 时间/s	3.74

表 7.8 实验 2 两种方法时间消耗对比

仿真序号	1	2	3	4	5	6
采样时长/μs	1500	2000	2500	3000	3500	4000
脉冲数量	94	124	156	186	216	248
核映射时间/s	0.17	0.28	0.41	0.63	0.89	1.28
CG 簇标定法/s	16.76	32.54	61.94	126.19	198.28	279.35
LCL 法/s	0.88	1.17	2.08	2.86	3.41	3.74

实验 2 结果说明对于参数跳变很大的信号,线性簇标定方法可以将数据点正确归类。线性簇标定方法在大幅度降低计算次数、去除冗余的同时造成少量脉冲丢失,但不会造成分类错误,针对线性可分的雷达信号完全适用。

实验 1 和实验 2 的结果说明利用线性簇标定的快速支持向量聚类对于参数变化的雷达信号可以正确分选,并且随着脉冲个数的增加,传统的 CG 簇标定法的计算时间大幅增加,本节提出的线性簇标定方法的计算时间线性增加,线性簇标定方法明显有更好的实时性。

7.3 改进稳定平衡点簇标定方法

7.3.1 算法原理

稳定平衡点算法在寻找局部最优点时遍历了所有数据点,并找到每个数据点对应的稳定平衡点,数据点利用梯度下降进行迭代运算的过程中必然耗费大量的时间。由支持向量聚类算法的原理可知,高维特征空间中超球体球面上的数据点为支持向量点,当这些支持向量点被映射回原始数据低维特征空间后构成了聚类中心的边界,属于同一聚类中心的数据点被支持向量点紧紧地包围着。本节改进稳定平衡点(ISEP)簇标定算法充分利用这一特性,只对支持向量点进行递归迭代,找出支持向量点对应的稳定平衡点,如图 7.20 所示,圆圈代表支持向量点,黑色的圆点代表正常的数据点,数学加号代表通过递归找到的局部极值点,即稳定平衡点。由图 7.20 可知,本节提出的算法只对支持向量点进行递归,寻找支持向量点对应的稳定平衡点,由于剩余的数据点被包含在了支持向量点和稳定平衡点之间,所以对剩余点判断其所归属的稳定平衡点可依据以下原则。

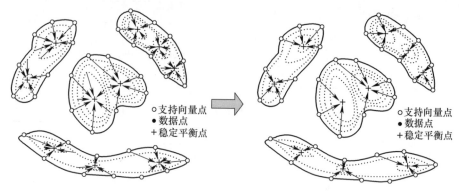

图 7.20 改进后的算法的梯度下降示意图

（1）数据点到其对应的稳定平衡点之间的距离小于其对应的支持向量点到稳定平衡点之间的距离。

（2）在满足条件（1）的基础上,数据点、稳定平衡点、支持向量点这三点构成的夹角应最小。

如图 7.21 所示,支持向量点 s_1 递归得到的稳定平衡点为 p_1,支持向量点 s_2 递归得到的稳定平衡点为 p_2,支持向量点 s_3 递归得到的稳定平衡点为 p_3。判断支持向量点 s_1 递归得到的稳定平衡点为数据点 d 的归属,利用条件（1）:由于长度 dp_3 大于长度 s_3p_3,所以排除了数据点划分到稳定平衡点 p_3 的可能性;利用条件（2）: $\angle s_1p_1d < \angle s_2p_2d$,所以最终将数据点划分到稳定平衡点 p_1。

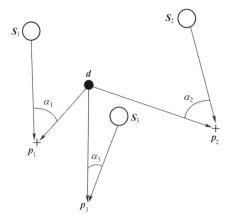

图 7.21 数据点归属示意图

7.3.2 实现步骤

基于改进稳定平衡点簇标定方法的支持向量聚类算法的实现步骤如下。

(1) 将雷达信号的脉宽、载频、到达方向等参数组成数据集 $\mathbf{P} = \{p_1, p_2, \cdots, p_N\}$，$N$ 为脉冲信号个数。p_k 包含多维参数，在雷达信号分选中对应雷达信号的脉宽、载频、到达方向等信息，形成数据的输入 $\mathbf{P}$。

(2) 设置参数 C 和 q 的值，其中 C 为支持向量中求解最小超球体的软边界参数，q 为高斯核函数 $K(p_i, p_j) = e^{-q\|p_i - p_j\|^2}$ 的宽度参数。

(3) 利用高斯核函数将数据集 $\mathbf{P}$ 映射到高维超球体中，根据高维空间数据的分布，将数据集 $\mathbf{P}$ 分成两类：第一类位于高维超球体的表面称为支持向量点，用集合 $\mathbf{A} = \{a_1, a_2, \cdots, a_{n_1}\}$ 表示，其中 n_1 为支持向量点的数目；第二类位于超球体的内部，称为非支持向量点，用集合 $\mathbf{B} = \{b_1, b_2, \cdots, b_{n_2}\}$ 表示，其中 n_2 为非支持向量点的个数。

(4) 设置更新系数 lr 和误差值 err。以支持向量点为初始点求梯度值，即以支持向量点 a_k 为初始点 x_0，利用公式 $\partial f(x)/\partial t = -G^{-1}(x)\nabla f(x)$，得出梯度值 ∇x^*，其中 $f(x)$ 如式(7.18)所示，$G^{-1}(x)$ 为更新系数 lr，更新 $x_0 = x_0 - \nabla x^*$，得到新 x_0。直到第 N 次的梯度值与第 $N-1$ 次的梯度值差的绝对值小于 err 时，停止更新。称第 N 次得到的 x_0 是支持向量点 a_k 的局部聚类中心点，遍历集合 $\mathbf{A}$ 中所有的点，得到一系列对应的局部聚类中心点的集合 $\mathbf{G} = \{g_1, g_2, \cdots, g_{n_3}\}$，将集合 $\mathbf{A}$ 中局部聚类中心点为 g_k 的支持向量点抽取出来构成集合 $\mathbf{E} = \{e_1, e_2, \cdots, e_{n_4}\}$，则集合 $\mathbf{E} \subseteq \mathbf{A}$，称 $\mathbf{E}$ 的局部聚类中心点为 g_k。

(5) 对剩余的非支持向量点 $\mathbf{B} = \{b_1, b_2, \cdots, b_{n_2}\}$ 进行处理，判断其局部聚类中心，具体方法如下：任取一点 b_k，若其属于局部聚类中心 g_k，则在 g_k 对应的集合 $\mathbf{E} = \{e_1, e_2, \cdots, e_{n_4}\}$ 中必存在点 e_k，构造向量 $e_k g_k$ 和向量 $b_k g_k$，利用公式 $\cos(\theta) = (|x| \cdot |y|)/(x\}y)$，计算出向量 $e_k g_k$ 和向量 $b_k g_k$ 的夹角余弦值，此余弦值是其他点按同样的方法构造出的向量所计算出的余弦中最大的，且向量 $b_k g_k$ 的模小于向量 $e_k g_k$ 的模。此时将点 b_k 补充到其局部中心点 g_k 对应的集合 $\mathbf{E} = \{e_1, e_2, \cdots, e_{n_4}\}$ 中，遍历集合 $\mathbf{B} = \{b_1, b_2, \cdots, b_{n_2}\}$ 中所有的点，将其中的点归属到其聚类中心点对应的集合中。

(6) 步骤(4)和步骤(5)形成的局部聚类中心可以代表全部数据的聚类性质。所以对局部聚类中心点 $\mathbf{G} = \{g_1, g_2, \cdots, g_{n_3}\}$ 计算，则可判断所有数据的归属，取 $\mathbf{G}$ 中任意两点 g_k 和 g_h，则判断 g_k 和 g_h 是否属于同一聚类中心的方法：在两点之间直线路径上采样 M 个点，M 取值一般在 10～20 之间，若存在一个采样点 s，代入公式 $\|\Phi(s) - a\|$ 的值大于超球体半径 R，则认为 g_k 和 g_h 属于不同聚类中心。

7.3.3 复杂度分析

经典 CG 簇标定法，由于对所有的数据点进行采样分析，所以其时间复杂度为

$O(N^2)$，其中 N 为数据点的个数。邻接图簇标定法对全向图进行了改进，时间复杂度为 $O(N\log N)$。

在 SEP 算法中，通过公式 $\partial f(\boldsymbol{x})/\partial t = - G^{-1}(\boldsymbol{x}) \nabla f(\boldsymbol{x})$ 对每个点进行梯度下降来寻找稳定平衡点，设每个数据点在梯度下降过程中的平均迭代次数为 m，则对于 N 个数据点的迭代运算复杂度为 $O(mN)$，其中 m 的取值完全独立于 N。通过梯度下降得到的稳定平衡点数为 N_{sv}，采用经典 CG 簇标定法对这 N_{sv} 个稳定平衡点进行聚类中心划分的复杂度为 $O(N_{sv}^2)$。而本节对 SEP 算法的改进点在于，仅仅让处于聚类边界的支持向量点参与稳定平衡点的寻找过程，所以在梯度的迭代运算中复杂度为 $O(mN_{sv})$。通过对各个簇标定算法运行时间进行统计，得出图 7.22 所示结果，相对于邻接图簇标定法，SEP 簇标定法的运行时间大大降低，而相对于 SEP 算法，改进的 SEP 算法又在一定程度上降低了时间复杂度，并且这种时间复杂度的降低将会随着支持向量点个数的增加愈加明显。

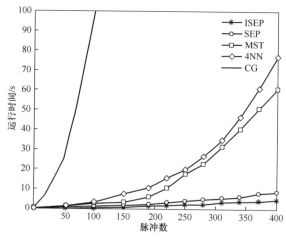

图 7.22　不同的簇标定法运行时间与脉冲数之间关系图

7.3.4　仿真实验与结果分析

对 UCI 标准库中鸢尾花的数据进行训练，寻找最小的超球体，计算各个数据点到超球体球心的距离，可得位于超球体表面的点为支持向量点。如图 7.23 所示，支持向量点构成了各个聚类中心的边界，紧紧包围着其他数据点，支持向量点的个数与核函数的宽度 q 有关，q 越大，产生的支持向量点数越多。

改进的算法仅仅对支持向量点进行梯度下降，寻找支持向量点对应的稳定平衡点，所以改进的算法在运算过程中，减少了迭代次数。若对所有的数据点进行迭代运算，则在运算过程中，由于数据分布的影响，一些数据点递归出来的稳定平衡点可能极大地偏离数据的真实聚类中心。如图 7.24 所示，仅利用支持向量点递归得到的稳定平衡点"＊"，更加靠近聚类中心，即稳定平衡点的分布更加集中。图 7.25 所示为相应数据的聚类结果，可以看出改进算法的聚类效果优于原算法。

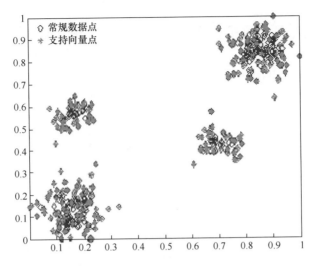

图 7.23 支持向量点分布图

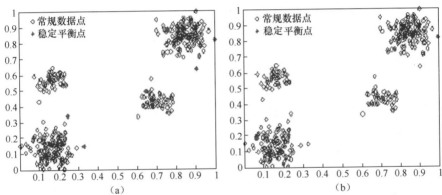

图 7.24 SEP 算法和改进的 SEP 算法稳定平衡点分布图
(a)SEP 算法；(b)改进的 SEP 算法。

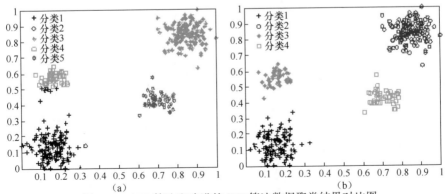

图 7.25 SEP 算法和改进的 SEP 算法数据聚类结果对比图
(a)SEP 算法；(b)改进的 SEP 算法。

7.4 基于双质心簇标定法的改进算法

7.4.1 算法原理

CCL 法由于只进行支持向量数据点之间的距离判断,避免了由采样过程而导致运算过程时间复杂度高的问题,此种算法具有良好的分类效果,然而此种算法需要映射半径小于 1。当映射半径大于 1 的情况下,则不可采用 CCL 法。双质心簇标定法通过采用系统动力学的知识运用梯度下降的方法寻求最佳样本数据点。对于支持向量点之间的判断,将 CCL 法与双质心簇标定法相结合,应遵循以下规律:

$$\begin{cases} CCL 法 & R \leq 1 \\ 双质心簇标定法 & R > 1 \end{cases} \tag{7.24}$$

对于非支持向量点的归属问题,如果属于一个稳定平衡点集合的支持向量点个数过少,则会导致形状质心与密度质心之间的距离过大,如果只进行加权距离的判断可能无法还原整体的样本数据集合的分布情况,所以在进行非支持向量点之间分类问题上,需要同时将支持向量数据点引入,以此来还原空间样本数据点的分布。在此基础上,本节提出一种改进的非支持向量划分的方法,用于判断非支持向量点的归类问题,其中遵循的划分法如下:

(1) 非支持向量数据点到双质心的距离和应小于相应的支持向量数据点到双质心的距离和。

(2) 非支持向量数据点、支持向量数据点与相应的双质心数据点这 4 点所对应的夹角应最小。

如图 7.26 所示,支持向量点 S_1、S_2、S_3 所对应的稳定平衡点分别为 P_1、P_2、P_3,密度质心分别为 D_1、D_2、D_3。首先根据划分条件,由于 $(SD_3 + SP_3) > (S_3D_3 + S_3P_3)$,排除了将非支持向量点 S 划分到 S_3 样本数据集合。由于 $(\angle SD_1S_1 + \angle SP_1S_1) > (\angle SD_2S_2 + \angle SP_2S_2)$,所以将非支持向量点 S 划分到 S_2 样本数据集合。

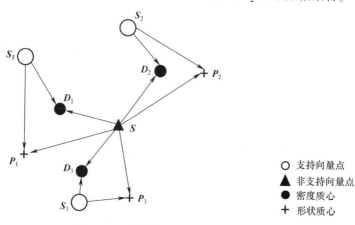

图 7.26　非支持向量数据点划分示意图

实现步骤如下。

(1) 将雷达脉冲信号的脉冲描述字 $P=[p_1,p_2,\cdots,p_n]^T$ 作为整个算法的输入信号,其中 n 为输入的雷达脉冲个数;P 包含多维雷达参数信息,如脉宽、载频、到达方向等。由于脉冲描述字的每一维参数的量纲不同,首先进行脉冲描述字的标准化、归一化,以同样的量级进行聚类分析。

(2) 设置参数 q 与 C,其中 q 为高斯核宽度,而 C 为小超球体的边界参数。

(3) 将样本数据根据核映射关系映射至高维平面内,根据映射条件得到支持向量数据集合 $A=\{a_1,a_2,\cdots,a_{n_1}\}$,其中 n_1 为支持向量数据点的个数。同时得到非支持向量数据集合 $B=\{b_1,b_2,\cdots,b_{n_2}\}$,其中 n_2 为非支持向量数据点的个数。

(4) 根据映射半径选择支持向量样本数据点的标记方法。如果映射半径小于等于1,则选择 CCL 法,判断任何两个支持向量数据点之间的距离与 $2\sqrt{-\dfrac{\ln(\sqrt{1-R^2})}{q}}$ 的关系,然后找到非支持向量点与之最近的支持向量点,完成数据的分类。

如果映射半径大于1,则选择双质心簇标定法。对支持向量数据点进行迭代得到样本数据形状质心,形状质心集合为 $S=\{s_1,s_2,\cdots,s_n\}$;同时根据式(7.19),得到每个样本数据集的密度质心,密度质心集合为 $D=\{d_1,d_2,\cdots,d_n\}$,其中 n 为形状质心和密度质心的个数。

(5) 对于非支持向量数据点类别划分,选择任意一点非支持向量数据点 b_k,如果非支持向量数据点 b_k 和支持向量数据点 a_k 属于同一聚类中心,则应满足条件 $(a_k d_k + a_k s_k) > (b_k d_k + b_k s_k)$,其中支持向量数据点密度质心 d_k,形状质心 s_k。同时非支持向量数据点、支持向量数据点与双质心构成角度最小,利用余弦公式表示,得到所夹角度。支持向量数据点、非支持向量数据点与密度质心所夹角度可以用 θ_1 表示,其中 $\cos(\theta_1)=(a_k d_k \cdot b_k d_k)/(|a_k d_k||b_k d_k|)$,而支持向量数据点、非支持向量数据点与形状质心所夹角度可以用 θ_2 进行表示,其中 $\cos(\theta_2)=(a_k s_k \cdot b_k s_k)/(|a_k s_k||b_k s_k|)$,此时 $(\theta_1+\theta_2)$ 应为最小。

(6) 形状质心可以代表样本数据集合的聚类情况,所以只需对任意两个形状质心进行归属问题的判断。对任意两点的直线距离进行采样,判断采样点与映射中心的连线距离。如果连线距离存在大于半径 R 的采样数据点,则这两个形状质心不属于同一个聚类中心。

7.4.2 仿真实验与结果分析

1. 改进算法的聚类结果实验

本节对提出的簇标定算法进行仿真实验,设置一组仿真雷达数据,图 7.27 所示为标准化、归一化后的雷达脉冲数据集分布图。

设置的实验系数 $C=0.7, q=200$。二维数据集合通过核映射的方式映射到三

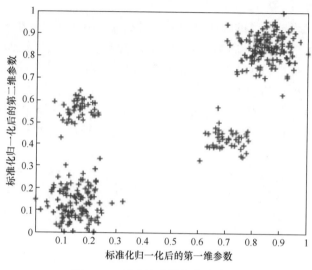

图 7.27 雷达脉冲数据集分布图

维空间,得到样本数据点到映射中心的映射半径 $R=1.0052$,由于映射半径大于1,此时采用双质心簇标定分选算法。由于样本数据集合二维参数的度量单位不相同,首先进行标准化、归一化处理,根据映射关系表达式,得到样本数据集合的支持向量点分布情况示意图,如图 7.28 所示。

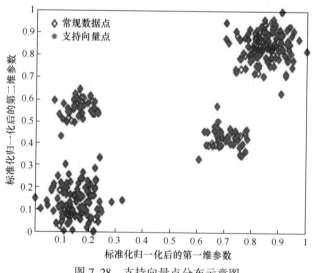

图 7.28 支持向量点分布示意图

根据双质心簇标定法的公式可知,运用梯度下降法得到样本数据集合的形状质心分布,并根据分布情况得到相应的密度质心分布,双质心的分布情况如图 7.29 所示。同时对形状质心进行 CG 簇标定处理,以及非支持向量数据点进行类别划分,进而得到改进算法的数据分选结果,其示意图如图 7.30 所示。分选结果显示改进的簇标定分选算法具有良好的聚类效果。

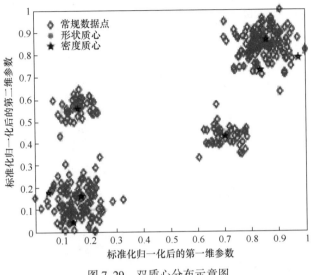

图 7.29　双质心分布示意图

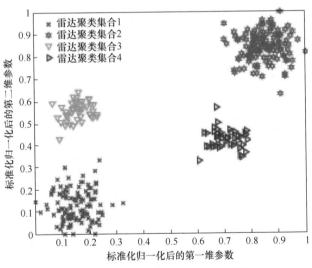

图 7.30　改进算法的分选结果示意图

2. 改进算法对高斯核函数 q 抵抗能力实验

实验系数 q 对支持向量聚类分选算法的聚类效果起着关键性的作用。适当的实验系数可以使双质心簇标定法和改进的簇标定法都具有良好的分选效果。由于实验参数的不可控性,人为地选择实验参数数值可使样本数据产生不同的分选效果。随着 q 值的增加,原始数据集合所映射的样本轮廓也越来越紧缩,在高斯核宽度 q 值过大的情况下,改进的簇标定算法可以更好地还原映射轮廓,在不影响整体的聚类分布结果的情况下,同时提高了非支持向量数据点的抗 q 能力。为了验证非支持向量数据点的抗 q 能力,此节设置了 4 组不同实验参数进行仿真实验。

实验 1 实验系数 $C=0.7, q=200$,改进前后的聚类分选结果对比如图 7.31 所示,统计如表 7.9 所列。

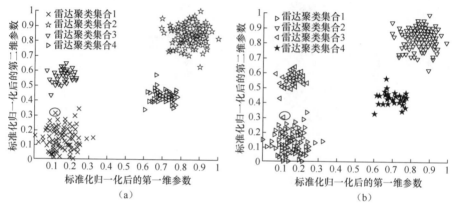

图 7.31 实验参数 $C=0.7, q=200$ 的算法对比示意图
(a)改进的簇标定法聚类结果图;(b)双值心簇标定法聚类结果图

表 7.9 实验 1 结果统计

雷达序号	脉冲个数	改进的簇标定法		双质心簇标定法	
		成功分选	错误分选	成功分选	错误分选
雷达 1	119	119	0	118	1
雷达 2	137	137	0	137	0
雷达 3	44	44	0	44	0
雷达 4	43	43	0	43	0
脉冲总数	343	343	0	342	1
成功概率/%		100		99.7	

实验 2 实验系数 $C=0.7, q=400$,改进前后的聚类分选结果对比如图 7.32 所示,统计如表 7.10 所列。

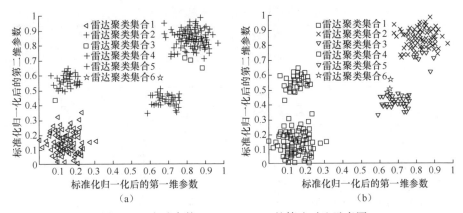

图 7.32　实验参数 $C=0.7, q=400$ 的算法对比示意图

(a)改进的簇标定法聚类结果图；(b)双质心簇标定法聚类结果图。

表 7.10　实验 2 结果统计

雷达序号	脉冲个数	改进的簇标定法		双质心簇标定法	
		成功分选	错误分选	成功分选	错误分选
雷达 1	119	119	0	118	1
雷达 2	137	133	4	126	9
雷达 3	44	44	0	44	0
雷达 4	43	42	1	41	2
脉冲总数	343	338	5	332	11
成功概率/%		98.5		96.8	

实验 3　实验系数 $C=0.7, q=500$，改进前后的聚类分选结果对比如图 7.33 所示，统计如表 7.11 所列。

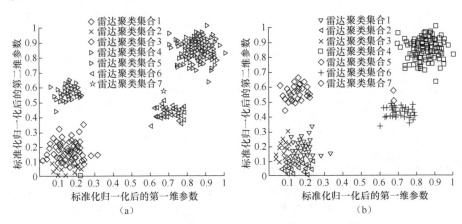

图 7.33　实验参数 $C=0.7, q=500$ 的算法对比示意图

(a)改进的簇标定法聚类结果图；(b)双质心簇标定法聚类结果图。

表 7.11 实验 3 结果统计

雷达序号	脉冲个数	改进的簇标定法		双质心簇标定法	
		成功分选	错误分选	成功分选	错误分选
雷达 1	119	82	37	45	74
雷达 2	137	137	0	137	0
雷达 3	44	44	0	44	0
雷达 4	43	42	1	41	2
脉冲总数	343	305	38	267	76
成功概率/%		88.9		77.8	

实验 4 实验系数 $C=0.7, q=1000$,改进前后的聚类分选结果对比如图 7.34 所示,统计如表 7.12 所列。

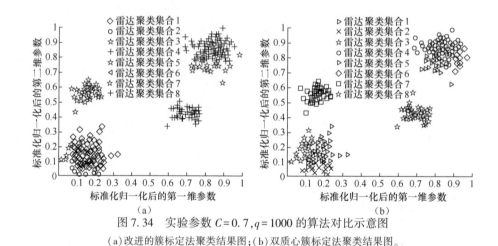

图 7.34 实验参数 $C=0.7, q=1000$ 的算法对比示意图
(a)改进的簇标定法聚类结果图;(b)双质心簇标定法聚类结果图。

表 7.12 实验 4 结果统计

雷达序号	脉冲个数	改进的簇标定法		双质心簇标定法	
		成功分选	错误分选	成功分选	错误分选
雷达 1	119	94	25	47	72
雷达 2	137	120	17	93	44
雷达 3	44	44	0	44	0
雷达 4	43	43	0	43	0
脉冲总数	343	301	42	227	116
成功概率/%		87.8		66.2	

由上述 4 组仿真实验可知,改进的簇标定分选算法可以更好地还原映射数据轮廓分布情况,在不影响整体聚类分选结果的情况下,提高了非支持向量数据点抗 q 值能力,分选成功概率大大增加,达到更好的聚类效果。

第 8 章　基于宽带数字信道化的分选与跟踪

8.1　基于宽带数字信道化的分选模型

传统的 PW、TOA 等时域参数测量是由分选处理器根据检波对数视频放大器（detection logarithmic video amplifier，DLVA）检波整形后的视频脉冲流进行实时测量，CF 由瞬时测频接收机 IFM 在每个脉冲上升沿触发后进行测量并在下一个脉冲上升沿到来之前始终锁存在数据口上，而分选处理器则在每个脉冲下降沿触发下一并将 PW、CF、TOA 等参数存入 FIFO，再由分选处理器的主处理器 DSP 读取进行基于多参数的分选工作。

目前，由于宽带数字信道化接收机具有大瞬时带宽、高灵敏度、大动态范围、同时到达信号检测判决及高分辨率频率测量能力等优势，所以在工程上越来越倾向于用它来替代原来的瞬时测频接收机等设备，并趋于实用化。

然而在实际的调试过程中发现存在以下几个急需解决的问题。

（1）由于目前时域参数和频域参数的提取模块分属不同的硬件部分，频域参数在数字信道化接收机的 FIFO 中，需要分选处理器单独去读取，这样脉冲的匹配是个难题。

简单来说，假设有 3 个不同频率同时到达的信号，数字信道化接收机可以完成对这 3 个同时到达信号（准同时到达信号）的正确测频，并能将这 3 个频率按照时间先后顺序正确存入其 FIFO，但是分选处理器是根据微波前端多个 DLVA 的合成视频脉冲流测量时域参数的，这 3 个同时到达信号的时域参数很难全部测量正确，有时视频脉冲流甚至有截断现象或大脉冲覆盖小脉冲的现象，如图 8.1 所示。

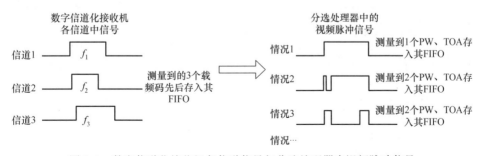

图 8.1　数字信道化接收机各信道信号与分选处理器中视频脉冲信号

这就会造成分选处理器主处理器读取时域参数和读取频域参数(如载频)在时间上失配错位,得到的时域参数和频域参数不属于同一个脉冲信号,且基于FIFO的存储读取结构一般只要一个脉冲失配错位将造成所有脉冲参数的失配错位。

(2) 传统数字信道化接收机测频原理,是基于普通的后向(或前向)相位差分法,速度虽然较快,但抗噪性能差。

(3) 传统数字信道化接收机测频只是截取前沿到来的一段数据进行相位差分后做平均处理,不管脉内瞬时频率如何变化只提取瞬时频率的均值,这样不能很好地抓住瞬时频率变化的特点。

为了解决上述问题,结合前面几节所述给出一个比较可行的解决方案,其流程图及方框图如图 8.2 所示。其中,图 8.2(a)(b)都是基于数字信道化的分选方案的流程图,区别在于图 8.2(b)中求瞬时频率是采用改进的瞬时自相关算法来实现的,而图 8.2(a)中求瞬时频率是直接经 CORDIC 算法得到瞬时相位后再经相位差分法来实现的,图 8.2(c)对应图 8.2(a)中并行 CORDIC 模块后虚框部分的具体功能方框图,图 8.2(d)对应于图 8.2(b)中并行 CORDIC 模块后虚框部分的具体功能方框图。

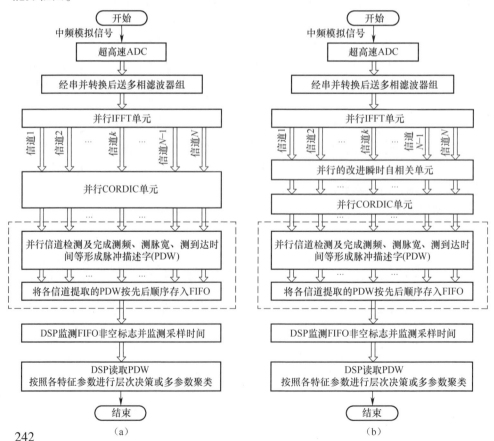

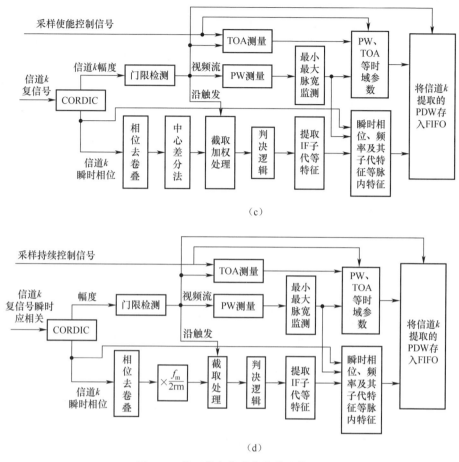

图 8.2 基于数字信道化的分选模型

传统宽带数字信道化接收机的流程为:微波前端输入一路中频模拟信号经高速模/数转换器(analog to digital converter,ADC)转换成数字信号,该数字信号经过串并转换模块后,输入到多相滤波器组,滤波器输出信号输出给并行 IFFT 单元,IFFT 的输出即为各信道信号。信号形式为复信号,分为同相分量 I 和正交分量 Q,经过 CORDIC 算法,将 I 和 Q 转换成瞬时相位和瞬时幅度。瞬时幅度用来进行信号检测,瞬时相位用来进行测频。

该新型分选模型与传统分选模型的区别如下。

(1) 充分利用经 CORDIC 算法处理后的瞬时幅度和瞬时相位两个支路,利用瞬时幅度支路提取时域特征参数,利用瞬时频率支路提取频域特征参数。具体来说,首先将测量时域参数这部分功能移到 CORDIC 模块后的瞬时幅度支路上,利用瞬时幅度支路得到的视频信号测量时域参数;其次,在瞬时频率这一支路中增加提取基于 IF 子代特征参数的能力,并将所提取的时域参数与频域及其子代特征参数形成 PDW,在视频脉冲下降沿触发下同时输入 FIFO。

（2）充分利用数字信道化接收机的并行特性。给每个信道 CORDIC 算法后都配备相应的参数提取模块,即将测量时域参数模块和提取瞬时频域及其子代特征参数模块并行化。时频域参数测量提取完成后一起由锁存电路并行锁存在输出线上,再经由各路视频脉冲流的下降沿按先来先进的顺序选择将锁在各并行测量模块输出线上的数据写入数据存储器（一般为 FIFO）,这样可以解决多个同时到达信号（准同时到达信号）的问题,同时也可以避免时频域参数失配的现象。这里,需要指出的是,FIFO 的写信号一般都是由脉冲流的下降沿触发,其精度越高越好。目前选取的是 60MHz,理论上两个在时域上相邻的脉冲,只要它们的后沿相差一个周期(17ns),就可以完成正确写 FIFO 的操作,也即写时序上不会产生错误,所以严格意义上来说是该模型只能处理这类准同时到达信号。这种脉冲描述字测量提取的并行化而存储的串行化结构可以在一定程度上解决处理同时到达信号的难题,这里将这一结构称作并行提取串行存储结构（parallel extraction serial storage, PESS）。

（3）由于工程实现上对实时性的要求,这里针对抗噪只引入比较成熟的算法,也即采用改进的瞬时自相关算法提取瞬时频率其子代特征。由宽带数字信道化接收机结构可知,在并行 IFFT 单元模块后就完成信道化,而 CORDIC 算法处理的是对复信号的瞬时频率和瞬时幅度的提取,所以在这两个功能模块中间可以加一级改进的瞬时自相关算法模块降低对信噪比的要求。

（4）随着高速 ADC 的迅猛发展,目前出现了双通道甚至多通道的高速 ADC,这样在传统基于宽带数字信道化分选模型基础上,增加一个天线单元并将单通道高速 ADC 换成双通道 ADC,构造双通道宽带信道化分选模型,在完成对辐射源信号测频的同时完成相位差的提取。在工程实现中,使用数字信道化技术提取载频时都是先得到瞬时相位,双通道信道化就可以直接得到相位差信息,所以采用两个天线阵元并增加一个相同的数字信道化通道就可以完成对两路信道的相位差提取。因为多增加一路通道的信道化处理,对应的 ADC 和 FPGA 硬件资源也要相应增加,因此 ADC 应采用双通道,FPGA 应采用 2 倍于原来资源。利用双通道宽带信道化的分选模型可以完成对辐射源信号的到达方向预分选。

图 8.2 中 IF 子代特征等特征参数的提取请参考文献[178]。

8.2 基于脉间脉内参数完备特征向量的综合分选

雷达脉冲信号从最开始的常规雷达脉冲信号,发展到后来的重频参差雷达信号、捷变频雷达信号、变脉宽雷达信号,再到重频随机变化的雷达信号,后面几种雷达信号统一称为脉间波形变换雷达信号。所谓脉间波形变化雷达信号,就是指脉宽、载频、脉冲重复周期乃至脉内调制方式都可能改变的雷达信号,所以捷变频信号、变脉宽信号、参差信号等多种复杂信号均属于此范畴。从信号分选方法的分析看来,对于具有一定先验知识的脉间波形变换雷达信号,如"爱国者"系统雷达信号,可以采用脉宽、载频、重复周期等多参数模板匹配法来实现分选;而对于没有任何先验知识的脉间波形变换雷达信号,一种可行的方法是构造双通道宽带数字信道化分选模型,结合脉内特征提取、聚类分析、参数匹配法的思想构造一种基于脉间脉内参数的完备特征向量综合分选算法进行分选。

该算法利用双通道宽带数字信道化分选模型,提取脉冲信号的脉宽、到达时间、载频及相位差等传统参数,同时提取脉内有意调制特征,如调制类型(线性调频、非线性调频、相位编码等)、带宽、基于 IF 的子代特征等新特征参数,所选择的特征要具有较好的类内聚集性和类间分离性,以补充传统参数,形成更加完备的特征向量。此外,从个体特征(一般也称为脉内无意调制特征)识别角度来说,利用指纹参数的唯一性对抗无先验知识的脉间波形变换雷达信号是最好的方法之一,所以可以结合宽带数字信道化分选模型提取辐射源信号的无意调制,如信号上升/下降时间、上升/下降角度、倾斜时间等指纹参数。但是由于实际硬件实现方面的约束,目前还不能提取出符合唯一性要求的雷达辐射源指纹参数。因此,指纹参数仍不能作为分选所使用的参数。

获得分选特征向量后,先进行到达方向的预分选,再进行多维特征参数的匹配处理,这一般是对有先验知识的雷达信号进行的,与此同时进行除 PRI 外的多参数层次决策或动态聚类以寻求最优分类效果,最后再进行 PRI 主分选,以实现对信号的准确快速分选。如图 8.3 所示为多参数综合分选算法的信号方框图,其中虚线部分目前正在逐步深入研究以期待在硬件工程中使用,图中的多参数动态聚类可以替代常用的多参数层次决策的功能。

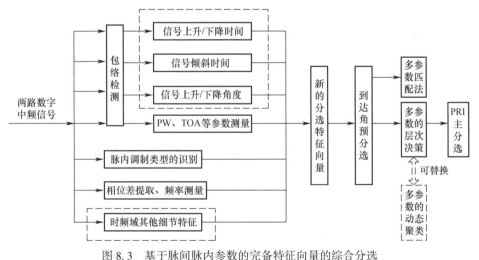

图 8.3　基于脉间脉内参数的完备特征向量的综合分选

总的来说,这里提出的是一种基于脉间脉内参数的完备特征向量的综合分选算法,它利用宽带数字信道化技术,提取雷达信号的 PW、CF、TOA 等常规参数构造传统的 PDW,同时提取辐射源脉内有意调制参数补充传统 PDW,以构成更加完备的参数特征向量,再结合多参数分选和聚类分析的思想来进行综合分选。

8.3 基于相似聚类的跟踪处理

相似聚类跟踪雷达信号采用数学方法,根据信号的各种特征参数的差异,对数据进行处理,得到数据的相似度关系,以达到跟踪的目的。相似聚类的优点在于它能适应特征参数变化的雷达信号。由于它利用熵计算加权系数,因此该算法更加客观。相似聚类的跟踪方法将分选出的拟跟踪的雷达信号作为一个聚类中心,然后将到达的脉冲描述字与聚类中心参数进行聚类分析。如果聚类成功,则将其归类为拟跟踪雷达信号,并给出成功标志,提高了聚类的可信性和实时性。

1. 确定待聚类参数

跟踪过程建立在信号分选的基础上,聚类所需的各个参数由数字接收机获得。常用的 PDW 参数通常有脉宽、载频、到达方向等。利用同一部雷达参数的相似性,将接收到的脉冲信号通过聚类方法与分选出的雷达进行匹配,实现跟踪处理。假设在一定时间内接收到 q 个脉冲信号,则接收到的脉冲信号的脉冲描述字矩阵 P_r 为

$$P_r = [p_{r1}, p_{r2}, \cdots, p_{rq}]^T \tag{8.1}$$

将分选得到的雷达脉冲参数作为聚类中心。假设分选得到 n 部雷达信号参数,则可将其表示为

$$P_c = [p_{c1}, p_{c2}, \cdots, p_{cn}]^T \tag{8.2}$$

式中:P_c 为分选得到的雷达脉冲描述字矩阵。

将聚类中心与待跟踪脉冲信号合并就可得到待处理的样本数据脉冲描述字矩阵

$$P = \begin{bmatrix} P_r \\ P_c \end{bmatrix}_{(q+n) \times m} \tag{8.3}$$

若其中每个脉冲包含 m 维特征参数,矩阵 P 中任意一个脉冲的描述字 p_k 可表示为

$$p_k = [p_1, p_2, \cdots, p_m] \tag{8.4}$$

通过进一步数据处理,得到待跟踪脉冲 $p_i(0 \leq i \leq q)$ 与聚类中心 $p_j(q+1 \leq j \leq q+n)$ 的相似度关系 $r_{ij}(0 \leq r_{ij} \leq 1)$,此时进行判断,若 r_{ij} 大于某一设定阈值,则判定该脉冲属于此部雷达,继续进行下一脉冲处理。

2. 数据标准化、归一化处理

在实际运用中,要得到具体的 PDW 数据方法非常复杂,度量单位也不尽相同,因此需要把实际数据标准化,并将其映射在 [0,1] 区间,以相同的量级进行聚类。

首先求出脉冲描述字矩阵数据中的每一维特征参数,即对 P 矩阵的列向量,求

均值和方差,即 $\overline{P}_{\sim k}$、$s\{P_{\sim k}\}$:

$$\overline{P}_{\sim k} = \frac{1}{n}\sum_{i=1}^{n} p_{ik} \tag{8.5}$$

$$s\{P_{\sim k}\} = \sqrt{\frac{1}{n}\sum_{i=1}^{n}(p_{ik} - \overline{P}_{\sim k})^2} \tag{8.6}$$

然后将原始数据标准化:

$$\boldsymbol{P}'_{\sim k} = \frac{\boldsymbol{P}_{\sim k} - \overline{\boldsymbol{P}}_{\sim k}}{s\{\boldsymbol{P}_{\sim k}\}} \tag{8.7}$$

以上得到的 $\boldsymbol{P}'_{\sim k}$ 数据还不在[0,1]区间内,为使数据映射到[0,1]区间,对其进行归一化处理,得

$$\boldsymbol{P}''_{\sim k} = \frac{\boldsymbol{P}'_{\sim k} - (\boldsymbol{P}'_{\sim k})_{\min}}{(\boldsymbol{P}'_{\sim k})_{\max} - (\boldsymbol{P}'_{\sim k})_{\min}} \tag{8.8}$$

式中:$(\boldsymbol{P}'_{\sim k})_{\max}$ 和 $(\boldsymbol{P}'_{\sim k})_{\min}$ 分别为 $\boldsymbol{P}'_{\sim k}$ 中的最大值和最小值。

3. 构建相似矩阵

样本数据标准化、归一化处理后,计算待处理脉冲与成功分选雷达参数的相似度。对此,选用比较简单的海明距离法。待跟踪雷达脉冲 i 与聚类中心 j 的相似度为

$$r_{ij} = 1 - \sum_{k=1}^{m} w_k |p_{ik} - p_{jk}| \tag{8.9}$$

式中:w_k 为特征参数的加权系数,且 $w_1 + w_2 + \cdots + w_m = 1$,$w_k$ 的具体数值可以由熵值法确定[114,115]。

由相似系数得到聚类相似矩阵:

$$\boldsymbol{R} = [r_{ij}]_{(q+n)\times(q+n)} \tag{8.10}$$

4. 相似聚类

聚类分析通过设置阈值 λ 进行截取聚类相似矩阵,即

$$r_{ij} = \begin{cases} 1 & r_{ij} \geq \lambda \\ 0 & r_{ij} < \lambda \end{cases} \quad (\lambda \in (0,1)) \tag{8.11}$$

相似系数 r_{ij} 越接近1,说明该脉冲 i 与聚类中心 j 相似度越高,当 r_{ij} 超过设置阈值 λ,则将此脉冲归类计数,认为跟踪成功,进行下一个脉冲处理,直至所有脉冲处理完毕。

第9章 雷达信号分选与跟踪器

9.1 分选参数与算法的选择

信号分选是利用信号参数的相关性来实现的。当密集信号流中包含多个频域变化和时域变化的脉冲列时,准确的到达方向是最有力的分选参数,因为目标的空间位置在短时间内不会突变(如50ms内),因此信号的到达方向也不会突变。之前由于角度处理器处理速度比较慢不能及时提供每个脉冲的到达方向。现在可利用比相信道化接收机提取每个脉冲的相差PD,所以这里可利用的参数有DOA、PW、CF、PRI,其中DOA是根据PD、CF查表得到,PRI是根据脉冲流TOA前后相减得到,故最初利用到的参数有PW、CF、PD、TOA,利用上述参数形成脉冲描述字后就可以进行多参数分选。

分选算法主要是完成从大量交叠的密集脉冲中检测目标辐射源的PRI序列是否存在,进而将已识别的目标辐射源从采样数据中检索出来的过程。信号分选器工作在复杂多变密集的电磁环境中,在无任何先验数据的情况下,可通过SDIF算法分析雷达参数,再通过动态扩展关联法验证信号的存在性;探测某些复杂特殊的雷达信号时,必然需要一定先验知识进行匹配分选才能确定分选出的雷达是否是目标雷达。因此,采用SDIF算法与动态扩展关联法的联合检测法结合多参数匹配法可以实现信号的准确、快速分选。

9.2 信号分选系统

分选跟踪处理器的硬件总体框图如图9.1所示。整个系统以DSP芯片TMS320C6416T和FPGA芯片V4LX25作为核心处理器。其中,DSP主要负责与整机控制分机的通信,信号采样,主分选算法,装订跟踪电路等;FPGA主要负责译码,参数测量、缓冲存储读取,根据DSP的参数装订滤波器进行采样和分选、跟踪并输出跟踪波门;SDRAM采用ISSI公司的32位字宽高速IS42S32200B-7T,用于存储原始脉冲参数,弥补DSP存储空间不足的问题;Flash芯片用AMD公司的AM29LV040B和AM29LV160B,用于存储分选跟踪处理器上电时给DSP加载的程序代码及DOA数据表格。

分选跟踪处理器的工作总过程如图9.2所示。信号分选跟踪器上电复位后处于等待命令状态,控制命令一般由整机控制系统给出。当接到开始工作命令后,信号分选跟踪器开始进入分选流程,首先采样空间信号并进行参数测量形成脉冲描述字,再用多参数匹配法对"爱国者"系统雷达信号进行匹配分选,如果没有敏感参数出现就退出匹配环节进入多参数分选环节,经过对"爱国者"系统特殊雷达信号的多参数匹配和对非特殊雷达信号的多参数分选后,按照一定的威胁判断将分选所得参数入库。分选结束后,有特殊雷达信号则装载特殊雷达的参数给跟踪器,没有特殊雷达则装载威胁系数最大的雷达参数给跟踪器,然后开跟踪器,跟踪成功后,给出波门信号。同时分选器将跟踪状态转发给整机控制系统,并开始监视空间信号参数的变化情况,参数有变化就重新加载跟踪器重新跟踪。如果跟踪器丢失目标,可以重新开启分选器重新分选重新跟踪,这部分流程一般都应依据具体应用场合适当做改动。

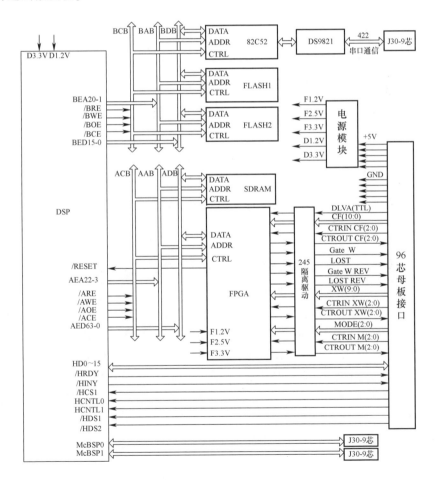

图 9.1　信号分选跟踪处理器硬件框图

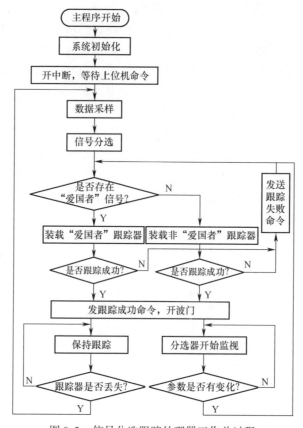

图 9.2 信号分选跟踪处理器工作总过程

9.3 分选硬件设计

分选硬件系统,具体电路原理如图 9.3 所示,它主要包括译码电路、脉冲参数测量锁存电路、FIFO 暂存电路及数据上传电路。译码电路主要是通过对地址译码,产生一些开关信号和控制信号;脉冲参数测量锁存电路主要作用是对输入的视频信号流进行处理,得到每个脉冲的 PW 和 TOA,然后将其和载频码、相位码等参数同时锁存;FIFO 暂存电路是根据先入先出的逻辑,当在时序上先进入的数据还没有处理完时,后来的数据就排在其后面,既不会丢失,也不会冲掉先进的数据;数据上传电路是为调节脉冲描述字宽度与 DSP 数据线宽度的不匹配而存在的。

跟踪器主要是根据分选器得到的信号的 PRI 变化规律,在确定首脉冲以后,根据 PRI 变化规律在下一脉冲所在窗口给出预置波门。因此影响跟踪器跟踪效果的关键参数是 PRI。对于常规雷达信号来说,PRI 是固定不变的,很容易根据该 PRI

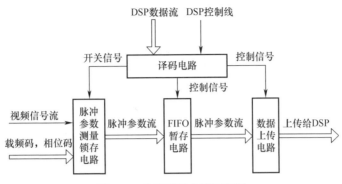

图 9.3 分选硬件电路原理图

确定下一个脉冲所在。至于参差信号,则只要确定一帧参差信号的首脉冲,就可以根据各参差子 PRI 顺序依次在下一个脉冲所在窗口处给出预置波门。现在常见的雷达通常不大于 8 参差,所以本系统可跟踪的雷达信号最多是 8 参差,在 FPGA 中直接设计 8 级自适应缓冲器,将所有的参差数及参差子 PRI 按顺序全部装订在寄存器中,有几参差则使用几级缓冲器而不用向 CPU 申请重新装订,节省了 CPU 的处理时间,真正实现了全硬件的跟踪。对于 PRI 抖动信号,只要加宽 PRI 容限即可。对于 PRI 随机变化的雷达信号,顾名思义,它的 PRI 是随机变化的,这是硬件跟踪器的难点所在。对于完全没有任何先验条件的 PRI 随机变化雷达信号,硬件跟踪器由于不能确定装订哪一个 PRI 将完全失效。但是,对于有一定先验知识的 PRI 随机变化雷达信号而言,经过一定的改进还是可以做到的,比如已知 PRI 捷变点及各捷变值。

跟踪器是在 FPGA 内部完成的,内部硬件电路比较复杂,主要包括首脉冲捕获电路、波门和半波门产生电路、PRI 计数电路、PRI 调整电路及波门丢失控制电路等。其结构框图如图 9.4 所示。

多参数关联比较器的作用是滤掉复杂脉冲环境中的噪声及非相干信号;首脉冲捕获电路的作用是捕获首脉冲,当捕捉到的第一个脉冲不是所期望的脉冲时,使电路恢复到捕捉脉冲前的状态,这个特性使得跟踪器具有很强的抗干扰能力,能自动去除第一个干扰脉冲;波门产生电路是用于产生原始波门信号的,它由 PRI 计数器触发;半波门产生电路主要作用是调节周期 PRI 的变化,消除周期漂移的影响;PRI 调整电路的作用是控制选择下一次波门产生的 PRI 值;波门和半波门调整电路的作用是实现有半波门时用半波门装载,没有半波门时用波门装载,在一定程度下抗重频偏移和抗脉冲丢失;波门输出控制电路的作用是在未连续捕捉到 5 个脉冲就将首脉冲捕获电路复位,但若已连续产生 5 个或 5 个以上的波门,则允许出现有限个丢失。丢失控制电路的作用主要是当跟踪出现丢失时给出丢失标志,以便妥善处理。

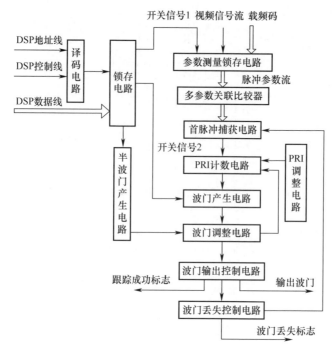

图 9.4 跟踪硬件电路原理图

9.4 分选器的电路设计

分选方法与算法固然重要,但要实现分选,其电路设计也是很重要的。因此本节要介绍系统的电路设计。

9.4.1 主处理器选型

1. FPGA 的选择

本设计采用 Xilinx 公司带有 PowerPC 嵌入式内核的 FPGA - Virtex4 系列 XCV4FX60。它是一款适合嵌入式平台开发的高性能,具有如下特点。

(1) 具有数字时钟管理器(digital clock manager,DCM)块,可以进行灵活的分频、倍频时钟管理,还具有附加的相位匹配时钟分频器(phase - matched clock divider,PMCD)。

(2) XtremeDSP Slice,每个 Slice 是一个 18×18 位带补数功能的有符号乘法器,可以自己构建流水线,完成数字信号处理运算。

(3) 片内 395Kb 大容量的分布式 RAM 资源,可以方便构造双口 RAM,在构造 FIFO 逻辑时可以将 RAM 信号自动再映射为 FIFO 信号。

(4) Select IO 技术,通过设置,可以支持 1.5~3.3V 的 I/O 工作电压,1.2V 的

核心电压可以大大降低功耗。

（5）Rocket IO,622Mb/s 到 6.5Gb/s 千兆位级收发器,可以与高速外设进行接口通信。

（6）丰富、灵活的逻辑资源,多达 56880 个逻辑单元,可以设计复杂的逻辑模块。

（7）IBM PowerPC RISC 处理器核,可以支持基于嵌入式内核的开发。

这些特性使得该器件不仅能够满足逻辑测量和存储的功能,而且具有对测量数据预处理的功能,DSP 可以使用 FPGA 预处理完的数据直接进行分选,提高了分选的实时性。

2. PowerPC 405 硬核处理器简介

对数据的预处理和打包主要由 FPGA 内部的嵌入式内核 PowerPC 来完成,PowerPC 是 performance optimization with enhanced RISC performance computing 的缩写,是 1991 年由 IBM、Motorola、Apple 组成 AIM 联盟,合作开发出来的产品。V4FX60 FPGA 的嵌入式硬核为 PowerPC 405,PowerPC 405 处理器硬核的主要特点如下。

（1）高性能 RISC 结构,核心频率可达 450MHz。

（2）低功耗设计,0.9mW/MHz。

（3）支持三级 PowerPC 管理（UISA、VEA、OEA）。

（4）5 级流水线结构,大多数指令为单周期指令。

（5）提供 32 个 32 位通用寄存器。

（6）16KB 高速指令和数据缓存。

（7）支持 IBM CoreConnect 总线结构。

（8）支持专用片上存储器接口。

（9）丰富的定时控制功能,多种调试方式和 2 级中断。

（10）提供硬件累加器、乘法器和除法器。

用户在设计时,可以通过 PLB 和 OPB 总线将各种外设和控制器与 PowerPC 连接起来,构建自己的片上系统。在开发过程中,Xilinx 公司针对 PowerPC 405 处理器推出了专用的嵌入式开发工具包,使开发过程变得方便而易于实现,加快了开发周期。

3. DSP 选择

根据前面的介绍,由于选用的信号分选算法的复杂性需要,选择 DSP 为 TI 公司的 C6000 系列 TMS320C6416T 作为信号处理算法主处理器,它是 TI 公司高性能定点 DSP,主要性能如下。

（1）内核采用超长指令字（very long instruction word,VLIW）体系结构,有 8 个功能单元、64 个 32bit 通用寄存器,其时钟频率可达 1000MHz,每个时钟周期最多可以执行 8 条指令,最高处理能力为 8000MIPS。两个乘法累加单元一个时钟周期可同时执行4组16×16bit乘法或8组8×8bit乘法,每个功能单元在硬件上都增加了附加功能,增强了指令集的正交性。数据总线支持8/16/32/64bit的数据类型,提高了存储的灵活性。

(2) 缓存采用两级缓存结构,一级缓存(L1)由128Kbit的程序缓存和128Kbit的数据缓存组成,二级缓存(L2)为8Mbit,提高了数据访问和存储的效率。

(3) 外部存储器接口(external memory interface, EMIF)有EMIFA和EMIFB,其中EMIFA接口有64bit宽的数据总线,可连接64/32/16/8bit的器件;EMIFB接口有16bit宽的数据总线,可连接16/8bit的器件。TMS320C6416的存储器接口可以与异步(SRAM、EPROM)/同步存储器(SDRAM、SBSRAM、ZBTSRAM、FIFO)无缝连接,最大可寻址范围为1280MB。

(4) 增强型直接存储器访问控制器(enhanced direct memory access, EDMA),可以提供64条独立的DMA通道,每个通道的优先级都可编程设置,每个通道都对应一个专用同步触发事件,使得EDMA可以被外设来的中断、外部硬件中断、其他EDMA传输完成的中断等事件触发,开始进行数据的搬移。EDMA完成一个完整的数据搬移后,可从通道传输参数记录指定的链接地址处重新加载该通道传输参数。EDMA传输完成后,EDMA控制器可以产生一个到DSP内核的中断,也可以产生一个中断触发另一个EDMA通道开始传输。

(5) 主机接口(host port interface, HPI)是一个16/32bit宽的异步并行接口,支持16bit宽的数据总线和32bit宽的数据总线两种模式,可由用户配置(32/16bit),两者均工作在异步从方式。外部主机通过它可直接访问DSP的地址空间,也可向DSP加载程序。

(6) 具有3个多通道串口(McBSP),每个McBSP最多可支持256个通道,能直接与T1/E1、MVIP、SCSA接口相连,并且与Motorola的SPI接口兼容。

(7) 具有一个16针的通用输入输出接口(GPIO)。

(8) 具有32bit/33MHz,3.3V的PCI主/从接口,该接口符合PCI标准2.2。

(9) 具有Viterbi译码协处理器(VCP)和Turbo译码协处理器(TCP)。

(10) 一个UTOPIA接口,它支持UTOPIA Ⅱ规范,发送数据总线和接收数据总线均为8bit宽,工作频率最高可达50MHz。

(11) 采用了新型芯片制造工艺,I/O电压为3.3V,内核心电压仅为1.2V。当时钟频率为600MHz时,DSP的最大功耗小于1.6W。

(12) 软件与C62x完成兼容,方便代码的移植,缩短开发周期。

本系统设计选用C6416芯片作为主处理器首先是因为它有超强的处理能力,它的最大处理能力为C6201的6倍;其次是丰富的片内集成外设(EDMA、EMIF等),使得它可以方便地与多种外设之间完成高速接口和数据通路。设计时外接50MHz时钟,在内部倍频20倍乘的情况下,可以达到1000MHz的时钟频率,用来完成计算量复杂的分选算法。

9.4.2 FPGA 内部逻辑电路设计

下面介绍信号分选所用的逻辑电路。

1. 脉冲测量电路的设计

脉冲参数的测量是信号分选器的最前端,其测量精度直接影响后端的分选可靠性,FPGA 外接晶振为 20MHz。图 9.5 为脉冲参数测量原理图。

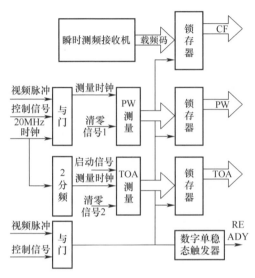

图 9.5 脉冲参数测量原理图

本系统要求脉宽的测量范围为 0.33~125μs,分辨力为 50ns,从脉宽的测量范围和分辨力来看,20MHz 时钟可以满足系统的要求。脉宽的测量时钟由 20MHz 时钟、控制信号、脉冲信号相与得到,其中控制信号来自 DSP,当分选器接收到融合通信开始分选命令后,DSP 需要启动脉宽测量电路,如果直接使用一根控制线实现控制就很方便。因此可以利用 DSP 的外部存储的空间,对外部地址进行读写,以此作为启动或停止脉宽测量电路的控制信号,允许或禁止脉冲信号和载频码输入。脉宽测量时钟直接驱动一个计数器,这样就实现了在脉冲信号为高电平时的计数。当脉冲信号的下降沿到达时,利用下降沿锁存已测量的脉宽值同时将计数器清零,并由该下降沿触发一个数字单稳态,产生一个 ready 脉冲信号用于后续电路中 FIFO 的写时钟。按照测量时钟 20MHz,脉宽计数器选为 16bit,可计脉宽最大能达 3276μs,远远满足系统要求。

到达时间的测量原理与脉宽的测量原理基本相似。所谓的到达时间,并不是脉冲信号的实际到达时间,而是相对时间,它是相对系统打开时刻的时间差值。本系统要求可测量的脉冲重复周期的范围是 100μs~5ms,分辨力为 100ns,因此采用 10MHz 的测量时钟,可满足分辨力的要求;系统的采样时间为 60ms,这样可保证在脉冲重复周期为 5ms 时,能够采样到 12 个(多于 5 个)脉冲,从而完成对信号的准确分选。

2. 双参数相关联比较器电路的设计

双参数相关联比较器也称为相关联存储器,通常是一个由多位多级存储器和比较器构成的专用功能电路,有顺序比较型和同时比较型两种工作形式。此外,也可用存储器和译码器构成特殊形式的相关联比较器。这里的处理器处理速度高,因此利用同时比较型。双参数相关联比较器的原理如图 9.6 所示。

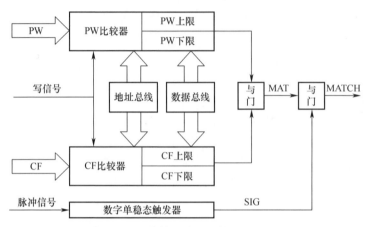

图 9.6 双参数相关联比较器的原理

在信号预分选系统中,双参数相关联比较器的作用是稀释脉冲流。在本系统中,双参数相关联比较器仅用引导和监视方式。相关联比较器包括脉宽比较器和载频比较器,脉宽和载频码由测量电路提供,脉宽和载频码的上、下限由引导或监视时上位机加载的参数决定。若脉宽值落入脉宽的下限和上限之间,则脉宽比较器输出为高电平,否则为低电平;载频比较器和脉宽比较器相同。脉宽比较成功信号和载频比较成功信号相与,只有当载频和脉宽值分别落入脉宽上、下限和载频上、下限时,双参数相关联比较器才给出比较成功信号,此比较成功信号一直为高电平,直到下一个不匹配脉冲到来。

通常,脉冲描述字一直保持到后一个脉冲描述字的到来,即两个 PDW 之间无停顿连接。假设到来 5 个 PDW,其中第 2、第 3 个 PDW 上下限匹配,其余不匹配,则单从 MATCH 上,无法分辨出是哪一个 PDW 匹配,如图 9.7 所示。在这种情况下,如果将 MATCH 作为下一级 FIFO 的写入信号,就会造成后一个 PDW 丢失,不利于分选。

所以,在应用中,通过脉冲信号的下降沿触发的脉冲 SIG 和比较成功信号相与,输出匹配信号。在引导和监视方式下,匹配信号作为下一级电路 FIFO 的写入信号,若匹配,将匹配的脉宽、载频和到达时间写入 FIFO 中,若不匹配,丢弃此 PDW。

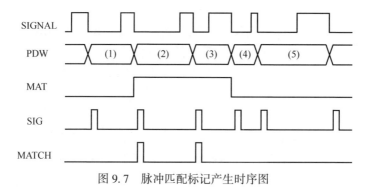

图 9.7 脉冲匹配标记产生时序图

3. 脉宽测量

系统要求脉宽的测量范围为 1~500μs,选择脉宽的测量时钟为 10MHz,测量精度可达 100ns,从脉宽的测量范围来看,10MHz 时钟可以满足系统的要求。脉宽的测量时钟由 10MHz 时钟、控制信号、脉冲信号相与得到,其中控制信号由 FPGA 内部控制 D 触发器实现。当接收到开始分选命令后,DSP 通知 FPGA 将 D 触发器输出置高,脉冲信号输入。脉宽测量时钟直接驱动一个 16bit 的计数器,在上升沿时进行计数,当脉冲信号的下降沿到达时,利用下降沿锁存已测量的脉宽值,50ns 后用一个清零信号将计数器清零,该清零信号由脉冲的下降沿触发一个数字单稳态电路产生,等同于锁存信号,如图 9.8 所示。

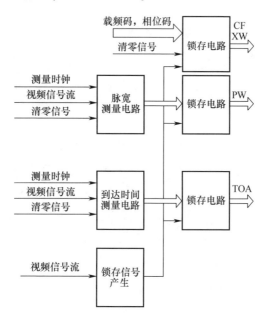

图 9.8 脉冲参数测量锁存模块原理图

4. 到达时间测量

系统要求可测量的脉冲重复周期的范围为 33μs～10ms，10MHz 的测量时钟同样满足要求。到达时间计数器是一个 30bit 计数器，测量时钟为 10MHz，可测量的最大值是 0×3FFFFFFF，约 107s。根据信号分选的理论，应该满足一次采样脉冲个数大于 5 个，才能正常分选。如果按照 PRI 最大为 10ms，系统的采样时间至少为 60ms，这样才可以保证在信号稀疏的情况下，采样到 6 个脉冲，使分选能够正常进行，30bit 的计数器能满足设计要求。在实现上，到达时间的测量和脉宽的测量稍有不同，当有第一个脉冲的上升沿到达时，启动 TOA 计数器，允许到达时间计数器计数，当下一个脉冲信号的上升沿到达时，将当前计数值锁存，以后每个脉冲的上升沿时锁存计数器值。只有当采样时间结束时，到达时间计数器才清零。图 9.9 为脉宽和到达时间测量模块的仿真波形，设置脉宽为 4 个时钟（clk）周期宽度，到达时间之间的重复间隔为 15 个时钟（clk）周期。

图 9.9 脉宽和到达时间测量模块的仿真波形

从图 9.9 可以看出，测量模块可以准确测量脉宽和到达时间的值，wrclk 为参数锁存脉冲，它在脉冲的下降沿之后产生，用来锁存脉宽和到达时间信号，图 9.10 为放大后的图形，可以看到，脉宽覆盖了 4 个 clk 周期，测量模块满足设计要求。

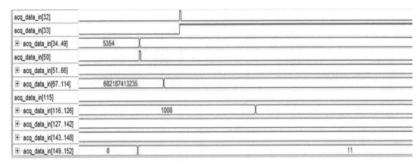

图 9.10 锁存信号波形

5. 载频和相位码的锁存

载频码为 9 位自然码,表示信号的瞬时频率,其频率分辨力为 5MHz。相位为 9 位自然码,表示两路信道的相位差。它们都由数字接收机测得并以数字量的形式给出,这两个参数也利用 wrclk 锁存。这样,在脉冲测量中,所有的参数都利用一个锁存信号,能够保证脉宽、载频、到达时间和相位的同步,即它们来源于同一个脉冲。

9.4.3 FPGA 及其外围电路设计

1. FPGA 的配置

FPGA 正常工作时,它的配置数据储存在 SRAM 之中。由于 SRAM 的易失性,所以每次加电期间,数据都要重新配置,这是 FPGA 使用的一个特点。

Virtex4 系列 FPGA 的配置途径有很多种,常用的有:直接 JTAG 边界扫描加载;通过外部的 PROM 加载;通过外部一个处理器(比如 CPLD)读取 Flash 中的数据加载。前两种方式为比较常用的方式,后一种方式可以加载比较大的数据镜像文件,比如要在 FPGA 上执行嵌入式操作系统时,可以将比较大的库文件作为镜像文件预先烧写到 Flash 中,然后通过 CPLD 从中读取,加载 FPGA。本系统采用 JTAG 边界扫描配置和 PROM 配置两种设计。配置芯片采用 Xilinx 专用 Flash 配置芯片 XCF32P,选择原则是 XC4VFX60 资源为 21002880bit,需要一个大于 21Mbit 的配置芯片加载,XCF32P 为 1.8V 供电,32Mbit 容量,满足需要。

XCF32P 芯片配置时本身有 4 种模式供选择,其中从模式主要用于多片 FPGA 级联时,本设计采用主模式。串行和并行的配置可以通过拨码开关选择,其原理图分别如图 9.11 和图 9.12 所示。

2. FPGA 时钟管理

XC4VFX60 需要一个时钟输入作为系统时钟参考,这个时钟经过 DCM 处理之后可以作为内部时钟参考。除了全局时钟之外,XC4VFX60 还拥有最多 20 个 DCM 块,除生成无偏移的内部或外部时钟,DCM 还提供输出时钟的 90°、180°和 270°相移信号,相移可以以几分之一时钟周期的增量提供更高分辨力的相位调整。灵活的频率综合可以提供等于输入时钟频率分数或整数倍的时钟输出频率。本系统的全局时钟采用 50MHz,在内部用 DCM 倍频之后为 PPC 提供 100MHz 的系统时钟,同时还有一个外部 IO 接口的高精度 10MHz 时钟输入,作为硬件测量模块的参考时钟。XC4VFX60 方便的时钟管理可以实现这个设计。

3. FPGA 外部存储器控制设计

FPGA 外围存储器 Flash ROM 采用的是 Intel 公司 JS28F320,它具有 16bit 位宽,2M 的地址深度,一共 32Mbit。ZBTRAM 采用的是 Cypress 公司 CY7C1370D 芯片,它具有 32bit 位宽数据线和 512K 地址深度,共 18Mbit 数据空间。存储器的控制设计根据器件本身的控制时序和 PowerPC 的存储器控制时序来完成,需要指出

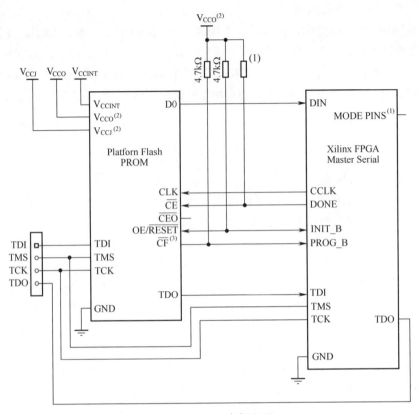

图 9.11 FPGA 串行配置

的是,在这里 FPGA 不像别的处理器一样具有自己特定的外设控制接口,必须按照典型的解决方案连接电路,它可以根据设计需要将必要的接口引脚连接到通用 IO 接口上,内部通过引脚映射使 PowerPC 的内部控制总线和外设相应的引脚相连,电路设计相对灵活。

9.4.4 FIFO 电路的设计

先进先出(first input first output,FIFO)电路是系统中一个重要的逻辑电路,也是一个理想的解决设备接收数据速度快于其处理速度的办法。数据以到达 FIFO 输入端口的先后顺序依次存储在存储器中,并以相同的顺序从 FIFO 的输出端口送出,所以 FIFO 内数据的写入和读取只受读/写控制信号的控制。根据先入先出的逻辑,当在时序上先进入的数据还没有处理完时,后来的数据就排在其后面,既不会丢失,也不会冲掉先进入的数据。考虑现代密集的信号环境,雷达脉冲的到达是随机的、密集的,采用 FIFO 电路是减少脉冲丢失的必要措施。正如方案论证所证明,只需 40 级 FIFO 即可,但考虑到一些异常情况的出现,比如说系统处于通信状态,这样一段时间延迟后,40 级 FIFO 已满,此外,还希望分选器在分选结束后,继

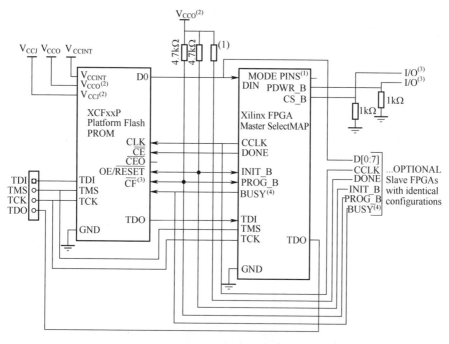

图 9.12 FPGA 并行配置

续捕捉脉冲流,实现对信号的连续监测。20K200E 中含有大量的 EAB 块,可构造多达 2048 级(每级 56 位)FIFO,因此本系统采用 46 位 1024 级 FIFO 电路,其中载频码占 10 位,脉宽占 16 位,到达时间占 20 位。

图 9.13 是 FIFO 电路工作原理图,其中 FIFO 电路是基于 FPGA 的高速双口 RAM 设计的。写脉冲 WCLK 和写使能 WEN 加到写控制器上,对输入存储器和写指针进行控制,写指针实际上是一个计数器,构成高速双口 RAM 的写地址。读脉冲 RCLK 和读使能 REN 加到读控制器上,对三态输出存储器和读指针进行控制,读指针产生器由一计数器形成读高速双口 RAM 的读地址。满逻辑和空逻辑电路形成 FIFO 中 RAM 的满标志、空标志。写时钟由前端的逻辑电路产生,当工作在独立方式时,为 READY 信号,即脉冲的下降沿触发的脉冲作为写脉冲,当处于引导或监视方式时,为双参数相关联比较器提供的匹配信号,写时钟为下降沿写入;读时钟由 DSP 的译码逻辑产生,考虑到 FIFO 的每一个 PDW 含有脉宽、载频和到达时间 3 个参数,所以,读出时采取同时读出,即每一次将 3 个参数同时从 FIFO 中读出,由后端电路再将每一个参数分别读入到 DSP 的内存区,读脉冲也为下降沿读出。

9.4.5　DSP 的复位电路的设计

DSP 复位引脚 RESET 为低时,芯片进入复位初始化状态,此后,所有的三态输

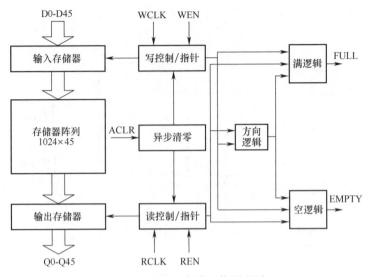

图 9.13 FIFO 电路工作原理图

出引脚被置高阻,其他输出引脚恢复为缺省状态。RESET 信号的上升沿将触发芯片开始执行自加载过程(根据预先设置的自举模式)。DSP 的复位是和 FPGA 紧密相关的,因为 DSP 要在 FPGA 配置完成后,与 DSP 的地址线和数据线相连的 IO 引脚处于高阻态时,DSP 才能实现正常的 Boot,所以必须等待 FPGA 配置完后,才能让 DSP 复位。当 INIT_DONE 变高以后,FPGA 才进入用户模式,为了复位的稳定性,CONF_DONE 信号也引进 DSP 的复位电路(图 9.14 为 FPGA 配置时序)。分选与跟踪器 DSP 的硬复位还受来自融合通信的复位信号控制,具体原因已经在前面讲述。另外在调试过程中,为了防止 DSP 死机等,还需要手动复位。DSP 复位电路如图 9.15 所示。

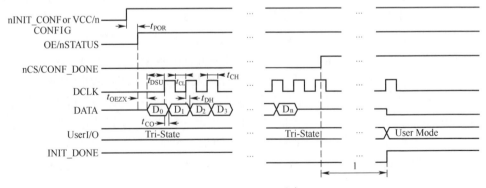

图 9.14 FPGA 配置时序

1. DSP 复位电路和电源监视

复位对于处理器设计来说是一个很重要的设计。DSP 复位引脚 RESET 为低

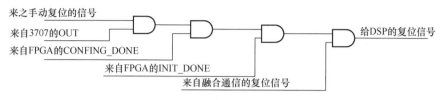

图 9.15 DSP 复位电路图

时,芯片进入复位初始化状态,此后,所有的三态输出引脚被置高阻,其他输出引脚恢复为缺省状态。正常加载过程中,DSP 的复位引脚需要有一段持续为低电平的时间,一般为十几个时钟周期,然后复位引脚恢复成高电平,这个过程在示波器上显示为一个 RESET 信号的上升沿,在这个上升沿之后将触发 DSP 开始执行自加载过程(根据预先设置的自举模式)。一个上升沿的产生可以用 FPGA 内部的延时来实现,也可以通过一个电阻和一个电容构成充电回路来实现。本系统采用 TI 公司 TPS3106K33 作为复位和电源监视,如图 9.16 所示。

监视核心电压时,当电源电压(V_{DD})高于 0.4V 时给出复位信号,复位信号由内部定时器使非有效状态的输出反馈延时给出,保证 DSP 具有正确的系统复位。此后只要 V_{DD} 低于阈值电压 V_{IT},电路监控器就保持 RESET 输出有效;V_{DD} 高于阈值电压 V_{IT} 后延时启动,DSP 正常工作;当 V_{DD} 低于阈值电压 V_{IT} 时,输出再次有效,达到电源监视的功能。监视 IO 电压和核心电压类似,比较阈值为 0.55V,由 SENCE 引脚输入,需要设计一个电阻分压网络将 V_{IO} 分压之后输入到 SENCE 引脚的值约为 0.6V,这样就能监视 V_{IO} 电压的稳定性,为了降低温度的影响,分压电阻采用精密电阻。TPS3106 还提供一个手动复位输入端 MR,当该引脚为低电平时,芯片输出低电压,使 DSP 复位,这个引脚一般接一个按键手动复位,方便调试。

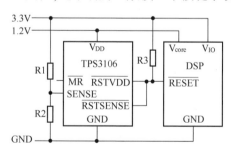

图 9.16 TPS3106 设计 DSP 复位和电源监视框图

2. DSP 的时钟和 PLL

任何一个处理器设计,除了复位之外,时钟的设计也是至关重要的。C6416T 的最高工作频率为 1GHz,在本系统中 DSP 片外的时钟为 50MHz,采用有源晶振,贴片封装,接在 CLKIN 引脚,如图 9.17 所示。CLKMODE[1:0]设置为 11,使 PLL 工作在 x20 模式,即将时钟 20 倍频至 1GHz。

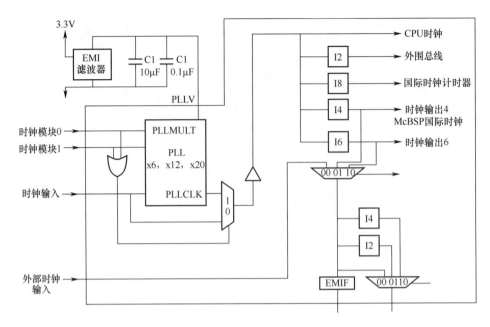

图 9.17 DSP 内部锁相环路倍频电路和 EMI 滤波电路

C6416T 时钟锁相环(phase-locked loop,PLL)需要一个 EMI 滤波器与之配套工作,以防止 PLL 的电源干扰,如图 9.17 所示。本设计选用 EMI 滤波器为 TDK 公司的 ACF451832-153-T,它相当于一个带通滤波器,插入损耗-频率特性如图 9.18 所示。从图中可以看出晶振的频率刚好落在 EMI 滤波器阻带范围(11～70MHz)内,这样 PLL 外部的相同频率谐波就不会通过电源串入锁相环,晶振频率也不会串扰影响外部电路。

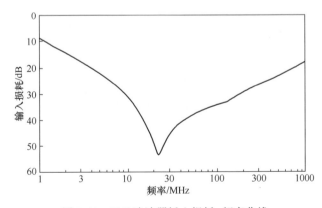

图 9.18 EMI 滤波器插入损耗-频率曲线

3. DSP 外部存储器接口控制

DSP 芯片访问片外存储器时由 EMIF 完成。C6000 系列 DSP 的 EMIF 具有很强的接口能力,不仅具有很高的数据吞吐率,而且可以与目前几乎所有类型的存储器(SBSRAM、SDRAM、异步 SRAM、ROM、Flash 等)直接接口。在 C6416 系统中,提供了 A、B 两套共 8 个彼此独立的外存接口(CEx),其中 EMIFA 最高可以支持 64bit 位宽的数据总线,EMIFB 支持 16bit 位宽的数据总线。除 EMIFB 的 CEl 空间只支持异步接口,用来进行 DSP 上电的 Boot 外,所有的外部 CEx 空间都支持多种存储器的直接接口。本系统用到了 8bit 位宽和 16bit 的 Flash 各一片,32bit 位宽的 SDRAM 一片,32bit 位宽的双口同步 SRAM 一片,均采用 EMIF 控制。

4. DSP 控制 82C52

UART 是一个非常方便的接口,它可以与计算机直接连接,可以直接向上位机传递一些数据和处理结果,在电路设计中广泛使用,许多单片机和 ARM(此处指 ARM 处理器架构)处理器都直接集成该接口,DSP 不具有独立的 UART 片上外设,但可以利用 DSP 的资源设计出 UART 接口。主要方法有以下两种:通过 McBSP 设置或者由 EMIF 控制串并转换芯片完成异步串行通信的实现。本系统中 McBSP 用来进行多 DSP 直接的通信,而且 C6416 具有丰富的 EMIF 口,所以采用 EMIFB 口的 CE2 空间控制 82C52 来进行 UART 功能的实现。

82C52 是美国 intersil 公司的一款高性能 UART 功能芯片,它可以外接 3 种不同的标准晶振,经过不同的分频之后可以支持 72 种不同的波特率发生。它实际上就是将并行输入的数据变成 UART 格式串行输出。控制 82C52 时,EMIF 把它当做一个存储器外设进行控制。根据 82C52 的读写控制时序,结合 DSP 的时钟周期,计算出 DSP 进行外设控制的建立、选通和保持时间,通过设置 EMIFB 的 CE2 空间对应的寄存器来实现功能,82C52 的读写时序和 DSP 的读写控制时序如图 9.19~图 9.21 所示。

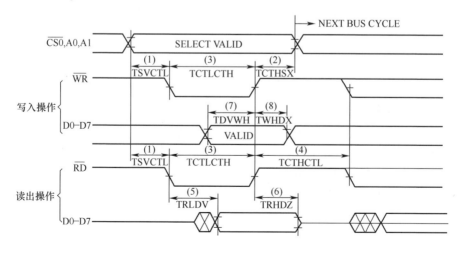

图 9.19　82C52 读写控制时序

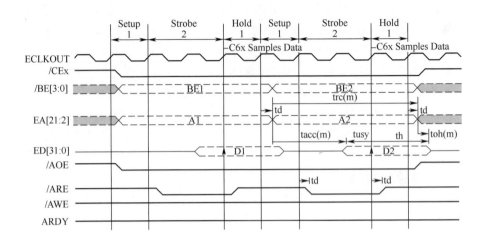

图 9.20　EMIF 操作异步外设时的读时序

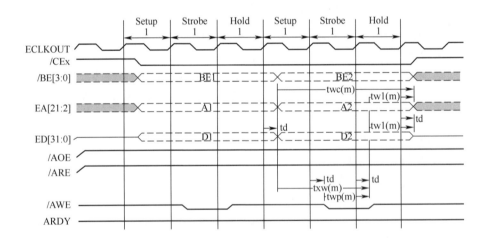

图 9.21　EMIF 操作异步外设时的写时序

5. 与主机的 HPI 接口

C6416 支持 16bit 位宽或者 32bit 位宽的 HPI，DSP 通过复位时的自举和器件配置引脚选择 16 位还是 32 位的 HPI 通信，本系统采用 HPI 和主机 DSP 进行通信，主机可通过 HPI 直接访问从机的存储空间和存储映射的外围设备。图 9.22 给出了以一片 C6416 作为主机，两片 C6416 作为从机，组成多 DSP 并行处理系统的硬件连接电路。

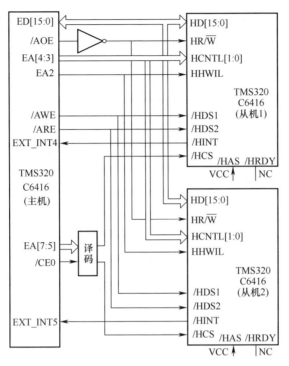

图 9.22 与主机的 HPI 接口

9.5 跟踪器的组成及各部分电路

本系统的跟踪器是用 EP20K200E 实现的。跟踪器的内部硬件电路比较复杂，主要有脉宽载频滤波电路和 PRI 跟踪器电路。脉宽载频滤波电路主要包括脉宽测量电路、脉宽滤波电路、载频滤波电路，产生脉宽为 1μs 的标志性窄脉冲。PRI 跟踪器电路主要包括首脉冲捕获电路、内波门产生电路、半波门产生电路、PRI 计数器、内波门协调电路等，如图 9.23 所示。下面详细介绍各部分的原理及相关控制电路。

9.5.1 首脉冲捕获电路

这部分电路的主要作用是当捕捉到的第一个脉冲不是所需要的脉冲时，使电路恢复捕捉到脉冲前的状态，这个特性使得本系统具有很强的抗干扰能力，能自动去除第一个干扰脉冲，其工作原理如图 9.24 所示。

当第一个脉冲到来时，首先触发一个波门，使得首脉冲触发器的 Q 端变高，允许周期计数器计数。当一个正常 PRI 计数结束时，波门产生电路输出一个正脉冲波门。如果在波门内有脉冲到达，即在波门内有半波门产生，则捕获成功标志触发

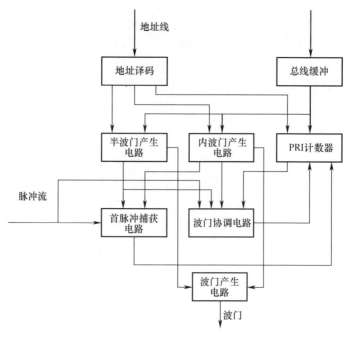

图 9.23 PRI 跟踪器电路

器的输出被置为高,否则保持为低。在波门的后沿将触发控制信号触发器,使其 Q 端为高,从而使得首脉冲触发器复位。因此,若波门内有脉冲,即第一个脉冲是正确的,则捕捉成功标志被置为高电平,一直允许 PRI 计数器正常工作,这时进入正常的跟踪;若波门内没有脉冲,即首脉冲捕捉错误,整个电路回到捕捉以前的状态,继续捕捉首脉冲。

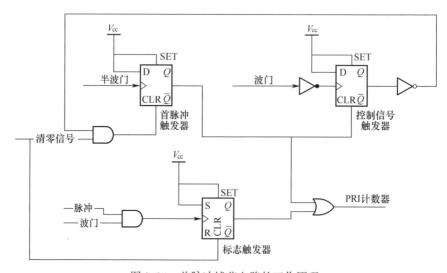

图 9.24 首脉冲捕获电路的工作原理

9.5.2 内波门和半波门产生电路

跟踪电路的目的在信号脉冲出现的位置给出一个波门,因此波门产生电路是必不可少的。本系统利用产生的内波门来触发输出的波门,这样输出波门的灵活性较强。半波门产生电路和内波门产生电路的原理基本相同,工作过程也类似,在此主要介绍内波门产生电路。半波门的作用是调节周期 PRI 的变化,消除周期漂移的影响。内波门产生电路的原理如图 9.25 所示。

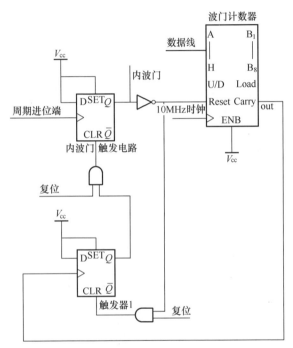

图 9.25 内波门产生电路的原理

当 PRI 计数器产生进位信号时,将内波门触发器的 Q 置为高电平,同时使内波门计数器开始计数。当内波门计数完毕时,其进位端 Carr yout 输出一个正脉冲,把触发器 1 的 Q 端置为高,而此信号又将内波门触发器清零,进而计数器清零。由此,周期计数进位端触发内波门输出端给出一个由内波门寄存器控制宽度的内波门。

9.5.3 内波门和半波门协调电路

在跟踪过程中,信号脉冲可能发生丢失、抖动等情况,PRI 计数器的初值是在内波门或半波门期间进行装载的,如果只用内波门或半波门来装载 PRI 计数器的初值,都会产生误差。若只用内波门来装载初始值,那么当雷达信号的重频稍有偏移时,则非常容易产生积累误差,使得在内波门捕捉不到雷达信号脉冲,从而降低跟踪器的适应能力;若只用半波门装载 PRI 计数器的初值,则由于半波门是由脉冲信号直接产生的,所以,当信号脉冲发生丢失时,计数器将无法正常工作。设计该电路就是为了解决这个问题,从而实现有半波门时,用半波门装载,无半波门时,用内波门装载,其原理如图 9.26 所示。

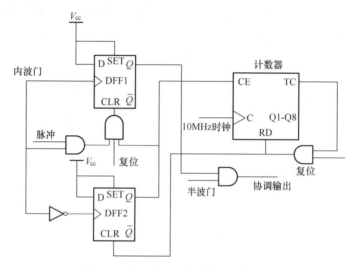

图 9.26　内波门、半波门协调电路原理

时钟输入 10MHz,其仿真波形如图 9.27 所示。

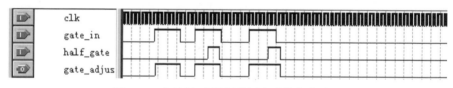

图 9.27　内波门、半波门协调电路的仿真波形

9.5.4　PRI 计数器

对于常规雷达,PRI 计数器只要给出一个固定重复周期的脉冲即可,但是对于参差雷达信号则给出的脉冲间隔就有所变化。参差雷达,脉冲的重复周期由几个子 PRI 构成,所以本系统在 PRI 计数器加入了 RAM 来存放不同的子 PRI,用波门协调信号来打入下一个 PRI 的数值,如图 9.28 所示。

参差数和子 PRI 事先写入锁存器和 RAM 中。通过波门协调输出自增来取出不同的子 PRI,并将其锁存。时钟计数可以根据锁存的子 PRI 来给出相应的进位。

9.5.5　基于内容比较的关联比较器

关联比较器通过预先存储参数的最大值和最小值,以此来界定该参数的范围,

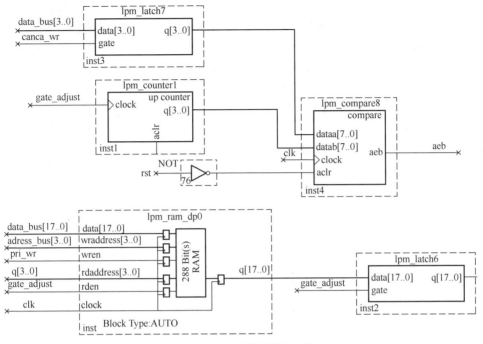

图 9.28 PRI 计数器部分电路

这种实现方法适于信号分选的引导方式。关联比较器也可以基于 CAM 来实现。

内容可寻址存储器是一种专门为快速查找匹配数据地址而设计的存储器，又称为 CAM。CAM 通过将输入数据与其内存数据进行比较，能快速确定输入是否与其内部某个数据(单匹配)或几个数据(多匹配)相匹配。CAM 的数据寻址方式和访问速度可因不同设计和应用要求而不同，最理想的方式下，仅需一个时钟周期。

与 RAM 一样，CAM 也是采取阵列式数据存储，其数据的写入方式与 RAM 差不多，但 CAM 的数据读取方式却不同于 RAM。在 RAM 中，输入的是数据地址，输出的是数据，而在 CAM 中输入的是所要查询的数据，而输出的则是匹配数据的存储地址和匹配标志。图 9.29 为 RAM 与 CAM 读取模式的比较。

图 9.29 RAM 与 CAM 读取模式的比较

以前的 CAM 都是专用器件，且规模较小，使用灵活性较低。随着 FPGA 器件门数的增加和结构的改进，以及 IP 库的不断丰富，基于 FPGA 的 CAM 实现已成为可能。尤其是 EP20K200E 系列芯片利用 MEMORY 部分来实现 CAM,而传统的关联比较器在芯片中利用逻辑阵列块实现,其资源占用很多,因此利用 CAM 实现的关联比较器为系统节省很多的硬件逻辑资源。

CAM 是一种精确匹配的快速搜索器件,对于脉宽的匹配很不利,脉宽一般会在比较大的范围内连续变化,这样需要非常大容量的 CAM,但是对捷变频比较有利。例如,对于某个频率为 30,40,50 的 3 频点频率捷变频雷达信号,在传统设计中,一般需要用 6 个比较单元来完成匹配功能。捷变频雷达在单个频点变化很小,可以看作孤立的几个点,这样用 CAM 来实现关联比较就比较方便。CAM 的取值范围可以定为 29,30,31,39,40,41,49,50,51,如图 9.30 所示。

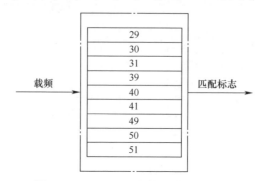

图 9.30 基于 CAM 的载频关联比较器

9.5.6 丢失控制

接收机给出的脉冲序列很难达到与理想的多辐射源交错脉冲列完全相同。影响接收机脉冲列测量、分析脉冲的因素主要来自外部环境和接收机本身性能两个方面。

1. 脉冲重叠

脉冲重叠是由于多个独立辐射源的脉冲在接收机端产生时域重叠而造成的,也称同时到达信号。发生重叠的条件是脉冲到达时间间隔小于首先到达脉冲的宽度,除非采用信道化机手机或特殊的多脉冲检测和分离电路,否则将只能检测到首先到达的脉冲。

2. 脉冲丢失

脉冲丢失是由于发射机漏发射,这是某些发射机的固有特征,对于这种类型的发射机而言,其脉冲漏发概率为 0.25%,个别脉冲漏发对辐射源本身影响较小,但对于跟踪系统则影响较大。

3. 间歇脉冲列

由辐射源或接收机天线扫描造成,其现象是接收机在观测时间内,间断地收到一系列属于同一辐射源的脉冲列。这种情况的辐射源一般为搜索和空间扫描跟踪雷达。脉冲列的持续时间与天线波瓣宽度有关,持续周期远小于脉冲列出现周期。

4. 脉冲参数漂移

由辐射源器件和发射系统的稳定性造成,一般表现为载频(本振)和脉冲重复间隔(晶体)的缓慢漂移,脉冲参数漂移对长时间的辐射源跟踪和分选处理而言,则需要进行相应的参数修正。

由此可见,丢失一个或有限个雷达信号是系统常见的现象。所以要求跟踪器在丢失一个或有限个雷达信号的情况下,系统仍然可以继续进行跟踪。而且对于环扫雷达,当主瓣信号再次被侦收到时,系统应立即对信号进行跟踪。

系统根据自身特点,应用软硬件结合的方法来达到目的。在输出波门内有半波门时,计数器清零。如果没有,半波门计数器加 1,当连续加到 8 以后,则认为雷达信号丢失,硬件跟踪器给出中断给 DSP。DSP 再次对跟踪器进行加载,DSP 延迟一定时间以后对硬件跟踪器进行检测,若跟踪器再次跟踪上信号以后,DSP 执行其他操作,否则再次加载数据。若 3 次加载以后仍然没有跟踪上雷达信号,系统认为空间中这部雷达信号已不存在,系统将加载其他信号。

附录 缩略语对照表

缩略语	英文全称	中文含义
AC	associative comparator	关联比较器
ADC	analog to digital converter	模数转换器
AM-FM	amplitude modulation-frequency modulation	调幅-调频
ANSP	adaptive network sensor processor	自适应网络传感器处理机
AOA	angle of arrival	到达角
ARM	anti-radiation missile	反辐射导弹
ARSNR	average recovered signal noise ratio	平均恢复信噪比
BPSK	binary phase shift keying	二项相移键控
BSE	blind signal extraction	盲信号抽取
BSP	blind signal processing	盲信号处理
BSS	blind source separation	盲源分离
BSV	boundary support vector	边界支持向量
CAM	content-addressable memory	内容可寻址存储器
CCL	cone cluster labeling	圆锥簇标定
CDIF	cumulative DIF, ference histogram	累积差值直方图法
CF	carrier frequency	载波频率(载频)
CFAR	constant false-alarm rate	恒虚警
CG	complete graph	完全图
CON	common	常规信号
CPF	cubic phase function	三次相位函数
CPU	central processing unit	中央处理器
CS	compressive sensing	压缩感知
DBC	double centroids	双质心
DCM	digital clock manager	数字时钟管理器

续表

缩略语	英文全称	中文含义
DCT	discrete cosine transform	离散余弦变换
DLVA	detection logarithmic video amplifier	检波对数视频放大器
DOA	direction of arrival	到达方向
DSP	digital signal processor	数字信号处理器
DTOA	difference of TOA	到达时间差
ECCM	electronic counter-counter measures	电子抗干扰措施
EDMA	enhanced direct memory access	增强型直接内存存取
EMIF	external memory interface	外部存储器接口
ESM	electronic support measures	电子支援措施
Fast ICA	fast independent component analysis	快速独立分量分析
FCM	fuzzy C-means	模糊C均值
FFT	fast fourier transform	快速傅里叶变换
FIFO	first input first output	先进先出存储器
FPGA	field programmable gate array	现场可编程逻辑门阵列
FSK	frequency shift keying	频移键控、频率编码
HPI	host port interface	主机接口
ICA	independent component analysis	独立分量分析
IFFT	inverse fast fourier transform	快速傅里叶逆变换
IFM	instantaneous frequency measurement	瞬时频率测量
Informax	information maximum	信息最大化
ISEP	improved stable equilibrium point	改进稳定平衡点
KKT	karush-kuhn-tucker	KKT互补条件
K-NN	K nearest neighbor	K最近邻
K-SVD	K-means singular value decomposition	K-means奇异值分解
LCL	linear cluster labeling	线性簇标定
LFM	linear frequency modulation	线性调频
LPI	low probability of intercept	低截获概率
MIMD	multiple instruction multiple data	多指令多数据
ML	maximum likelihood	最大似然

缩略语	英文全称	中文含义
MMI	minimal mutual information	互信息最小
MOG	mixture of gaussian	混合高斯函数
MP	matching pursuit	匹配追踪
MST	minimum spanning tree	最小生成树
MTI	moving target indication	动目标指示
NBSS	normal blind source separation	正定盲源分离
NLFM	nonlinear frequency modulation	非线性调频
OBSS	overdetermined blind source separation	超定盲源分离
OMP	orthogonal matching pursuit	正交匹配追踪
PA	pulse amplitude	脉冲幅度（脉幅）
PCA	principal component analysis	主分量分析
PD	phase difference	相位差
PDF	probability density function	概率密度函数
PDW	pulse descriptor word	脉冲描述字
PG	proximity graph	邻接图
PI	performance index	性能指数
PLL	phase-locked loop	锁相环
PMCD	phase-matched clock divider	相位匹配时钟分频器
PPS	polynomial phase signal	多项式相位信号
PRGI	pulse repetition group interval	脉冲群重复间隔
PRI	pulse repetition interval	脉冲重复间隔
PSK	phase shift keying	相移键控、相位编码
PW	pulse width	脉冲宽度（脉宽）
QPSK	quadrature phase shift keying	四相相移键控
RAM	random access memory	随机存取存储器
RCS	radar cross section	雷达散射面积
RISC	reduced instruction set computing	精简指令集
SAMP	sparsity adaptive MP	疏度自适应匹配追踪
SCA	sparse component analysis	稀疏分量分析

续表

缩略语	英文全称	中文含义
SDIF	sequential DIFference histogram	序列差值直方图法
SDRAM	synchronous dynamic random-access memory	同步动态随机存取内存
SEI	specific emitter identification	个体辐射源识别
SEP	stable equilibrium point	稳定平衡点
SL0	smoothed L0-norm	平滑 L0 范数算法
SNR	signal noise ratio	信噪比
SSP	single source point	单个源点
STFT	short-time fourier transform	短时傅里叶变换
SV	support vector	支持向量
SVG	support vector graph	支持向量图
TBP	time-bandwidth product	时宽带宽积
TOA	time of arrival	到达时间
TOE	time of end	结束时间
TTP	TOA to PRI	重复周期变换
UBSS	underdetermined blind source separation	欠定盲源分离
UMOP	unmeant modulation of pulse	脉内无意调制
VLIW	very long instruction word	超长指令字
WT	wavelet transform	小波变换
WVD	wigner-ville distibution	维格纳-威利分布

参考文献

[1] 司锡才,赵建民.宽频带反辐射导弹导引头技术基础[M].哈尔滨:哈尔滨工程大学出版社,1996.

[2] 何明浩,韩俊.现代雷达辐射源信号分选与识别[M].北京:科学出版社,2016.

[3] 吴惟诚,潘继飞,杨丽.雷达信号分选技术研究综述[J].飞航导弹,2016,(12):71-76.

[4] 杨学永,宋国栋,钱轶,等.现代雷达信号分选跟踪的几种方法[J].现代雷达,2014,36(03):43-48.

[5] DAVIES C, HOLLANDS P. Automatic processing for ESM [J]. IEE Proceedings F (Communications, Radar and Signal Processing), 1982, 129(3): 164-171.

[6] SAPERSTEIN S, CAMPBELL J W. Signal recognition in a complex radar environment [J]. Electronic, Electro-Optic and Infrared Countermeasures, 1977, 3:31-40.

[7] 上官晋太,杨绍全,王大林,等.高密度信号重频分选的若干问题研究[J].山西师范大学学报(自然科学版),2001,(02):23-27.

[8] ROGERS J A V. ESM processor system for high pulse density radar environments [J]. IEE Proceedings F - Communications, Radar and Signal Processing, 1985, 132(7): 621-625.

[9] MARDIA H K. New techniques for the deinterleaving of repetitive sequences [J]. IEE Proceedings F - Radar and Signal Processing, 1989, 136(4): 149-154.

[10] MILOJEVIC D J, POPOVIC B M. Improved algorithm for the deinterleaving of radar pulses [J]. IEE Proceedings F - Radar and Signal Processing, 1992, 139(1): 98-104.

[11] 赵长虹,赵国庆.一种新的重频分选检测阈值选择算法[J].现代雷达,2003,(08):30-33.

[12] MANICKCHAND K, STRYDOM J J, MISHRA A K. Comparative study of TOA based emitter deinterleaving and tracking algorithms [A]. 2017 IEEE AFRICON [C]. Cape Town, South Africa: IEEE, 2017.

[13] LIU Y, ZHANG Q. Improved method for deinterleaving radar signals and estimating PRI values [J]. IET Radar, Sonar & Navigation, 2018, 12(5): 506-514.

[14] XI Y, WU Y, WU X, et al. An improved SDIF algorithm for anti-radiation radar using dynamic sequence search [A]. 2017 36th Chinese Control Conference (CCC) [C]. Dalian, China: IEEE, 2017.

[15] 安琪,李勇华,杨建文,等.基于改进SDIF算法的雷达脉冲信号分选技术研究[J].火力与指挥控制,2018,43(07):42-46.

[16] 龚剑扬,詹磊,司锡才.一种改进的雷达脉冲分选算法[J].应用科技,2001,(08):14-15+18.

[17] 刘孟红,吕镜清,罗懋康.基于双参数可变阈值的雷达脉冲分选算法[J].电子信息对抗技术,2007,(04):5-8+27.

[18] 王石记,司锡才.雷达信号分选新算法研究[J].系统工程与电子技术,2003,(09):1079-1083.

[19] 赵长虹,赵国庆,刘东霞.对参差脉冲重复间隔脉冲列的重频分选[J].西安电子科技大学学报,2003,(03):381-385.

[20] NISHIGUCHI K. A new method for estimation of pulse repetition intervals[A]. National convention record of iece of japan[C]. Japan：IECE, 1983.

[21] NISHIGUCHI K, KOBAYASHI M. Improved algorithm for estimating pulse repetition intervals [J]. IEEE Transactions on Aerospace and Electronic Systems, 2000, 36(2)：407-421.

[22] 王兴颖, 杨绍全. 基于脉冲重复间隔变换的脉冲重复间隔估计[J]. 西安电子科技大学学报, 2002, (03)：355-359.

[23] 陈国海. 基于脉冲序列间隔变换的重复周期分选方法[J]. 雷达与对抗, 2006, (01)：52-54.

[24] 杨文华, 高梅国. 基于PRI的雷达脉冲序列分选方法[J]. 现代雷达, 2005, (03)：50-52+59.

[25] 姜勤波, 马红光, 杨利锋. 脉冲重复间隔估计与去交织的方正弦波插值算法[J]. 电子与信息学报, 2007, (02)：350-354.

[26] 李杨寰, 初翠强, 徐晖, 等. 一种新的脉冲重复频率估计方法[J]. 电子信息对抗技术, 2007, (02)：18-22.

[27] 安振, 李运祯. PRI变换对脉冲雷达信号PRI检测的性能分析[J]. 现代雷达, 2007, (02)：35-37.

[28] 马晓东. 雷达信号分选算法研究及硬件设计实现[D]. 哈尔滨：哈尔滨工程大学, 2008.

[29] MAHDAVI A, PEZESHK A M. A Fast Enhanced Algorithm of PRI Transform[A]. 2011 Sixth International Symposium on Parallel Computing in Electrical Engineering[C]. Luton, UK：IEEE, 2011.

[30] 李睿, 李相平, 李尚生, 等. 反舰导弹被动雷达导引头信号分选算法研究[J]. 舰船电子工程, 2014, 34(01)：41-43.

[31] 朱文贵, 刘凯, 韩嘉宾. 基于PRI变换的混叠LFM雷达信号分选[J]. 雷达科学与技术, 2016, 14(06)：630-634.

[32] 陈涛, 王天航, 郭立民. 基于PRI变换的雷达脉冲序列搜索方法[J]. 系统工程与电子技术, 2017, 39(06)：1261-1267.

[33] 关欣, 朱杭平. 基于序列时延相关性的PRI变换改进算法[J]. 雷达科学与技术, 2018, 16(01)：49-54.

[34] XI Y, WU X, WU Y, et al. A Fast and Real-time PRI Transform Algorithm for Deinterleaving Large PRI Jitter Signals[A]. 2018 37th Chinese Control Conference (CCC)[C]. Wuhan, China：IEEE, 2018.

[35] 赵仁健, 龙德浩, 熊平, 等. 密集信号分选的平面变换技术[J]. 电子学报, 1998, (01)：77-82.

[36] 赵仁健, 熊平, 陈元亨, 等. 信号平面变换中伪特征曲线的产生原理及解决途径[J]. 电子学报, 1997, (04)：28-32.

[37] 孟建, 胡来招. 用于信号处理的重复周期变换[J]. 电子对抗技术, 1998, (01)：1-7.

[38] 樊甫华, 张万军, 谭营. 基于累积变换的周期性对称调制模式的快速自动搜索算法[J]. 电子学报, 2005, (07)：1266-1270.

[39] 刘鑫, 司锡才. 基于平面变换的雷达脉冲信号分选算法[J]. 应用科技, 2008, (10)：12-16.

［40］张西托,饶伟,杨泽刚,等.平面变换技术脉冲分选自动实现方法［J］.数据采集与处理,2012,27(04):495-500.

［41］HANNA C A. The associative comparator: adds new capabilities to ESM signal processing［J］. Defense Electronics, 1984, 2: 51-54.

［42］KOHONEN T. Content-addressable memories［M］. Springer Science & Business Media, 1980.

［43］WILKINSON D R, WATSON A W. Use of metric techniques in ESM data processing［J］. IEE Proceedings F - Communications, Radar and Signal Processing, 1985, 132(4): 229-232.

［44］MARDIA H K. Adaptive multidimensional clustering for ESM［A］. IEE Colloquium on Signal Processing for ESM Systems［C］. London, UK: IET, 1988.

［45］才军,高纪明,赵建民.FPGA和CPLD在雷达信号分选预处理器中的应用［J］.系统工程与电子技术,2001,(10):22-24+102.

［46］徐欣.雷达截获系统实时脉冲列去交错技术研究［D］.长沙:国防科学技术大学,2001.

［47］徐欣,周一宇,卢启中.雷达截获系统实时信号分选处理技术研究［J］.系统工程与电子技术,2001,(03):12-15.

［48］徐欣,冯道旺,周一宇,等.基于CAM的实时脉冲去交错方法研究［J］.电路与系统学报,2001,(03):94-98.

［49］徐海源,周一宇.基于FPGA的雷达信号实时预分选方法［J］.电子对抗技术,2004,(01):14-17.

［50］汪飞,刘建锋.编队雷达的脉冲重复间隔低分选设计［J］.信息技术,2019,(03):14-18+23.

［51］张保群.一种抗SDIF分选的脉冲重复间隔参差设计方法［J］.兵器装备工程学报,2016,37(09):87-91+114.

［52］周文辉.未知雷达辐射源信号分选方法研究［D］.西安:西安电子科技大学,2015.

［53］林象平.雷达对抗原理［M］.西安:西北电讯工程学院出版社,1985.

［54］黄高明,杨绿溪.基于盲信号抽取的雷达信号分选技术研究［J］.无线电工程,2004,(08):30-32+38.

［55］JUTTEN C, HERAULT J. Blind separation of sources, part I: An adaptive algorithm based on neuromimetic architecture［J］. Signal processing, 1991, 24(1): 1-10.

［56］COMON P. Independent component analysis, a new concept?［J］. Signal processing, 1994, 36(3): 287-314.

［57］BELL A J, SEJNOWSKI T J. An Information-Maximization Approach to Blind Separation and Blind Deconvolution［J］. Neural Computation, 1995, 7(6): 1129-1159.

［58］CARDOSO J. Blind signal separation: statistical principles［J］. Proceedings of the IEEE, 1998, 86(10): 2009-2025.

［59］LEE T W, BELL A J and LAMBERT R. Blind Separation of delayed and convolved sources［J］. In advances in Neural Information Processing System 9, MIT Press, Cambridge, 1995.

［60］YANG H H, AMARI S-I. Adaptive online learning algorithms for blind separation: maximum entropy and minimum mutual information［J］. Neural computation, 1997, 9(7): 1457-1482.

［61］AMARI S, CICHOCKI A. Adaptive blind signal processing-neural network approaches［J］. Proceedings of the IEEE, 1998, 86(10): 2026-2048.

[62] 冯大政, 保铮, 张贤达. 信号盲分离问题多阶段分解算法[J]. 自然科学进展, 2002, (03): 102-106.

[63] 刘琚, 何振亚. 盲源分离和盲反卷积[J]. 电子学报, 2002, (04): 570-576.

[64] 张贤达, 保铮. 盲信号分离[J]. 电子学报, 2001, (S1): 1766-1771.

[65] 张贤达, 保铮. 通信信号处理[M]. 北京: 国防工业出版社, 2000.

[66] XU X-F, DUAN C-D, LIU L-J, et al. A multi-stage algorithm for blind source separation[J]. Optik, 2016, 127(7): 3655-3659.

[67] 陈一飞. 盲源分离在雷达侦察中的应用[D]. 西安: 西安电子科技大学, 2017.

[68] 郭凌飞. 欠定盲源分离精度优化算法研究[D]. 哈尔滨: 哈尔滨工程大学, 2019.

[69] 国强, 余华东. 基于改进谱聚类的雷达信号欠定盲源分离算法[J]. 无线电工程, 2019, 49(09): 753-758.

[70] 蒋海荣, 张玉, 冉金和. 一种基于盲源分离的MIMO雷达侦察识别方法[J]. 电光与控制, 2013, 20(12): 46-50.

[71] 王川川. 电子侦察环境中信号盲源分离仿真研究[A]. 中国高科技产业化研究会智能信息处理产业化分会. 第十届全国信号和智能信息处理与应用学术会议专刊[C]. 中国高科技产业化研究会智能信息处理产业化分会: 中国高科技产业化研究会, 2016:6.

[72] 杨康, 李迪, 陆志宏, 等. 基于盲源分离的雷达信号分选方法[J]. 舰船电子对抗, 2013, 36(05): 65-68.

[73] 余华东. 基于稀疏分量分析的雷达信号欠定盲源分离方法研究[D]. 哈尔滨: 哈尔滨工程大学, 2019.

[74] SHA Z, HUANG Z, ZHOU Y, et al. Frequency-hopping signals sorting based on underdetermined blind source separation[J]. IET Communications, 2013, 7(14): 1456-1464.

[75] SHUANGCAI L, YING X, HAO C, et al. An algorithm of radar deception jamming suppression based on blind signal separation[A]. 2011 International Conference on Computational Problem-Solving (ICCP)[C]. Chengdu, China: IEEE, 2011.

[76] 穆世强. 雷达信号脉内细微特征分析[J]. 电子对抗技术, 1991, (02): 28-37.

[77] 曲长文, 乔治国. 雷达信号脉内特征的小波分析[J]. 上海航天, 1996, (05): 15-19.

[78] 魏东升, 巫胜洪, 唐斌. 雷达信号脉内细微特征的研究[J]. 舰船科学技术, 1994, (03): 23-30.

[79] DELPRAT N, ESCUDIE B, GUILLEMAIN P, et al. Asymptotic wavelet and Gabor analysis: extraction of instantaneous frequencies[J]. IEEE Transactions on Information Theory, 1992, 38(2): 644-664.

[80] MORAITAKIS I, FARGUES M P. Feature extraction of intra-pulse modulated signals using time-frequency analysis[A]. MILCOM 2000 Proceedings 21st Century Military Communications Architectures and Technologies for Information Superiority (Cat No00CH37155)[C]. Los Angeles, CA, USA: IEEE, 2000.

[81] LOPEZ-RISUENO G, GRAJAL J, SANZ-OSORIO A. Digital channelized receiver based on time-frequency analysis for signal interception[J]. IEEE Transactions on Aerospace and Electronic Systems, 2005, 41(3): 879-898.

[82] 巫胜洪. 雷达脉内特征提取方法的研究[J]. 舰船电子对抗, 2002, (01): 25-28.

[83] 黄知涛,周一宇,姜文利.基于相对无模糊相位重构的自动脉内调制特性分析[J].通信学报,2003,(04):153-160.

[84] 魏跃敏,黄知涛,王丰华,等.基于单脉冲相关积累的PSK信号相位编码调制规律分析[J].信号处理,2006,(02):281-284.

[85] 毕大平,董晖,姜秋喜.基于瞬时频率的脉内调制识别技术[J].电子对抗技术,2005,(02):6-9+13.

[86] 张葛祥.雷达辐射源信号智能识别方法研究[D].成都:西南交通大学,2005.

[87] 陈韬伟.基于脉内特征的雷达辐射源信号分选技术研究[D].成都:西南交通大学,2010.

[88] 余志斌.基于脉内特征的雷达辐射源信号识别研究[D].成都:西南交通大学,2010.

[89] 刘琼琪.电磁环境监测系统中基于DSP的脉冲细微特征提取[D].北京:北京理工大学,2014.

[90] 朱斌.雷达辐射源信号特征提取与评价方法研究[D].成都:西南交通大学,2015.

[91] 刘凯,韩嘉宾,黄青华.基于改进相像系数和奇异谱熵的雷达信号分选[J].现代雷达,2015,37(09):80-85.

[92] KAWALEC A, OWCZAREK R. Radar emitter recognition using intrapulse data[A]. 15th International Conference on Microwaves, Radar and Wireless Communications (IEEE Cat No04EX824)[C]. Warsaw, Poland, Poland: IEEE, 2004.

[93] KAWALEC A, OWCZAREK R. Specific emitter identification using intrapulse data[A]. First European Radar Conference, 2004 EURAD[C]. Amsterdam, The Netherlands, The Netherlands: IEEE, 2004.

[94] 张国柱.雷达辐射源识别技术研究[D].长沙:国防科学技术大学,2005.

[95] 张国柱,黄可生,姜文利,等.基于信号包络的辐射源细微特征提取方法[J].系统工程与电子技术,2006,(06):795-797+936.

[96] 柳征,姜文利,周一宇.基于小波包变换的辐射源信号识别[J].信号处理,2005,(05):460-464.

[97] 普运伟,马蓝宇,郭媛蒲,等.基于先验信息库的多源混合信号快速识别模型[J].西北大学学报(自然科学版),2019,49(04):588-596.

[98] 范明,范宏建.数据挖掘导论[M].北京:人民邮电出版社,2006,

[99] 平源.基于支持向量机的聚类及文本分类研究[D].北京:北京邮电大学,2012.

[100] TAX D M J, DUIN R P W. Support vector domain description[J]. Pattern Recognition Letters, 1999, 20(11): 1191-1199.

[101] 高茂庭.文本聚类分析若干问题研究[D].天津:天津大学,2007.

[102] MAHALANOBIS P C. On the generalized distance in statistics[J]. Proceedings of National Institute of Sciences (India), 1936, 2(1): 49-55.

[103] PSORAKIS I, DAMOULAS T, GIROLAMI M A. Multiclass Relevance Vector Machines: Sparsity and Accuracy[J]. IEEE Transactions on Neural Networks, 2010, 21(10): 1588-1598.

[104] MACQUEEN J. Some methods for classification and analysis of multivariate observations[A]. Proceedings of the fifth Berkeley symposium on mathematical statistics and probability[C]. Oakland, CA, USA: University of California Press, 1967.

［105］赵贵喜，骆鲁秦，陈彬. 基于蚁群算法的 K-Means 聚类雷达信号分选算法［J］. 雷达科学与技术，2009，7（02）：142-146.

［106］张万军，樊甫华，谭营. 聚类方法在雷达信号分选中的应用［J］. 雷达科学与技术，2004，（04）：219-223.

［107］贾可新，何子述. 一种基于改进 K 均值算法的跳频信号分选方法［J］. 计算机应用研究，2011，28（06）：2333-2335.

［108］孙鑫，侯慧群，杨承志. 基于改进 K-均值算法的未知雷达信号分选［J］. 现代电子技术，2010，33（17）：91-93+96.

［109］聂晓伟. 基于 K-Means 算法的雷达信号预分选方法［J］. 电子科技，2013，26（11）：55-58.

［110］BEZDEK J C. Pattern recognition with fuzzy objective function algorithms［M］. Springer Science & Business Media，2013.

［111］张敏，于剑. 基于划分的模糊聚类算法［J］. 软件学报，2004，（06）：858-868.

［112］邓湖明，胡敏，黄波. 多通道 FCM 信号分选算法研究［J］. 电子科技，2014，27（09）：21-24.

［113］贺宏洲，景占荣，徐振华. 雷达信号的模糊聚类分选方法［J］. 航空计算技术，2008，（05）：21-24.

［114］刘旭波，司锡才. 基于改进的模糊聚类的雷达信号分选［J］. 弹箭与制导学报，2009，29（05）：278-282.

［115］尹亮，潘继飞，姜秋喜. 基于模糊聚类的雷达信号分选［J］. 火力与指挥控制，2014，39（02）：52-54+57.

［116］徐启凤，司伟建，曲志昱. 基于相似聚类的雷达信号跟踪方法［J］. 应用科技，2016，43（01）：27-29+50.

［117］WANG J，HOU C，QU F. Multi-threshold fuzzy clustering sorting algorithm［A］. 2017 Progress In Electromagnetics Research Symposium – Spring（PIERS）［C］. St. Petersburg，Russia：IEEE，2017.

［118］盛阳. 被动雷达导引头信号分选算法研究［D］. 哈尔滨：哈尔滨工程大学，2018.

［119］徐启凤. 复杂环境下雷达辐射源快速分选算法研究［D］. 哈尔滨：哈尔滨工程大学，2017.

［120］张悦，司伟建. 基于并查集的低复杂度模糊聚类信号分选算法［J］. 电波科学学报，2021，36（05）：797-806.

［121］国强. 复杂环境下未知雷达辐射源信号分选的理论研究［D］. 哈尔滨：哈尔滨工程大学，2007.

［122］国强，王常虹，郭立民，等. 分段聚类在雷达信号分选中的应用［J］. 北京邮电大学学报，2008，（02）：132-136.

［123］国强，王常虹，李峥. 支持向量聚类联合类型熵识别的雷达信号分选方法［J］. 西安交通大学学报，2010，44（08）：63-67.

［124］王世强，张登福，毕笃彦，等. 基于快速支持向量聚类和相似熵的多参雷达信号分选方法［J］. 电子与信息学报，2011，33（11）：2735-2741.

［125］王世强，张登福，毕笃彦，等. 一种低复杂度的雷达信号分选方法［J］. 西安电子科技大

学学报, 2011, 38(04): 148-153.

[126] 王嘉慰. 多参数聚类雷达信号分选技术研究[D]. 哈尔滨: 哈尔滨工程大学, 2019.

[127] 赵贵喜, 骆鲁秦, 陈彬. 基于改进的蚁群聚类雷达信号分选算法研究[J]. 电子信息对抗技术, 2009, 24(02): 27-30+40.

[128] 赵贵喜, 王岩, 于冰, 等. 基于人工鱼群聚类的雷达信号分选算法[J]. 雷达科学与技术, 2013, 11(04): 375-378+384.

[129] 陈彬, 骆鲁秦, 王岩. 基于粒子群聚类算法的雷达信号分选[J]. 航天电子对抗, 2009, 25(05): 25-28.

[130] 张中山, 贾可新. 粒子群优化模糊聚类在信号分选中的应用[J]. 舰船电子对抗, 2013, 36(03): 85-87.

[131] 冯明月, 何明浩, 王冰切. 基因表达式编程和K-Means融合的雷达信号分选[J]. 雷达科学与技术, 2013, 11(02): 150-154.

[132] AGRAWAL R, GEHRKE J E, GUNOPULOS D, et al. Automatic subspace clustering of high dimensional data for data mining applications[P]. US Patents: US006003029A, 1999-12-14.

[133] SHEIKHOLESLAMI G, CHATTERJEE S, ZHANG A. Wavecluster: A multi-resolution clustering approach for very large spatial databases[A]. VLDB[C]. San Francisco, CA, USA: Morgan Kaufmann Publishers Inc, 1998.

[134] WANG W, YANG J, MUNTZ R. STING: A statistical information grid approach to spatial data mining[A]. VLDB[C]. San Francisco, CA, USA: Morgan Kaufmann Publishers Inc, 1997.

[135] 向娴, 汤建龙. 一种基于网格密度聚类的雷达信号分选[J]. 火控雷达技术, 2010, 39(04): 67-72.

[136] 李星雨, 杨承志, 曲文韬, 等. 基于自适应网格密度聚类的雷达信号分选算法[J]. 航天电子对抗, 2013, 29(02): 50-53.

[137] 王军, 张冰. 基于动态网格密度聚类的雷达信号分选算法[J]. 现代电子技术, 2013, 36(21): 1-4.

[138] 吴连慧, 周秀珍, 宋新超. 基于改进OPTICS聚类的雷达信号预分选方法[J]. 舰船电子对抗, 2018, 41(06): 95-99.

[139] 冯鑫, 胡晓曦, 匡银. 基于数据场的多模雷达信号分选算法[J]. 电子设计工程, 2018, 26(23): 139-142.

[140] ANDERSON J A, GATELY M T, PENZ P A, et al. Radar signal categorization using a neural network[J]. Proceedings of the IEEE, 1990, 78(10): 1646-1657.

[141] 赵国庆. 雷达侦察信号的预处理[J]. 电子对抗, 1996, (1): 23-33.

[142] ROE J, CUSSONS S, FELTHAM A. Knowledge-based signal processing for radar ESM systems[J]. IEE Proceedings F - Radar and Signal Processing, 1990, 137(5): 293-301.

[143] 何明浩. 雷达对抗信息处理[M]. 北京: 清华大学出版社, 2010.

[144] VOLDER J E. The CORDIC Trigonometric Computing Technique[J]. IRE Transactions on Electronic Computers, 1959, EC-8(3): 330-334.

[145] 胡来招. 平面变换用于复杂环境的信号处理[M]. 北京: 电子工业出版社, 1995.

[146] 赵仁健, 熊平, 倪明. 密集信号分选平面变换技术的多义性分析[J]. 四川大学学报(自

然科学版),1997,(02):61-66.

[147] 赵仁健,熊平,倪明.大脉冲重复周期调幅信号的压缩平面变换技术[J].四川大学学报(自然科学版),1997,(02):56-60.

[148] 杨文华,高梅国.基于平面变换技术的脉冲信号分选[J].北京理工大学学报,2005,(02):151-154.

[149] XU L, OJA E. Randomized Hough Transform (RHT): Basic Mechanisms, Algorithms, and Computational Complexities [J]. CVGIP: Image Understanding, 1993, 57(2): 131-154.

[150] XU L, OJA E, KULTANEN P. A new curve detection method: Randomized Hough transform (RHT) [J]. Pattern Recognition Letters, 1990, 11(5): 331-338.

[151] 张君.宽带雷达信号的脉内调制类型分析工程化算法研究[D].长沙:国防科学技术大学,2011.

[152] 李利.脉压雷达信号的识别和估计算法研究及其实现[D].哈尔滨:哈尔滨工程大学,2009.

[153] 蒋润良.相位编码雷达信号处理及其应用研究[D].南京:南京理工大学,2003.

[154] 张群逸.雷达中的相位编码信号与处理[J].火控雷达技术,2005,(04):29-32.

[155] 张华.低信噪比下线性调频信号的检测与参量估计研究[D].成都:电子科技大学,2004.

[156] 刘庆云.确定性时变信号的分析与处理方法研究[D].西安:西北工业大学,2004.

[157] 张葛祥,金炜东,胡来招.基于相像系数的雷达辐射源信号特征选择[J].信号处理,2005,(06):663-667.

[158] 邓振淼,刘渝,杨姗姗.多相码雷达信号调制方式识别[J].数据采集与处理,2008,(03):265-269.

[159] 李利,司锡才,柴娟芳,等.基于重排小波-Radon变换的LFM雷达信号参数估计[J].系统工程与电子技术,2009,31(01):74-77.

[160] MALLAT S. A wavelet tour of signal processing [M]. New York Elsevier, 1999.

[161] 孙延奎.小波分析及其工程应用[M].北京:机械工业出版社,2009.

[162] 简涛,何友,苏峰,等.奇异信号消噪中小波消失矩的选取[J].雷达科学与技术,2006,(01):31-35.

[163] 杨福生.小波变换的工程分析与应用[M].北京:科学出版社,2001.

[164] 陈逢时.子波变换理论及其在信号处理中的应用[M].北京:国防工业出版社,1998.

[165] 张华娣,赵国庆.低信噪比的相位编码信号细微特征检测方法[J].现代雷达,2005,(09):40-43+47.

[166] DONOHO D L. De-noising by soft-thresholding [J]. IEEE Transactions on Information Theory, 1995, 41(3): 613-627.

[167] JOHNSTONE I M, SILVERMAN B W. Wavelet threshold estimators for data with correlated noise [J]. Journal of the royal statistical society: series B (statistical methodology), 1997, 59(2): 319-351.

[168] CHAN Y T, PLEWS J W, HO K C. Symbol rate estimation by the wavelet transform[A]. Proceedings of 1997 IEEE International Symposium on Circuits and Systems Circuits and Systems in the Information Age ISCAS '97[C]. Hong Kong, China IEEE, 1997.

[169] 纪勇,徐佩霞. 基于小波变换的数字信号符号率估计[J]. 电路与系统学报, 2003, (01): 12-15.

[170] 邓振淼. 多尺度 Haar 小波 MPSK 信号码速率盲估计[A]. 中国航空学会信号与信息处理专业分会、中国电子学会 DSP 应用专家委员会. 全国第十届信号与信息处理、第四届 DSP 应用技术联合学术会议论文集[C]. 中国航空学会信号与信息处理专业分会、中国电子学会 DSP 应用专家委员会: 中国航空学会, 2006.

[171] 朱晓. 新型宽带数字接收机及脉冲压缩雷达信号参数估计算法研究[D]. 哈尔滨: 哈尔滨工程大学, 2008.

[172] 米胜男. 雷达信号脉内调制类型识别研究与实现[D]. 哈尔滨: 哈尔滨工程大学, 2017.

[173] 毛校洁. 雷达信号脉内调制类型识别方法研究[D]. 哈尔滨: 哈尔滨工程大学, 2019.

[174] 蒋鹏. 雷达信号细微特征分析与识别[D]. 哈尔滨: 哈尔滨工程大学, 2012.

[175] 刘东霞. 脉内调制信号的分析与自动识别[D]. 西安: 西安电子科技大学, 2003.

[176] 袁海璐. 基于时频分析的雷达辐射源信号识别技术研究[D]. 西安: 西安电子科技大学, 2014.

[177] 朱明. 复杂体制雷达辐射源信号时频原子特征研究[D]. 成都: 西南交通大学, 2008.

[178] 柴娟芳. 复杂环境下雷达信号的分选识别技术研究[D]. 哈尔滨: 哈尔滨工程大学, 2009.

[179] 李小军,朱孝龙,张贤达. 盲信号分离研究分类与展望[J]. 西安电子科技大学学报, 2004, (03): 399-404.

[180] 刘必鎏,高勇,张磊. 复杂电磁环境下的雷达信号分选方法[J]. 航天电子对抗, 2011, 27(05): 26-28.

[181] 孙洪,安黄彬. 一种基于盲源分离的雷达信号分选方法[J]. 现代雷达, 2006, (03): 47-50.

[182] 王川川,曾勇虎. 欠定盲源分离算法的研究现状及展望[J]. 北京邮电大学学报, 2018, 41(06): 103-109.

[183] 李广彪. 基于盲解卷的雷达信号分选[J]. 航天电子对抗, 2005, (06): 32-35.

[184] 王晓燕. 基于盲信源分离技术的雷达信号分选研究[J]. 电子对抗, 2005, (5): 6-10.

[185] ARBERET S, GRIBONVAL R, BIMBOT F. A Robust Method to Count and Locate Audio Sources in a Multichannel Underdetermined Mixture [J]. IEEE Transactions on Signal Processing, 2010, 58(1): 121-133.

[186] KIM S, YOO C D. Underdetermined Blind Source Separation Based on Subspace Representation [J]. IEEE Transactions on Signal Processing, 2009, 57(7): 2604-2614.

[187] DONG T, LEI Y, YANG J. An algorithm for underdetermined mixing matrix estimation [J]. Neurocomputing, 2013, 104: 26-34.

[188] XU J-D, YU X-C, HU D, et al. A fast mixing matrix estimation method in the wavelet domain [J]. Signal Processing, 2014, 95: 58-66.

[189] 张发启,张斌,张喜斌. 盲信号处理及应用[M]. 西安: 西安电子科技大学出版社, 2006.

[190] 马建仓,牛奕龙,陈海洋. 盲信号处理[M]. 北京: 国防工业出版社, 2006.

[191] MOHIMANI H, BABAIE-ZADEH M, JUTTEN C. A Fast Approach for Overcomplete Sparse

Decomposition Based on Smoothed l0 Norm［J］.IEEE Transactions on Signal Processing, 2009, 57(1): 289-301.

[192] 范明, 范宏建. 数据挖掘导论［M］.北京: 人民邮电出版社, 2006.

[193] HYVARINEN A. Fast and robust fixed-point algorithms for independent component analysis［J］.IEEE Transactions on Neural Networks, 1999, 10(3): 626-634.

[194] HYVäRINEN A, OJA E. A Fast Fixed-Point Algorithm for Independent Component Analysis［J］. Neural Computation, 1997, 9(7): 1483-1492.

[195] HYVäRINEN A, OJA E. Independent component analysis: algorithms and applications［J］. Neural Networks, 2000, 13(4): 411-430.

[196] 杨福生. 独立分量分析的原理与应用［M］.北京: 清华大学出版社, 2006.

[197] STONE J V. Blind Source Separation Using Temporal Predictability［J］.Neural Computation, 2001, 13(7): 1559-1574.

[198] CHEUNG Y-M, LIU H-L. A new approach to blind source separation with global optimal property［A］. Proceedings of the IASTED International Conference on Neural Networks and Computational Intelligence(NCI)［C］. Grindelwald, Switzerland: ACTA Press, 2004.

[199] LIU H, CHEUNG Y. A learning framework for blind source separation using generalized eigenvalues［A］. International Symposium on Neural Networks［C］. Chongqing, China: Springer, Berlin, Heidelberg, 2005.

[200] 刘海林. 基于广义特征值的病态混叠盲源分离算法［J］.电子学报, 2006, (11): 2072-2075.

[201] LEE T-W, GIROLAMI M, SEJNOWSKI T J. Independent component analysis using an extended infomax algorithm for mixed subgaussian and supergaussian sources［J］.Neural computation, 1999, 11(2): 417-441.

[202] 牛龙, 马建仓, 王毅, 等. 一种新的基于峰度的盲源分离开关算法［J］.系统仿真学报, 2005, (01): 185-188+206.

[203] 杨行峻, 郑君里. 人工神经网络与盲信号处理［M］.北京: 清华大学出版社, 2003.

[204] FANG B, HUANG G, GAO J. Underdetermined blind source separation for LFM radar signal based on compressive sensing［A］. 2013 25th Chinese Control and Decision Conference (CCDC)［C］. Guiyang, China: IEEE, 2013.

[205] SUN T, LAN L, LIU C, et al. Mixing matrix identification for underdetermined blind signal separation: Using hough transform and fuzzy K-means clustering［A］. 2009 IEEE International Conference on Systems, Man and Cybernetics［C］. San Antonio, TX, USA: IEEE, 2009.

[206] TAN B, YANG Z, ZHANG Y. An Underdetermined Blind Separation Algorithm Based on Fuzzy Clustering［A］. 2008 3rd International Conference on Innovative Computing Information and Control［C］. Dalian, Liaoning, China: IEEE, 2008.

[207] WANG H, WU Z, RAHNAMAYAN S, et al. Multi-strategy ensemble artificial bee colony algorithm［J］. Information Sciences, 2014, 279: 587-603.

[208] OZTURK C, HANCER E, KARABOGA D. Improved clustering criterion for image clustering with artificial bee colony algorithm［J］. Pattern Analysis and Applications, 2015, 18(3): 587-599.

[209] NGAN S-C. A unified representation of intuitionistic fuzzy sets, hesitant fuzzy sets and generalized hesitant fuzzy sets based on their u-maps [J]. Expert Systems with Applications, 2017, 69: 257-276.

[210] 高新波. 模糊聚类分析及其应用 [M]. 西安：西安电子科技大学出版社, 2004.

[211] VINAY KUMAR S, RAO P. Interactive self improvement based adaptive particle swarm optimization [J]. New Review of Information Networking, 2017, 22(1): 13-33.

[212] REJU V G, KOH S N, SOON I Y. An algorithm for mixing matrix estimation in instantaneous blind source separation [J]. Signal Processing, 2009, 89(9): 1762-1773.

[213] SUN J, LI Y, WEN J, et al. Novel mixing matrix estimation approach in underdetermined blind source separation [J]. Neurocomputing, 2016, 173: 623-632.

[214] 章永来, 周耀鉴. 聚类算法综述 [J]. 计算机应用, 2019, 39(07): 1869-1882.

[215] 李世中, 吉小军, 朱苏磊. 熵值分析法在特征提取中的应用研究 [J]. 华北工学院学报, 1999, (03): 278-281.

[216] 张兴华. 模糊聚类分析的新算法 [J]. 数学的实践与认识, 2005, (03): 138-141.

[217] KOHONEN T. The self-organizing map [J]. Proceedings of the IEEE, 1990, 78(9): 1464-1480.

[218] 赵德滨, 宋利利, 闫纪红. 基于模糊聚类分析的特征识别方法及其应用 [J]. 计算机集成制造系统, 2009, 15(12): 2417-2423+2486.

[219] 李士勇. 工程模糊数学及应用 [M]. 哈尔滨：哈尔滨工业大学出版社, 2004.

[220] 董旭, 魏振军. 一种加权欧氏距离聚类方法 [J]. 信息工程大学学报, 2005, (01): 23-25.

[221] CORMEN T H, LEISERSON C E, RIVEST R L, et al. Introduction to algorithms [M]. MIT press, 2009.

[222] 吴连慧, 秦长海, 宋新超. 基于加权SVC和K-Mediods联合聚类的雷达信号分选方法 [J]. 舰船电子对抗, 2017, 40(01): 13-17.

[223] BEN-HUR A, HORN D, SIEGELMANN H T, et al. Support vector clustering [J]. Journal of machine learning research, 2001, 2(12): 125-137.

[224] JAEWOOK L, DAEWON L. An improved cluster labeling method for support vector clustering [J]. IEEE Transactions on Pattern Analysis and Machine Intelligence, 2005, 27(3): 461-464.

[225] 柴娟芳, 司锡才, 马晓东. 基于PRI谱的双阈值雷达信号分选算法及其硬件平台设计 [J]. 数据采集与处理, 2009, 24(01): 38-43.

[226] 沈军. 脉间波形变换信号分选跟踪器的设计与实现 [D]. 哈尔滨：哈尔滨工程大学, 2007.

[227] O'shea P. A new technique for instantaneous frequency rate estimation [C]. IEEE Signal Processing Letters, 2002, 9(8): 251-252P.

[228] O'shea P. A fast algorithm for estimating the parameters of a quadratic FM signal [J]. IEEE Transaction on Signal Processing, 2004, 52(2): 385-393P.

[229] 邹红. 多分量线性调频信号的时频分析 [D]. 西安：西安电子科技大学, 2000.

内 容 简 介

本书针对现代电子对抗环境中被动雷达寻的器信号分选技术面临参数交叠严重、信号密度大、传统信号分选方法难以分选且分选实时性难以满足需求等问题，介绍了雷达技术的发展趋势，分析了雷达技术的发展给信号分选带来的挑战，总结了雷达信号分选技术的发展现状(第1章)；较为详细地论述了信号分选技术的基础知识及传统的信号分选方法(第2、3章)。针对复杂信号环境下信号分选所使用的三类方法：基于脉内调制特征的信号分选(第4章)、基于盲源分离的信号分选(第5章)以及聚类分选方法(第6、7章)进行了详细论述，并对这三类方法进行了大量的仿真验证。最后详细论述了基于宽带数字信道化硬件平台的分选模型、分选方法以及分选与跟踪器的设计(第8、9章)。

本书可作为反辐射武器被动雷达寻的器分选技术研究人员的重要参考书，也可作为大学信息对抗专业硕士生和博士生的教材与参考书。

This book aims at the passive radar seeker signal sorting technology in the modern electronic countermeasure environment, which faces the challenges of serious parameter overlap, large signal density, difficulties in sorting traditional signal sorting methods, and difficulties in meeting real-time sorting requirements. The development trend of radar technology is introduced in this book. The challenges brought by the development of radar technology to signal sorting are analyzed. The development status of radar signal sorting technology is summarized (Chapter 1). The basis of signal sorting techniques and traditional signal sorting methods (Chapters 2 and 3) are discussed in more detail. Three types of methods for signal sorting in complex signal environments: signal sorting based on intrapulse modulation features (Chapter 4), signal sorting based on blind source separation (Chapter 5), and cluster sorting methods (Chapters 6 and 7) are discussed in detail, and a large number of simulations have been performed on these three methods. Finally, the sorting model, sorting method, and design of sorting and tracker based on wideband digital channelization hardware platform are discussed in detail (Chapters 8 and 9).

This book can be used as an important reference book for researchers of passive radar seeker sorting technology for anti-radiation weapons. It can also be used as a textbook and reference book for Master and PhD students of university information warfare.